# 河南天然林保护

王慈民 邓建钦 主编

黄河水利出版社
·郑州·

国家林业局天然林保护中心主任张志达在栾川县调研

国家审计署审计人员进行实地核查

## 河南省人民政府

## 关于在我省黄河中游地区全面停止天然林商品性采伐的通告

为贯彻《中华人民共和国森林法》，全面落实党中央、国务院关于在长江上游和黄河上中游地区实施天然林资源保护工程的重大决策，保护森林资源，改善生态环境，促进经济、社会可持续发展，河南省人民政府决定：从2001年3月1日起，在三门峡市、洛阳市和济源市天然林资源保护工程区，全面停止天然林的商品性采伐，关闭大中型木材交易市场和小型木材加工企业，禁止任何单位和个人乱砍滥伐天然林，禁止违法运输木材，禁止违法使用林地，违者将依法惩处。

特此通告。

二〇〇一年二月二十日

河南省人民政府颁布的通告

工程区概貌（栾川县天然林保护工程区）

林区山村（栾川县）

护林防火瞭望台（栾川县）

日本落叶松种子园（栾川县）

天然林保护区美丽的景观吸引了大量游客（栾川县）

林区群众开办的家庭旅游宾馆（栾川县）

天然次生红桦林（栾川县）

恢复生机的天然林（卢氏县）

护林员在巡山（卢氏县）

天然林保护工程大型宣传标识牌（卢氏县）

天然林保护工程带动了水电开发（卢氏县）

生机勃勃的栎树林群落（卢氏县）

良好的森林涵养水源效益（卢氏县）

家庭承包护林（嵩县）

飞播造林成效调查（嵩县）

鹿鸣山岗（嵩县）

伏牛山秋色（嵩县）

封山育林围栏（灵宝市）

封山育林取得明显成效（济源市）

科技示范林（新安县）

主　编　王慈民　邓建钦

副主编　谢文贵　李万林　聂宏善　周三强

编　者　王　彬　王风华　王慈民　邓建钦

冯俐丽　史东晓　刘　玉　李万林

张海洋　聂宏善　梁秀婷　谢文贵

蒋新娅　姬韶领　韩晓红　韩中海

# 前　言

天然林是森林资源的主要组成部分，是自然界中功能最完善的资源库、基因库、蓄水库、储碳库和能源库，在维护生物多样性、调节气候、涵养水源、保持水土、抵御自然灾害、净化空气、美化环境等方面都具有独特的功效，在维护国土生态安全方面发挥着巨大作用。保护好现有有限的天然林资源，科学合理地培育后备森林资源，是建设和改善生态环境、解决后备森林资源严重不足的必然选择。

天然林保护工程的实施，是党中央、国务院为改善生态环境，保护国土安全作出的重大决策，对于保障国民经济快速发展对环境的要求、促进经济社会可持续发展，具有十分重要的意义。这项工程是功在当代、造福子孙，保护家园、利在全球的宏伟工程。

天然林保护工程是一项庞大的系统工程，既要解决如何保护好天然林资源的问题，也要寻求解决由天然林禁伐所带来的林区社会经济问题的方法。河南省是中国天然林保护工程实施省份之一，对如何实施好天然林保护工程、解决好工程实施中出现的问题，还没有系统的实践经验。为此，我们在总结近几年实施天然林保护工程经验的基础上，组织编写了《河南天然林保护》一书。

本书是一部比较系统地反映天然林保护工程的专业书籍，主要包括以下几方面的内容：①天然林的定义与功能；②中国天然林的历史变迁和河南省的森林资源；③中国天然林保护工程实施的主要目标、内容；④河南省天然林保护工程实施的情况及评价；⑤天然林保护与经营管理；⑥天然林保护的后续产业开发等。

本书在编写过程中参考了国内外许多专家学者的著作和研究成果，在此表示最真诚的谢意。由于作者水平有限，不当之处，恳请读者不吝赐教。

编　者

2009 年 4 月

# 目　录

# 第一章　天然林的概念与功能

天然林是各种生物与环境相互依存、相互作用和长期协同进化的产物。天然林生态系统具有优化而复杂的结构,其不同类型的自然分布格局代表了所在立地上最佳的植被类型,并具有人工林所不可比拟的生态系统功能和稳定性,为人工林的培育和优化提供了可供借鉴的模式。

## 第一节　天然林的概念

天然林的定义有多种表达形式,但核心都是一致的,即天然林是天然起源的未经人为措施而自然形成的森林。天然林一般是森林经过长期自然演替,达到或者将要达到顶极时的一种最佳平衡——天然顶极状态,这一状态下的森林生态系统的能流、物流处于较为稳定的最大值。天然林与人工林相对应。天然林按其退化程度可以大致分为原始林、过伐林、次生林和疏林。

由原生裸地上开始繁衍的植物群落,经过一系列演替阶段所形成的森林,称为原始林。原生裸地是指从来没有植被覆盖,或曾有过植被覆盖但被彻底消灭,连原有植被下的土壤条件已不存在的裸地。

原始林是长期受当地气候条件的影响,逐渐演替而形成的最适合当地环境的植物群落。生物与生物之间、生物与环境之间达到和谐,构成了复杂的生态系统。如栎类林是河南省大多数山区的地带性顶级群落,是该地区最具代表性、与该地区的环境条件最适应的森林类型。

在同一原始林群落,不同空间上的种群存在差异:有不同发育阶段的群体,呈现出原始林在年龄结构上的差异性;原始林中有老龄大径级的活立木和枯立木,有腐朽程度不同的粗大倒木;具有多层次的林层结构;具有原始林所特有的灌木、草本和丰富的物种成分;地被物松软深厚。这是原始林在各种自然因素干扰下长期演替发展的结果。例如,栎类在植被长期演化进程中,与多种伴生树种以及其他生物协同进化,各生物间自我组合,栎类和它的伴生树种组合成不同的林分类型。

原始林是森林演化的顶级群落,有丰富的物种、良好的森林结构和防护功能,生态系统稳定,有较强的自我恢复能力。

过伐林一般是由原始林经过强度择伐后残余的林分,这种林分缺少目的树种,林分结构不尽合理,但仍具有较好的防护功能。如果得到合理经营,这类森林有希望比较快地恢复到原始林的状态。

原始林经过反复破坏或严重破坏后可能变成疏林或无林地。在自然状态下,疏林有两种可能的演化前景:一种是由于植被反复大面积破坏造成立地条件严重退化,这种地区在相当长的时期内都难以恢复原生植被;另一种是在条件较好的地区较小面积的疏林,由天然更新而形成次生林。

次生林是原始林经过采伐或多次破坏后自然恢复起来的森林。次生林多为幼壮林,较不稳定,组成较杂,阔叶树种常占优势。它一般由先锋树种组成,郁闭度较低,大多丧失原始林的森林环境,生态稳定性和生态功能较差。如果没有人为干预,依靠森林自身的演替,次生林恢复较好的群落结构需要几十年到近百年,恢复到原始林则需要更长的时间。

## 第二节 天然林的演替规律

### 一、关于演替的首次发现

1794 年 George Vancouver 船长到今天被称为冰川海湾(Glacier Bay)的阿拉斯加小港(inlet)航行,但是他无法穿过这个小港,也无法进入海湾,原因是这个航线被冰山封住了。Vancouver 船长于 1798 年对这一景观做了如下描述,"由大陆海岸形成两个大的开阔海湾,但却被巨大的冰山阻隔,冰山在水上垂直竖起,无法通行"。

到了 1879 年,John Muir 根据 Vancouver 船长的描述,继续对阿拉斯加海湾进行考察，Vancouver 船长航海日志所描述的航海路线，对他的探险考察起到了航标作用，不过日志中关于冰川海湾的描写与实际不符。Vancouver 船长所记录的“冰山”，Muir 却发现是一片开阔的水域，Muir 冒着大雨和浓雾穿过冰川海湾，重新绘制了这里的航海图并最终发现了冰川，不过这时的冰川已比 85 年前 Vancouver 船长所描述的位置后退了 40 ~ 50km。

Muir 在海湾的深处附近没有发现任何森林，他和他的船队不得不借助于冰川退却后残留下的树桩和死树干做营火，Muir 证实这些都是几个世纪前的“化石木”遗迹，在当时冰川形成时被吞没在冰山之下。不过，在没有被冰川覆盖的地区和长期裸露的地表，很快就有植物定居，甚至在 Vancouver 船长遇到的最早裸露的地面附近已能维持森林的生长了。

Muir 于 1915 年发表了他在冰川海湾的考察发现。对此，一位叫 William Cooper 的细心读者产生了浓厚的兴趣。他受 Muir 的影响于 1916 年去冰川海湾考察，从此开始了森林演替的研究生涯。Cooper 发现冰川海湾是最理想的演替实验室，这里在干扰和新基质出现的条件下，发生着一个植物群落逐渐向另一个植物群落变化的动态过程，冰川海湾作为演替的研究地十分理想，因为冰川消退的历史可以准确地锁定在 1794 年。

Cooper 先后到冰川海湾做了四次调查，他本人及后来的生态学家最终给世人描绘出一幅详细的演替图式：冰川消融后的头 20 年开始有若干植物定居，形成先锋群落。此先锋群落最重要的成员是木贼（*Eqguisetum varietaum*）、柳叶菜（*Epilobium latifolium*）、柳树（*Salix* spp）、杨树（*Populusbalsamifera*）、仙女木（*Dryasdrummondii*）和云杉（*Piceasiwhens*）等。

大约 30 年后，这些初期裸露地表上的先锋群落逐渐被一种矮小灌木——木贼（*Dryas*）所取代，以木贼灌丛为主的群落还混生有赤杨（*Alnuscrispa*）、柳树、杨树和云杉等。冰川撤退 40 年后，该群落完全演变成一个浓密的灌木丛，其中最具优势的物种是赤杨。后来，很快林内的杨树和云杉逐渐进入主林层，50 ~ 70 年后，群落中一半以上的植物是杨树和云杉。75～100 年以后，演替到达以云杉为优势树种的群落阶段，林下出现大量的苔藓和铁杉(*Tsuzo*)幼苗。最后，云杉退却，形成铁杉林。在浅坡地，铁杉让位于沼泽草甸。这就是人们最先认识和观察到的森林演替现象。

## 二、天然林的演替规律

由于上述演替是在新出现的完全没有植被的基质上开始的，也没有受到任何生物干扰，所以生态学家称此为原生演替。同时，原生演替也经常发生在火山区及其他完全没有土壤和生物的地理条件下。在那些土壤没有遭到彻底破坏的地区开始的演替为次生演替，次生演替常常发生在原始林砍伐和火烧之后，以及弃耕的农田等地区。

森林演替是在一定地段上，一个森林群落依次被另一个森林群落所替代的现象。演替是一个非常广泛的概念，它不但包括树种的更替，还有灌木、草本、动物和微生物的变化，以及土壤和周围环境的一系列改变。天然林演替是物种组成、群落结构和功能随时间的变化，一般情况下被看做是自然群落在物种组成方面连续的、单方向的系列变化。按演替的性质和方向可以分为进展演替和逆行演替。

进展演替：在未经干扰的自然状态下，森林群落从结构较简单、不稳定或稳定性较小的阶段(群落)发展到结构更复杂、更稳定的阶段，后一阶段比前一阶段利用环境更充分，改造环境的作用更强烈。

逆行演替：在干扰条件(包括人为干扰和自然条件的改变或群落本身的原因)下，原来稳定性较大、结构较复杂的群落消失了，代之而起的是较简单、稳定性较小的，利用和改造环境能力也相对较弱的群落。

演替这个术语可用于两方面：一方面它是指某一地区一定时间内动物、植物和微生物群落相继定居序列，例如弃耕农田经过百年之后可以观察到的那类变化；另一方面，它还可以指在一定时期内生物群落相互取代和物理环境不断变化的过程。当此术语表达后一意义时，演替的结果被称为演替序列(sefe)，即在某特定环境中，原生群落受到破坏或新的次生裸地形成后，物种随着时间推移相继定居和相互更替的许多生物群落形成的特征序列。

在没有有机质且从未被有机体以任何方式改变的环境中开始的演替,称为原生演替。山崩后新裸露出的岩面、冰川消融后的冰渍保护层、坝堰构成的新湖泊以及火山喷发形成的岛屿,都可能会经历原生演替。在已经或多或少地被有机体定居过一段时间并被其改变的环境中发生的演替,称为次生演替。森林采伐和火烧后,在采伐迹地和火烧迹地上发生的演替就是次生演替。

根据开始演替时的环境不同还可以把演替分为旱生演替、水生演替和中生演替,同时,无论演替的起点环境特征如何,最终都会向着中生环境的方向发展,称此为中生性化。尽管生物区系组成随时间发生变化是所有森林的一个基本特征,但是不同的演替序列或一个演替序列不同阶段的变化速率差别很大,在大部分地区,这种变化并非无限期地延续。当群落发展到其变化速率特别缓慢,或者其生物区系的组成在很长时期内大体保持恒定的阶段时,称为顶极(climax)。经典的演替模式有单元演替顶极、多元演替顶极和顶极格式假说等。

## 三、天然林演替的原因

变化是森林最基本的特征之一,正像有机体生活史的各个时期发生的变化一样,森林也随着时间的推移发生变化,如物理环境的长期变化:包括环境的变迁,世界范围内的气候周期波动,大气污染和极端气候现象;地区性或局域极端因子的影响:如森林火灾、大面积砍伐、环境污染、水土流失、风沙灾害等;自然选择引起的有机体遗传机构的变化:包括基因突变、外来种侵入、物种进化和灭绝等;一定区域内有机体的类型、数量和组群的变化以及伴随发生的物理小环境的某种特征变化。下面介绍一下环境变迁对森林演替的影响。

### (一)太阳活动造成的太阳辐射量变化

太阳常数为 1.95cal/$cm^2$,但是自 20 世纪 70 年代以来,发现太阳常数是波动变化的,变化幅度为 0.2% ~0.5%。从理论上分析,如果太阳常数增加 2%,地球表面平均气温会上升 3℃;若减小 2%,地表平均气温会下降 4.2℃。太阳黑子是太阳活动变化的表现,活动周期大约为11.2年，如果以1755年作为太阳黑子活动的第一年，那么现在正处于第23周期的后期。我国农业气候变化的12相数记年法，是人们千百年观测天气现象变化状况的总结，无疑与11.2年的周期相对应。太阳活动强时会出现低温，极地盛行气旋活动，整个北半球气温下降，导致森林演替的发生。

### （二）地球轨道参数变化

即使太阳辐射量的输出不变，地球轨道参数变化也会引起日地距离和位置改变，从而使到达地球的太阳辐射发生变化。地球轨道参数中最重要的有两项，即偏心率和地轴倾角。轨道偏心率在0.005～0.060 7（当前为0.016 7），以96 000年为时间周期变化，偏心率越大，冬夏季节的长短差异越大，在北半球夏季越长。据推算，第四纪冰期多处在偏心率增大时期，间冰期多处在偏心率减小时期。地轴倾角（黄赤交角）以大约41 000年为时间周期变化，范围在21.8°～24.4°（目前为23°～24°）。当地轴倾角增大时，高纬度地区接受太阳辐射量增加。若地轴倾角增加1°，极地年辐射量增加4.02%，赤道只减少0.35%。同时，地轴倾角越大，地球冬夏接受的辐射量差别就越明显，森林植被会由此而发生变化。

### （三）地壳表层构造运动

发生在第四纪时期的地壳构造运动是所谓的新构造运动。其中发生在全新世的地壳构造运动称为现代构造运动。新构造运动是形成地形高差的主导因素。地形影响着区域气候状况、水文网的形成和变化，以及动植物群的分布、植被和土壤的分布，甚至人类的活动等。所以，新构造运动也是森林演替的重要原因。第三纪开始的、第四纪继续发展的大幅度差异性升降运动，使得青藏高原抬升成为地球中低纬度一个显著的“冷极”。它改变了我国乃至东亚大陆的气候格局，使这一地区自然植被发生了根本性的变化（黄春长，2000）。

### （四）第四纪气候波动

第四纪气候以全球显著变冷和周期波动为特征，主要表现在气温的下降、冰川的扩张和气候带的移动。在北半球大陆的中纬度地区，气温下降最大值为8～13℃；冰川活动最盛时期可覆盖地球上陆地面积的20% ~30%。频繁的冰川活动和气温的下降使中国东部地区第四纪气候发生重大变化,主要标志是黄土—古土壤序列和动物的大规模南北迁徙。根据我国第四纪丰富的哺乳动物化石分析,中国东部地区第四纪至少发生过四次哺乳动物的南迁事件,其中第二次南迁事件发生在公元前90万年左右。在这之后,具有南方特色的许多种属在华北灭绝。动植物的南迁事件的发生都伴随着明显的降温事件,而且降温事件的时间间隔越来越短,气温变化幅度越来越大,天然林发生迅速的演替(夏正楷,1997)。

## 四、生态演替的机制

在Clements(1916)关于森林演替的模式分析中,有利作用(Facilitation)机制被认为是导致森林演替的控制机制,后来Connell和Slatyer(1977)又提出森林演替的忍耐作用机制和抑制作用机制。

### (一)有利作用机制

该机制认为许多物种会企图占据新的可利用的空间,不过能利用这些空间的物种很少,并且必须具备一些特殊的性质,这样才能够使自己定居。根据正相互作用机制,先锋物种改变了它们生存周围的环境,也使自己越来越不适宜于继续生存,反而有利于后来物种的生长发育。换句话说,这些先锋演替物种有利于下一阶段演替物种的侵入和定居。先锋演替物种在环境发生改变之后,就自然退却,让位于后来的更适宜的物种。这种演替模式会连续不断地持续下去,直到最后形成顶级群落。

### (二)忍耐作用机制

忍耐作用机制与有利作用机制的区别有三:第一,侵入和定居的初期阶段并不只限于几个先锋物种,顶极阶段占优势的物种的幼年个体能够出现在先期演替阶段;第二,占据先期演替阶段的物种不利于后期演替阶段物种的生存和发展,它们不会改变周围的环境,为后来的物种侵入提供条件;第三,后期演替阶段的物种只是能够忍耐初期不利环境的幸存者,顶极群落在忍耐物种衰退之后形成。

### (三)抑制作用机制

与上面的分析相似,抑制作用机制假设在一个地区存活下来的任何物种,都是在演替初期阶段就定居的物种。不过该抑制作用机制认为先期占据一定地区的物种改变了它们周围的生存环境,并且既不利于初期演替物种也不利于后期演替物种。简单地说,早到达者会抑制后到达者的侵入,后来的演替物种只能在其他的受干扰的空间定居,演替结束于长寿的和耐性强的群落阶段。

## 五、生态演替的理想模式

美国生态学家 Clements(1916)提出森林演替的理想模式:旱生系列和水生系列,分别是从极端干旱和极端水湿条件下开始的原生演替,并且都经过一系列演替阶段,最终达到中生性的植物群落阶段,即顶级群落。

### (一)旱生演替系列

演替的起点是裸岩表面,生境特点是没有土壤,极端干旱,温度变幅极大,具体过程如下:

(1)地衣群落阶段。从壳状地衣开始,经过叶状地衣阶段,最后达到枝状地衣阶段。其特点是:短时间内累积水分,长时间休眠,分泌有机酸,腐蚀岩石,从而为其他物种的侵入提供立足之地。

(2)苔藓群落阶段。在第一阶段累积的土壤上,耐旱性的苔藓生长,进一步改善水分条件。

(3)草本群落阶段。当有了一定的土壤、一定的水分后,一些耐旱性的草本植物就出现了,然后是多年生草本和高大的草本植物的出现。其生境特点是:土壤水分、温度条件都稳定下来,微生物开始活动,开始大量出现细菌和真菌等微生物群落。

(4)木本植物群落阶段。演替顺序是从耐旱性灌木开始,经过先锋树种的定居,最后达到中生植物群落阶段。其生境特点是:形成稳定的森林群落,基本不再变化。总之,地衣和苔藓阶段是积累土壤的过程,时间最长,草本群落是过渡阶段,为木本植物群落的定居创造条件。

### (二)水生演替系列

在湖泊和其他水域条件下,水很深,没有植物或只有一些浮游生物活动;由于从岸上不断向水体中冲击下去土壤、石砾,以及各类生物体

包括浮游生物死亡之后沉淀,湖泊和相应的其他水域逐渐变浅,生物随之得到发展,具体过程如下:

(1)沉水植物群落阶段。水较深,植物生长在水下,在水平面看不到任何植物,代表植物如金鱼藻等。

(2)飘浮植物群落阶段。水较浅,植物根扎在河床上,叶子漂在水面上,代表植物如睡莲、菱角和眼子菜等。植物死亡之后,残体堆入河床,使河床进一步抬高。

(3)苇塘群落阶段。水更浅,植物的茎、干部分和叶子都在水面以上,代表植物如芦苇、香蒲等。

(4)苔草和草甸群落阶段。代表植物如三棱草和塔头苔草等,地表不一定长期积水,可能是季节性积水,如气候干旱向草原发展,如气候湿润则向灌丛和疏林方向发展。

(5)树林群落阶段。耐湿的灌木、乔木,如柳树、赤杨和杨树等,它们的根系发达,蒸腾强烈,使表土变干,喜湿的草本植物退出。

(6)中生森林群落阶段。先锋树种侵入并定居,土壤腐殖质积累丰富,分解者良好,肥力增高,环境改善,进入中生群落阶段。

总之,群落演替的关系是前一群落为后一群落的发生创造了条件,在自身退却的同时,后来的群落发生。群落从不稳定到稳定,从简单到复杂。

## 六、群落演替的过程

无论在何种条件下,一个群落的发生和形成都必须具有这样几个过程,即侵移、定居、竞争和反应。这是绝大多数群落发生的一般过程,具有十分普遍的特征。

### (一)侵移

从繁殖体开始传播到新定居的地方为止,这个过程称为侵移(迁移)。繁殖体的种类很多,它们可以是种子、果实、孢子,也可以是能起到繁殖作用的植物体的任何器官、任何部分。因为从植物生理上讲,植物细胞具有全能性。林木具有如下几种传播繁殖体的方式,也可以称之为扩散方式:

(1)风播植物种子:小而轻,具翅、具毛的种子多为风播种子,如东北林区的白桦种子、山杨种子、落叶松种子等。

(2)动物传播种子:带钩、带刺、带芒及具黏液的种子可以附在动物或人的身上传播,这是一种方式。另外还可以被动物吃掉,种壳较硬不能被动物消化和破坏的种子被排出体外之后,还能够更新,并且已经是随着动物迁移一定距离后的更新,例如红松、榛子、盘壳栎的种子常常如此。

(3)靠自身重力或水传播:有些植物的种子,可以借助于坡地和水流等在地上滚动,达到迁移的目的。比如我们在野外调查中常常发现胡桃楸在沟谷和溪旁数量较多,其原因就是重力和水流搬运的作用。

**(二)定居**

植物在一个新地区扎根生长的全部过程为定居。繁殖体迁移到新的地点后,即进入定居过程,定居包括发芽、生长和繁殖三个环节,三者缺一不可,各环节能否顺利进行决定于树种的生物学和生态学特性,以及新定居地的环境条件。发芽阶段:发芽阶段水分是关键,其次是温度;生长阶段:幼苗生长光照是关键;繁殖阶段:植物繁殖需要光照条件,同时也需要充足的养分条件。

**(三)竞争**

在一定的地段内,随着个体的增长、繁殖或其他种的同时侵入,必然导致营养空间、水分和养分的不足,而发生竞争。竞争的结果是"最适者生存"。密度太大,营养空间不足会导致林木分化和自然稀疏。林木分化:林木间在形态、生活力和生长速度方面产生的差异叫林木分化,分化是竞争的结果。自然稀疏:林木单位面积上的数目逐渐减少的现象叫自然稀疏。

**(四)反应**

前面几种都是环境选择植物,植物为在一个生境中生活必须使其适应当地的环境;而反应则相反,由于植物的侵入及不断与环境进行能量和物质的交换,原来的生境条件逐渐发生相应的变化,这就是"反应"。上述两个过程在一个时期内不断进行。

## 七、河南省落叶阔叶林林区的森林演替实例

河南省暖温带落叶阔叶林地带的代表性植被类型是落叶阔叶林，特别是以栎林为代表。在河南省豫北、豫西地区最值得注意的是油松和栎类（与油松有重要关系的栎类树种有蒙古栎、辽东栎、槲树和槲栎等）的演替关系，以及栎类和其伴生树种如槭类、椴类等阔叶树种的演替关系。

### （一）油松和栎类的演替关系

研究发现，如果油松和槲树共存的话，则油松的年龄总的来说是大于槲树的。这反映了在油松槲树林的形成过程中，油松发生在前，槲树发生在后，并且在槲树的林冠下，槲树幼树可以继续发生，而油松幼树则不能发生，因此可以推断，这种类型林分发展的最后结果是，油松将被槲树更替。总的趋势是：槲树林冠明显地不利于油松幼树的发生，而油松林冠则有利于槲树幼树的发生。我们可以将油松槲树林的发展特点推广到油松与栎类其他树种的关系上，即油松与蒙古栎、辽东栎共同存在时，它们的发展格局也将与油松和槲树的关系类似。不过，在油松与栎类的关系中，我们也应当注意立地条件的作用，即立地条件越好，越有利于油松被栎类树种更替；相反，立地条件越差，则越有利于油松优势地位的保持。

在不同地方对油松天然更新进行的研究中，曾指出过栎林下缺乏油松幼树的现象（徐化成等，1963；钱国禧，1960）。我们认为，槲林中缺乏油松幼苗幼树而有较多的槲树幼苗幼树的主要原因是：槲林中地表存在一层很厚的栎树落叶层，它们分解不良，表层很干燥，即使有油松种子，这里也不适合它们发芽，即使发了芽，它们也会由于幼根难以达到其下的矿物土层而不久即死去；相反，槲树的种子靠动物特别是鼠类埋藏而得以散播，而埋藏地点多半是在枯枝落叶层下，这里便于种子发芽、扎根，然后幼芽可以顺利地伸出到枯枝落叶层以上，并得以成活。对于其他栎林中缺乏松树幼苗，而有较多的栎类幼苗，也可以作类似解释。油松林和栎林以及油松栎类混交林凋落物的数量，无论是地面上枯枝落叶的数量，还是每年产生的凋落物的数量，栎类树种均高于油松

（张毅功等，1994）。

**（二）栎类和其他落叶阔叶树的演替关系**

河南省的暖温带落叶阔叶林垂直带占据基带位置，面积广。因为与其他垂直带相比，本带气温较高，降水量季节性较强，再加上土层浅薄，所以比较干旱。由于气温较高，本带的优势度类型的数量较多，但是从林分的结构来说，由于湿润状况较差，则是比较简单的，通常为单纯林，只在少数地方混交的树种较多。这里占据恶劣立地的耐性树种有油松、白皮松和侧柏等，作为后期优势树种的主要是各种栎类，如蒙古栎、辽东栎、槲栎、锐齿槲栎、麻栎和栓皮栎等，作为开拓树种出现的最典型的是山杨，而椴树、五角槭、鹅耳枥等则是后期伴生树种。这种条件下，属于开拓树种和后期优势树种更替类型的主要是山杨和各种栎类的相互更替；属于耐性树种和后期优势树种更替类型的是油松和各种栎类的相互更替；属于开拓树种和耐性树种更替类型的是山杨和油松的相互更替；属于后期优势树种和后期伴生树种更替类型的是栎类与椴树、五角槭和鹅耳枥的相互更替，不过，在人为的强烈干扰破坏下，后者则多为单独的林分状态存在。

## 第三节　天然林的功能

### 一、天然林的生产功能

天然林资源在木材生产中居主体地位，支援了国家建设，创造了大量的财富，而且在非木质林副产品生产中也创造了可观的价值，对国民经济的发展和人民生活水平的提高作出了巨大贡献。

**（一）提供大量木材**

新中国成立以来，我国木材采伐的对象主要是天然林，其中珍贵大径级材都来源于天然林。据统计，从 1949 年到 2000 年全国木材产量累计 22.6 亿 $m^3$，其中 60% 以上来自天然林。根据 1997 年（天然林资源保护工程实施前）组织的全国商品材产量调查，全国商品材产量 5 614 万 $m^3$，其中天然林占 61%，人工林占 39%。而东北、西北、西南国有林区 131 个木材采伐企业生产的 1 984 万 $m^3$ 商品材产量中，98.5% 是从天然林中采伐而来的。

### (二)蕴含丰富的非木质林产品

我国天然林中孕育着许多具有较高经济价值或未来潜在开发价值的物种资源，如从植物中发现的三尖杉酯碱、紫杉醇、喜树碱等抗癌药树，珍贵稀有野生动物中的林麝、梅花鹿、麋鹿等，都具有巨大的经济价值。据不完全统计，在天然林区已经确定可利用的食用植物和菌类有 120 多种，药用植物有 5 000 多种，经济植物有 120 多种，蜜源植物有 80 多种。例如，名贵木本药材树种有杜仲、厚朴、黄柏等；灌木草本药材植物有东北林区的人参、黄芪、细辛、五味子、刺五加等，西南林区的川贝、当归、黄连、三七、天麻等，这些药用植物的花、果、皮、根、茎和叶等均可制成药材。此外，众多的粮食经济作物、水果和禽畜的原种，如原生稻、野大豆、野山茶、荔枝、柑橘、原鸡等，也都来自天然林。可以说，天然林是我国农、林、禽等各业种养殖品种的近缘种或祖先，以及改良和开发、培育新品种的重要基因库。

中国有重要经济价值的野生植物 3 000 多种，纤维类植物 440 多种，淀粉原料植物 150 余种，蛋白质和氨基酸植物 260 种，油脂植物 370 多种，芳香油植物 290 余种，药用植物 5 000 余种，用材树种 300 多种。还有树脂树胶类植物、橡胶类植物、鞣料植物等。此外具有杀虫效果的植物初步统计有 500 种。中国的经济动物资源也极其丰富，有经济价值的鸟类 330 种，哺乳动物 190 种，鱼类 60 种。另外，也有很多种具有经济价值的微生物，包括 700 种野生食用菌，380 种药用菌，300 种菌丝体。野生动物具有肉用、毛皮用、药用、观赏用等多种价值，近年来多种野生动物进入养殖行业，如蛇、龟、鳖、鹿、麝、熊、麝鼠、豹、扇贝、对虾、石斑鱼、真鲷、黄鳍鲷、尖吻鲈、鳗等。

## 二、天然林在气候变化中的功能

科学研究表明，全球气候变化(暖)主要是由于大气中以二氧化碳为主的温室气体含量的升高造成的。而森林作为温室气体的汇合库，在遏制全球气候变暖方面有重要的作用。森林植被可通过光合作用吸收二氧化碳，放出氧气，同时植被吸收的二氧化碳多于它们释放的二氧化碳，因而降低了大气中二氧化碳的浓度，从而减缓全球气候变暖的速度。虽然森林具有一定的碳汇功能，但并不是说森林就不受全球气候变化的影响。大气中二氧化碳浓度的升高及温度和降水的变化，一方面可影响森林的能流和物流过程、施肥效应、高温胁迫、生长期长、干旱或温润化，以及其他生理效应，使森林初级生产力发生变化；另一方面，还可能影响森林的地理分布格局、森林生态系统组成结构和生物多样性，以及生态脆弱带和特殊生态系统的变化等。

《气候变化框架公约》强调了森林作为温室气体汇合库的作用和积极性，并要求以可持续方式管理森林，以维护和提高其作为温室气体汇合库的能力。然而，近年来也有科学家指出，不能过分依赖森林吸收二氧化碳的功能。他们认为，这不是解决全球气候变化的有效途径。来自美国和欧洲等多个国家和地区的30名科学家认为，地球植被的碳汇效果并不稳定，因而仅仅依靠植被无法遏制全球气候变暖。

## 三、天然林的生物质能源作用

生物质是讨论能源时常用的一个术语，是指由光合作用而产生的各种有机体。生物能是太阳能以化学能形式储存在生物质中的一种能量形式，是一种以生物质为载体的能量，它直接或间接地来源于植物的光合作用。在各种可再生能源中，生物质是独特的，它储存的是太阳能，更是一种唯一可再生的碳源，可转化成常规的固态、液态和气态燃料。据估计，地球上每年通过光合作用储存在植物的枝、茎、叶中的太阳能，相当于全世界每年耗能量的10倍。生物能是第四大能源，生物质遍布世界各地，其蕴藏量极大。世界上生物质资源数量庞大，形式繁多，其中包括薪柴、农林作物，尤其是为了生产能源而种植的能源作物，以及农业和林业残剩物、食品加工和林产品加工的下脚料、城市固体废弃物、生活污水和水生植物等。

生物柴油又称为阳光燃料（Sun Fuel），它可以从油菜籽、蓖麻、大豆、速生林木柴、麻疯果等农、林作物中加工转化而来，这些作物又称为能源作物。阳光燃料消耗后释放的二氧化碳通过光合作用，又被能源作物所吸收，从而实现了能源的可再生和二氧化碳的封闭循环，因此对经济的可持续发展和环境保护非常有利。发展能源作物不仅可以缓解石油供给不足的问题，同时还可以增加农民收入，保护生态环境，具有一石三鸟的意义。

生物质能是蕴藏在生物质中的能量，是绿色植物通过叶绿素将太阳能转化为化学能而储存在生物质内部的能量。煤、石油和天然气等化石能源也是由生物质能转变而来的。生物质能是可再生能源，通常包括以下几个方面：一是木材及森林工业废弃物；二是农业废弃物；三是水生植物；四是油料植物；五是城市和工业有机废弃物；六是动物粪便。在世界能耗中，生物质能约占 14%，在不发达地区甚至占 60% 以上。全世界约 25 亿人的生活能源的 90% 以上是生物质能。生物质能的优点是燃烧容易，污染少，灰分较低；缺点是热值及热效率低，体积大而不易运输。直接燃烧生物质的热效率仅为 10% ~30%。目前，世界各国正逐步采用如下方法利用生物质能：

(1)热化学转换法，获得木炭、焦油和可燃气体等品位高的能源产品，该方法又按其热加工的方法不同，分为高温干馏、热解、生物质液化等方法。

(2)生物化学转换法，主要指生物质在微生物的发酵作用下，生成沼气、酒精等能源产品。

(3)利用油料植物所产生的生物油。

(4)把生物质压制成成形状燃料(如块形、棒形燃料)，以便集中利用和提高热效率。

我国林木生物质的资源比较丰富，可以作为重要的能源补充。根据目前的科学技术水平和经济条件，可获得的林木生物质资源种类为薪炭林、森林抚育间伐、灌木林平茬复壮、苗木截干、经济林和城市绿化修枝、油料树种果实和林业“三剩”物(采伐剩余物、造材剩余物和加工剩余物)等。按相关的技术标准测算，每年的生物质总量为 8 亿 ~10 亿 t，其中，可作为能源利用的生物量为 3 亿 t 以上。按照相应的热当量换算，加工后的 5t 林木生物质可替代 1.5t 原油，1.5t 林木生物质可替代 1t 标准煤，如 3 亿 t 全部开发利用后可替代 2 亿 t 标准煤，能够减少目前 1/10 的化石能源消耗。可以说,林木生物质能源是我国未来能源的一个重要补充。

在油料资源利用方面,我国现有木本油料林总面积超过 600 多万 $hm^2$,主要油料树种果实年产量在 200 多万 t 以上,其中不少是开发生物柴油的原料。同时,还有不少可开发生物柴油的其他油料树种。如麻风树,分布在我国四川、云南、贵州、广西等地,在我国西南地区适宜种植麻风树的面积约 200 万 $hm^2$。

## 四、天然林的碳汇功能

人类活动每年释放大量二氧化碳,其中近一半增加了大气中的二氧化碳浓度,一部分被海洋吸收,而约有不到 1/3 的“二氧化碳去向不明”。作为全球气候变化的前沿课题,著名的“二氧化碳去向不明”之谜强烈地吸引着各国的科学家去进行研究。近年来科学家研究发现,森林就像银行储蓄现金一样,通过光合作用存储碳,而森林被砍伐则释放碳,此消彼长。而森林植被吸收的二氧化碳多于它们释放的二氧化碳,这有助于降低大气中二氧化碳的浓度,从而减缓全球气候变暖的速度,这一过程被称为碳汇。

然而,科学家在对近 20 年来地球陆地生态系统的碳排放与吸收情况进行研究之后认为,森林的碳汇可能只是暂时的,不能依靠它来长期遏制全球气候变暖。来自美国和欧洲等多个国家和地区的 30 名科学家认为,地球植被的碳汇效果并不稳定,大气中二氧化碳和氧气含量的数据证实,陆地生物圈在 20 世纪 80 年代期间吸收和排放的二氧化碳基本相当,没有出现碳汇,20 世纪 90 年代则有一定的沉降效果。数据表明,20 世纪 90 年代的碳汇效应主要出现在北半球的非热带地区,包括北美、中国、欧洲等。科学家认为,出现碳汇的主要原因可能是上述地区的退耕还林。此外,森林和草场火灾减少,使植被释放的碳减少,对碳汇也有帮助。光合作用、呼吸作用、虫灾等其他因素的变化可能导致树叶、枯死植物和土壤微生物释放的碳减少。科学家认为,大气中二氧化碳浓度升高,可以提高植物生长速度,从而使植物吸收更多的碳,暂时增强碳汇效应,但这一效应终将达到饱和。从长期来看,影响碳汇的不稳定因素很多。全球陆地生物圈并不一定持续起到碳汇的作用，特别是在温暖而干燥的年份。另外，植被吸收二氧化碳在一段时间内虽有助于减少大气层中的温室气体含量，但相对于燃烧矿物燃料所释放的二氧化碳，它们吸收的只是一小部分，在大气中二氧化碳浓度升高的情况下，森林吸收二氧化碳的能力比预期的要低，随着温度的变化，植物本身也可能成为二氧化碳的释放源。所以，从长远看，不能过分依靠森林的碳汇来减少大气中的二氧化碳。解决全球气候变暖问题重点应采用减少使用矿物质燃料、提高能源效率和向发展中国家进行技术转让等办法。

## 五、天然林的生态水文功能

水是地球上一切生命的源泉和重要组成物质，在全球生物地球化学循环、大气环流、气候环境以及生物圈地圈进化与动态平衡过程中起着极为重要的作用。森林与水息息相关，二者相互作用，推动发生在森林生态系统中的各种物理化学过程和生物进程以及水分循环过程，进而影响大气和土壤的组成、生态系统结构与功能，以及能量转换与平衡。森林的生态水文功能是森林改变降水分布、涵养水源、净化水质、保持水土、减洪、滞洪、抵御旱涝灾害，以及调节气候等所发挥的作用。充分发挥和增强森林生态系统的生态水文功能，对人类生存与生态环境的改善以及人类经济社会的持续发展至关重要。

森林具有多层次空间结构，包括繁茂的枝叶组成的林冠层，茂密的灌草植物形成的灌木和草本层，林地上富集的凋落物构成的枯枝落叶层，以及发育疏松而深厚的土壤层。森林生态系统通过多层次空间结构截持和调节大气降水，从而改变大气降水的物理和化学过程，发挥着森林生态系统特有的降水调节和水源涵养作用。

### （一）森林的水源涵养作用

#### 1. 森林对降水的再分配

降水经过森林冠层后发生再分配过程。再分配过程包括 3 个不同的部分，即穿透降水（through-fall）、茎流水（stem-flow）和截留水（interception）。穿透降水是指从植被冠层上滴落下来的或从林冠空隙处直接降落下来的那部分降水；茎流水是指沿着树干流至土壤的那部分降水；截留水是指以水珠或薄膜形式被保持在植物体表面、树皮裂隙中以及叶片与树枝的角隅等处的那部分降水。截留水很少到达地面，大部分通过物理蒸发重新返回到大气中。

1）森林冠层的降水截留

森林冠层对降水的截留受到众多因素的影响，主要有降水量、降水强度和降水历时以及当地的气候状况，并与森林组成、结构、郁闭度等因素密切相关。根据观测研究（温远光等，1995），我国主要森林生态系统类型的林冠年截留量平均值为 134.0 ~ 626.7mm，变动系数为 14.27% ~40.53%。热带山地雨林的截留量最大，为 626.7mm，寒温带、温带山地常绿针叶林的截留量最小，只有 134.0mm，两者相差约 4.68 倍。我国主要森林生态系统林冠的截留率的平均值为 11.40% ~ 34.34%，变动系数为 6.86% ~55.05%。亚热带西部高山常绿针叶林的截留率最大，为 34.34%；亚热带山地常绿落叶阔叶混交林的截留率最小，为 11.4%。

林冠截留量与降水量存在着紧密的正相关关系；与之相反，林冠截留率与降水量存在着极紧密的负相关关系。我国主要森林生态系统林冠截留量和截留率随降水的地理变化产生了相对应的空间分布变化。林冠的年平均截留量随纬度的升高而减小，随经度和海拔的增大而增大，而林冠截留率则与之相反。

林分组成对降水截留有一定影响。通常情况下，树干粗糙、枝叶稠密的树种截留的降水量多，反之相反。针叶树枝叶稠密、坚硬，其林冠截留量通常大于枝叶稀疏、叶片柔软的阔叶树；常绿树种叶片维持时间长，截留的降水量大于落叶树种。树枝的分枝角度对降水截留也有影响，枝条呈梳子状分布和侧枝向下斜生的树种截留降水较少，而枝条呈刷子状分布和侧枝向上斜生的树种截留降水较多。

林冠对降水的截留作用表现为逐渐增加达到饱和的过程。从一次降水过程中各降水量的动态变化可以看出这种变化。亚热带不同森林系统，当降水量在 10mm 以下时，随着降水量的增加，穿透水率急剧增加，而截留率突然下跌，其值分别由 0 增至 73% ~84% 和从 100% 降至

14%～24%；当降水量为11～30mm时，两值缓慢递增或递减，其中穿透水率净增6～13个百分点，截留率净降8～12个百分点；以后降水量再增加，两值的变化趋于平稳，一般在2～4个百分点内波动。这表明一次降水量级越高，净降水率（穿透水率）越大，截留率越小，反映了林冠截留能力的局限性。

2）林下活地被物层降水截留

经过林冠的降水在到达林地之前，由于林下活地被物的存在，而发生与林冠相类似的降水截留过程。一般森林的活地被物层高度多在2m以下，分布不均，极少构成连续的地被物层，而且郁闭林分下特别是人工林下活地被物的数量比较少，因此活地被物层的降水截留量往往被忽略。根据收获法与浸水法的测定结果，亚热带地区主要森林的活地被物地上部分生物量（鲜重）为1.21～19.60t/hm$^2$，活地被物层的最大吸附水量为0.29～5.04t/hm$^2$，相当于0.03～0.50mm的降水量，平均为0.2mm（刘世荣等，1996）。日本学者村井用实验室方法测得赤松天然壮龄林、落叶松人工壮龄林的下层草本层表面的最大吸附水量为0.04～0.05mm，杂草冠部覆盖面积的吸附水量为0.15～0.56mm。

2. 森林枯落物层及其水源涵养作用

1）森林枯落物层的水分涵养作用

森林凋落物归还林地形成森林枯落物层（也称枯枝落叶层），其数量通常是由森林类型、组成、结构、林龄以及林分所在地的气候环境因素所决定的。按纬度由北向南，气候由冷到热，森林地上部分年凋落物逐渐增加，而凋落物现存量则呈现相反的变化趋势。森林凋落物现存量最大值出现在高纬度气候寒冷的针叶林和中纬度干旱寒冷的高山针叶林中（20～30t/hm$^2$），而最小值出现在年凋落物最大的热带森林（7～17t/hm$^2$）。产生这种现象的原因是热带地区热量高、水分多，土壤中微生物活性强，凋落物被迅速分解（刘世荣等，1993）。

森林凋落物有很强的持水能力，一般吸持的水量可达其自身干重的2～4倍，各种森林凋落物的最大持水量相差较大，平均为4.18mm，变动系数为47.21%。森林枯落物层的持水功能呈现出随纬度和海拔的增大而增强的变化格局。在高纬度气候寒冷的针叶林和中纬度干旱寒冷的高山针叶林中，水热环境不适宜枯落物的分解，死地被物的积累量大，枯落物层的持水功能较强，其最大持水量通常在4mm以上；相反，在热带地区，由于水热条件适宜，枯枝落叶分解速度快，故林地的枯落物储量少，其最大持水量还不到1mm（刘世荣，1996）。

2）森林枯落物层的水文生态作用

枯枝落叶层是森林生态系统特有的一个层次，具有许多重要的生态水文意义。仅从吸持降水的角度来说，枯枝落叶层就像一张"地被"覆盖在林地表面，能有效地防止雨滴对土壤的冲刷。据周晓峰等（2001）报道，在秦岭地区的华山松林、亚热带杉木林及北热带桉树林中，在林冠高度超过7m、降水量超过5mm的情况下，林冠层就不能有效地降低降水动能；当降水量再增大时，林内开始出现因枝叶汇集作用而产生的大雨滴，林内降水动能亦随之增大，并超过同期林外的降水动能。因此，在这些缺乏林下活地被物层，特别是枯枝落叶层的林分内常可看到强烈的地表侵蚀。

枯枝落叶层又像一层"海绵"起着吸持降水和调节地表土壤水分的作用，避免土壤因水分强烈蒸发而导致的过干或因降雨而导致的土壤水分过多的剧烈变化。森林枯枝落叶层本身的渗透系数可达每分钟数百毫米，而且它还能使下面的矿质土层保持较好的透水性能。例如，苏联越橘云杉林下的强灰化土，在除去枯落物层后渗透能力降低67%～77%（罗汝英，1983）。因此，林地枯落物层的存在还有利于水分的下渗，提高森林涵养水源的作用。

3. 森林土壤的水源涵养作用

1）森林土壤层的蓄水能力

森林土壤是多孔性的保水透水基质。土壤的孔隙指标常以毛管孔隙度、非毛管孔隙度和总孔隙度来衡量。森林土壤的孔隙结构往往优于草地，例如，热带、亚热带常绿落叶阔叶混交林的非毛管孔隙度、毛管孔隙度和总孔隙度分别比草地高出3.7倍、1.7倍和2倍；在寒温带、温带地区，森林土壤的孔隙结构仍然好于草地。

土壤蓄水量取决于土壤的质地、孔隙结构和土层厚度。土壤毛管持水（毛管水）是土壤借其颗粒间排列而形成的微孔隙（直径0.1mm

以下的毛细管孔隙）所吸收和保持的水分。非毛管持水是指饱和土壤中暂时储存在土壤大孔隙（直径1～10mm）中的重力自由水。土壤中的重力水可以借助于重力作用和一定的压力梯度在土壤中流动，并以壤中流或地下径流形式流入河道。由于非毛管孔隙中滞留储存的重力水在调蓄水分方面具有更为重要的作用，因此森林土壤的蓄水能力主要依赖非毛管持水量。土壤非毛管孔隙越发达，调蓄水分的能力越强。

森林土壤层的蓄水量是巨大的。据我国各类森林土壤0～60cm土层的蓄水量测算结果，非毛管孔隙蓄水量变动于36.42～142.17mm，平均为89.57mm，变动系数31.06%；最大蓄水量相应为286.32～486.6mm，平均为383.22mm，变动系数17.17%（刘世荣等，1996）。对不同区域森林土壤的蓄水量进行比较，土壤蓄水量以热带、亚热带地区的阔叶林较高，其非毛管孔隙蓄水量均在100mm以上，而寒温带、温带以及亚热带山地针叶林下的土壤非毛管孔隙蓄水量较小，在100mm以下。这说明热带、亚热带的阔叶林生态系统，土壤孔隙比较发达，林地土壤蓄水能力较强。

2）森林土壤的渗透性

土壤的渗透性是指在单位面积单位时间内进入土层中的下渗水量。土壤的渗透性主要受非毛管孔隙发育状况的影响。孔隙多、团粒结构好的土壤，渗透性较强。由于森林可以改善土壤结构，促使团粒结构的形成，因而可提高土壤水分的渗透性。对亚热带25个林分的土壤渗透性研究表明，各种森林土壤的平均初渗率为14.41mm/min，平均稳渗率为9.20mm/min；不同林分的土壤渗透性能差别很大，其初渗率和稳渗率的变异系数分别高达123.37%和137.31%（刘世荣等，1996）。热带山地雨林土壤表现出很强的土壤水分渗透性，当每次降水量为10～30mm时，进入林地70cm厚土层的降水量几乎全部为土壤吸持；当每次降水量在50～100mm时，70cm厚土层有36.5%～56.3%的降水渗透；当每次降水量在102～132mm时，70cm厚土层的渗透水量的加权平均值为54.6mm。这表明在大雨、暴雨时，森林土壤具有较强的滞留储存水分性能，延长了水分渗透到下层的时间，起到调蓄径流的作用（曾庆波等，1997）。

**(二)森林对坡面径流的影响**

1. 森林对地表径流的分流阻滞作用

分布在不同气候带的森林都具有减少地表径流的作用。在热带地区,对热带季雨林与农地(刀耕火种地)的观测表明,林地的径流系数在1%以下,最大值不及10%;而农地则多为10%～50%,最大值超过50%,径流次数也比林地约多20%,径流强度随降水量和降水历时增加而增大的速度和深度也比林地突出(蒋有绪等,1991)。

在亚热带地区,对多种森林(包括杉木林、马尾松林、桉树与马尾松混交林、常绿阔叶林、常绿落叶阔叶混交林等)及其采伐迹地长达10年的对比观测结果表明,森林中的地表径流量均明显低于采伐迹地草坡,只是草坡的10%～50%。尽管森林采伐迹地上草被的恢复很快,覆盖度达到80%以上,砍伐森林的年代不长,土壤孔隙结构与森林相差不大,可是它们的地表径流量却产生了成倍的差异,这说明林冠和枯枝落叶层对地表径流的调节作用也十分明显(温远光等,1988;刘世荣等,1996)。

对西部亚高山天然林区的观测数据表明,森林的采伐会增加地表径流量,而且采伐强度越大,径流量增加也越大;对择伐迹地和皆伐迹地的调查表明,伐后植被恢复很快,地表径流量和径流系数逐渐减少,皆伐迹地的平均径流系数为0.193%,翌年下降为0.152%;择伐迹地相应为0.090%,翌年为0.076%。

在暖温带的太行山区,连续3年(1997～1999年)对侧柏人工林、油松人工林、仁用杏人工林、野皂荚灌木林和虎榛子灌丛的观测表明,在这些地区的森林极少观测到地表径流。北京九龙山连续5年(1995～1999年)的观测结果表明,在油松人工林、油松黄栌林、华山松人工林中也未发生地表径流,在侧柏人工林和灌草群落观测到的地表径流次数也不多。根据观测到的几次径流过程的资料分析,太行山绿化工程林削减地表径流的作用是显著的,特别是在降雨强度较大、持续时间较长的情况下,其作用更是明显地优于草坡。即当降雨量在20mm以下时,侧柏人工林、灌丛和草坡的径流量相差不大;随着降雨量的增加,差距增大;当降雨量为106.8mm时,草坡的地表径流量分别高出侧柏人工林和灌丛 4.7 倍、3.5 倍；侧柏人工林与灌丛差距较小，但随着降雨量的增大，森林减少径流的作用比灌丛明显。

在黄土高原地区，森林削减地表径流的效果更为突出。由于黄土层深厚，一般达 10m 以上，土壤蓄水容量较大，加之气候干燥、雨量少，一般降雨情况下，土壤水分入渗速率往往大于降雨强度。因此，结构发育良好的森林比农地能显著地降低地表径流量。例如，在陕西淳化，坡耕地的径流量是刺槐林的 10 倍；在子午岭，林地的径流量为 0，而农地的径流量却高达 15.64mm；在陕西宜川，山杨林的地表径流量为 1.6mm，油松林为 4.0mm，农地为 5.4mm，林地的径流量均小于农地（吴钦孝等，1998）。

在温带地区，各类森林的测定结果表明，在月降水量不超过 80～90mm 的情况下，均未产生地表径流。在黑龙江省广大云冷杉林地，当一次降水量不超过 60～65mm 时，无地表径流产生（周晓峰等，2001）。

显而易见，森林削弱地表径流的作用是明显的。这种正常林分（具备良好的林冠层、灌草层和枯枝落叶层的林分）具有多层空间结构，林地土壤结构疏松，水分下渗快，从而能有效地调节降水，达到分流、延缓径流的结果。然而，在湿润的热带、亚热带地区与半干旱、干旱的暖温带和黄土高原地区，森林调节地表径流的过程和作用是有差异的。湿润地区地表径流发生的频率较高，在较小的雨量条件下就能产生地表径流，而且随着降雨强度的增大和降雨时间的延长，森林削减地表径流的作用逐渐缩小，直到完全丧失。干旱和半干旱地区不同，由于气候干旱、雨量少，发生地表径流的频率很小，在较小的雨量条件下森林与裸地（或农地）的差异不是太大，只有达到较高的雨量时，森林削减地表径流的作用才显现出来。

### 2. 森林延缓地表径流历时的作用

森林不但能够有效地削减地表径流量，而且能延缓地表径流历时。在一般情况下，降水持续时间越长，产流过程越长，降水初始与终止的强度越大，产流前土壤越湿润，产流开始的时间就越快，而结束径流的时间就越迟。这是地表径流与降水过程的一般规律。从森林生态系统的结构和功能分析，森林群落的层次结构越复杂，枯枝落叶层越厚，土壤孔隙越发育,产流开始的时间就越迟,结束径流的时间相对较晚,森林削减和延缓地表径流的效果越明显。例如,在相同的降水条件下,不同森林类型的产流与终止时间分别比降水开始时间推迟7~50min,而结束径流的时间又比降水终止时间推后40~500min;结构复杂的森林削减和延缓径流的作用远比结构简单的草坡地强。在多次出现降水的情况下,森林植被出现的洪峰均比草坡地的低,而在降水结束,径流逐渐减少时,森林的径流量普遍比草坡地大。这明显地显示出森林削减洪峰、延缓地表径流的作用。但是,结构单一的森林,例如只有乔木层,无灌木、草本层和枯枝落叶层,森林调节径流量和延缓径流过程的作用会大大削弱,甚至也可能产生比草坡更大的径流量(刘世荣等,1996)。

**(三)森林对河川水文的影响**

*1. 森林对河流总径流量的影响*

自1900年瑞士对两个小集水区进行森林作用的研究以来,美国、俄罗斯、德国、日本等国相继对此开展了研究,或用采伐先后的对比法,或用成对集水区法,或用几十个流域甚至百余个流域的综合分析,但结论不一。森林对河流总径流量的影响是一个极为复杂的科学问题,尽管历经百年的探索与争论,至今仍然无法科学定论。研究结果存在着3种不同的观点,即森林的存在可以增加河川径流量、森林的存在可以减少河川径流量,以及森林与河川径流量无明显关系(李文华等,2001)。

*2. 森林能有效地削减径流洪峰和延长洪峰历时*

尽管对于森林能否增加年径流量尚不能定论,但是森林削减径流洪峰与延长洪峰历时的作用得到了各国学者的广泛认同。刘世荣等(1996)对我国各地森林削减径流洪峰和延长径流时间的效果进行了总结,认为其效果是十分明显的。东北小兴安岭无林集水区($120hm^2$)和原始红松林集水区($66.9hm^2$)的对比研究表明,一次降水过程,无林集水区在降水后第2~3小时流量即开始增加,到第5小时,也就是降水强度最大时,流量猛增,到第8小时,流量达到最大值。而原始红松林集水区则明显不同,降水后第3~5小时流量缓慢增加,到第5小时后,流量开始较大增加,第10小时达到峰值。无林集水区比有林集水区洪峰到来早2个小时，且洪峰流量是有林集水区的3.7倍（王维华等，1985）。

在黄土高原区，根据该地区有林与无林大、小流域资料计算，黄土高原林区每年汛期洪水总量不超过1 000$m^3/km^2$，而其他非林区均在6 000$m^3/km^2$以上，黄土丘陵沟壑区达到31 000$m^3/km^2$。黄土高原森林对洪峰的削减作用更为明显，大流域单位面积的洪峰流量（洪峰流量模数）林区比非林区小90%，小流域甚至小99%以上（刘昌明等，1989）。不仅如此，森林对洪水的汇集过程也有显著的延缓作用，黄土高原区森林流域的洪水历时一般比光秃的黄土丘陵沟壑区流域延长2～6倍，且随着流域面积的增加，延长径流时间的倍数也随之增加，峰前历时滞后3～15倍，洪峰削减平均也在90%以上。这说明森林的滞洪作用十分显著。

3. 森林能够调洪济枯

我国是典型的季风气候国家，绝大部分地区降水的年内季节分配不均，秋旱、冬旱或春旱比较明显，少雨季节的枯水径流主要靠流域蓄水补给。例如，松花江水系20个流域10年测定结果表明，无林流域春季（枯水期）径流仅占全年径流的6.5%～7.0%，径流深为2.65～4.35mm，而有林流域（森林覆盖率为22%～90%）春季（枯水期）径流占全年的比值为12.5%～31.9%，径流深达10.83～139.20mm，是无林流域的4～32倍。但是，在邻近流域的松花江水系嘴子河的4个中等集水区30年观测数据对比分析结果表明，在森林覆盖率为40%以上的情况下，林地比之荒地能增加径流历时64%，减少最大径流量32%，同时也减少总径流量14%，枯水期径流量随之减少，森林覆盖率递增1%，枯水期径流减少1.7～7.5mm。松花江水系阿什河上游3个小集水区（面积2$km^2$以上），通过50%的带状择伐和皆伐后，采伐区的总径流量增加了1.31%～9.17%；秋汛（多雨季节）径流增加了3.61%～10.71%，而枯水径流（包括春汛融雪径流）则减少了17.51%。可见，森林覆盖率的增加不仅可以削减洪峰流量，还可调节径流的洪枯比。

### (四)森林对降水的影响

1. 森林对垂直降水的可能影响

如同森林能否增加径流量一样,森林是否存在增雨效应也是国内外长期争论的焦点。不过,不同地区、不同森林类型、不同观测方法得出的森林增加降水或森林减少降水的实例确实有很多。

从国外研究来看,森林对大气降水的影响有各种不同的结果(Rechard,1978;Rechard,1980;Klas,1998)。其中,包括森林不会引起显著降水的增加,尽管森林地带的降水多于其周围无林地带,但是在林区内降水多并不意味着森林增加降水;森林能够增加降水,但是森林增加降水的作用不大,主要是由 30m 或更高的树木阻挡空气运动引起的,此外林冠的(湿)摩擦效应也引起部分增雨作用。森林增加降水的作用随自然地理区和局部地形的变化而变化,一般丘陵山地大于平原地区。另外,长期的降水观测表明,降水随着森林消失而减少,大规模的森林采伐后,降水次数减少,降水强度持续增大,但是总降水量未受影响。

1980～1984 年,北京林业大学等单位对山西省东部太岳山脉北段进行观测,所得结论是森林对降水有一定影响,但增雨量不大。从影响的大小来看,天气形势雨占 46.3%,地形雨占 48.1%,而森林雨只占 5.6%(钱林清等,1984)。闵庆文等(2001)从对比观测、统计分析和模拟分析 3 种不同的分析方法评估森林的降水效应,结果表明,有林地中的降水量大于无林地中的降水量,但变异较大,而且森林的增雨作用不是太大。过去 50 年中国森林资源和降水变化的统计分析表明,我国森林资源的变化对降水没有显著的影响(葛全胜等,2001)。

由此可见,关于森林对降水的影响尚不能定论,还需要进行深入的科学研究。从目前的研究结果推论,森林的增雨效应主要反映在局地或地区尺度上,而在大区域尺度上,降水变化则主要依赖于大气环流过程。

2. 森林对水平降水的影响

国内外研究一致认为森林在相当程度上能增加水平降水。形成雾的主要原因是地面辐射的冷却作用,形成辐射雾。其有利条件是空气相对湿度大,天晴风小,水汽自地面向上层分布均匀,气层稳定。因为森林中林木比较高大,层次多且复杂,枝繁叶茂,表面积很大,所接触到的空气体积大,对雾等凝结水具有较强的凝结能力,当这些凝聚水落到地面上时,就相当于降水。

在我国暖温带半干旱的黄土高原地区,各种林农复合植被都具有提高空气湿度的作用。测定表明,各种林农复合植被的增湿作用明显,增湿幅度为2.54%~5.68%,增湿作用以无叶期较小,有叶期较大,夏季雨期增湿小,秋季干旱期增湿大(吴钦孝等,1998)。

# 第二章 中国天然林概述

天然林是在漫长的历史时期中,随着地质形成、地壳运动、冰川期作用、气候变迁及植物变化,从水生到陆生,由低等到高等,从简单到复杂,逐步产生、演替和发展起来的。地质时期,大气的剧烈变动和冰川期的交替出现是天然林变迁的主要原因,它们使天然林的种群产生了分化:部分迁移、部分灭绝、部分保存下来。

由于复杂的自然地理条件,中国绝大多数地区未受第四纪冰川期的影响,很多动植物如水杉、银杉、大熊猫、金丝猴等一批当今珍稀物种得以保存。第四纪冰川期以后,中国天然林水平分布趋于稳定,近万年间,中国未发生过植被区域或地带性的大规模自然演替,而只有诸如同类型植被中比例的消长,或同一植被南北界限推移的波动。

在人类历史时期,人为活动成为影响天然林变迁的因素之一。人类生活需求的日益增长,对天然林索取过多,也导致了森林变迁。中国的天然林经过数千年的人为活动和自然灾害的影响,以及森林自身的演替,大面积的天然林逐渐减少,尤其是原始林分布范围更趋减少,天然次生林比重增大,人工林面积大幅度增加。

## 第一节 中国天然林资源的现状、分布及主要森林类型

天然林是我国森林资源的主体,是森林生态系统的主要组成部分,是大自然馈赠给人类的绿色瑰宝。天然林是自然界中功能最完善的资源库、基因库、蓄水库、储碳库和能源库,在维护生态平衡、提高环境质量及保护生物多样性等方面发挥着不可替代的作用。同时,天然林还为人们的生产和生活提供木材及多种林副产品,是人类社会赖以生存和发展的重要物质基础,在国家经济建设中发挥着重要的作用。随着

我国天然林资源保护工程的全面实施,停止了长江上游、黄河上中游天然林资源保护工程区内天然林商品性采伐,调减了东北、内蒙古等重点国有林区的木材产量,天然林资源得到了有效的保护,逐步进入休养生息的良性发展阶段。

## 一、天然林资源现状

### (一)天然林资源概况

根据第六次全国森林资源清查结果,全国天然林面积11 576.20万$hm^2$,占有林地面积的68.49%。其中,林分面积11 049.32万$hm^2$,占95.45%;经济林面积207.75万$hm^2$,占1.79%;竹林面积319.13万$hm^2$,占2.76%。天然林蓄积1 059 311.12万$m^3$,占森林蓄积的87.56%。天然林每公顷蓄积95.87$m^3$。天然疏林面积474.93万$hm^2$,蓄积11 428.93万$m^3$。

天然林面积按土地权属分,国有6 176.01万$hm^2$,占53.35%;集体5 400.19万$hm^2$,占46.65%。天然林面积按林木权属分,国有6 127.55万$hm^2$,占52.93%;集体4 153.87万$hm^2$,占35.89%;个体1 294.78万$hm^2$,占11.18%。

### (二)天然林结构

1. 林种结构

在天然林分中,用材林面积5 544.69万$hm^2$,蓄积436 736.54万$m^3$;防护林面积4 662.96万$hm^2$,蓄积517 649.36万$m^3$;薪炭林面积255.11万$hm^2$,蓄积5 226.77万$m^3$;特用林面积586.56万$hm^2$,蓄积99 698.45万$m^3$(天然林分各林种面积和蓄积比例见图2-1)。

2. 龄组结构

天然林分按龄组划分,幼龄林面积3 424.33万$hm^2$,蓄积99 116.73万$m^3$;中龄林面积3 764.36万$hm^2$,蓄积275 421.81万$m^3$;近熟林面积1 555.37万$hm^2$,蓄积193 249.59万$m^3$;成熟林面积1 473.83万$hm^2$,蓄积282 189.91万$m^3$;过熟林面积831.43万$hm^2$,蓄积209 333.08万$m^3$。天然幼、中龄林面积和蓄积分别占天然林分面积和蓄积的65.06%、35.36%,后备资源比较充足(天然林分各龄组面积和蓄积比例见图 2-2)。

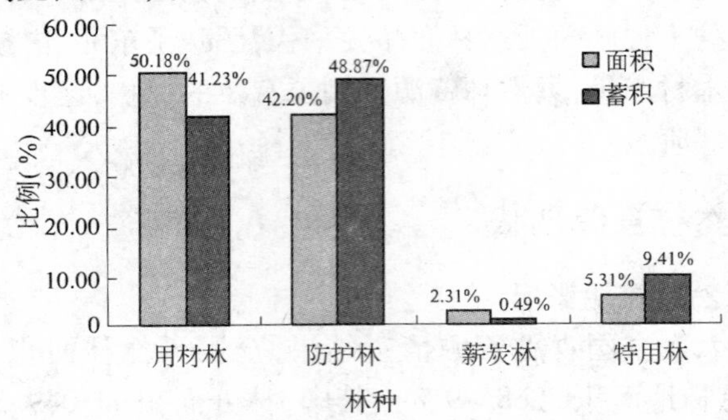


图 2-1 天然林分各林种面积和蓄积比例

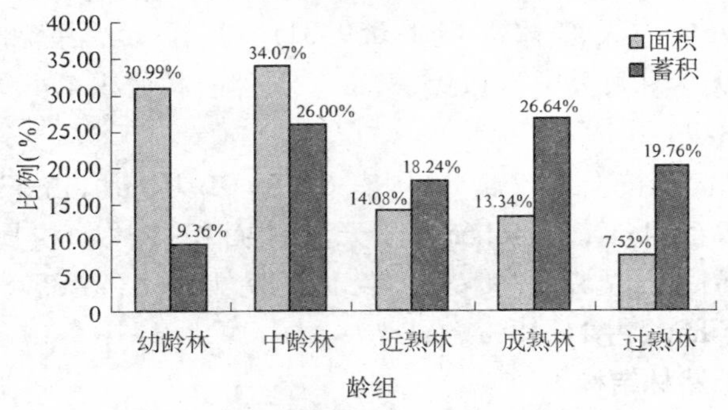


图 2-2 天然林分各龄组面积和蓄积比例

3. 树种结构

天然阔叶林面积 6 310. 36 万 $hm^2$,蓄积 517 972. 66 万 $m^3$,分别占天然林分面积、蓄积的 57. 11% 和 48. 90%;针叶林(含针阔混交林)面积 4 738. 96 万 $hm^2$,蓄积 541 338. 46 万 $m^3$,分别占天然林分面积、蓄积的 42. 89% 和 51. 10%。天然林分面积较大的有栎类、阔叶混、马尾松、桦木、硬阔类、落叶松、软阔类、杉木、云南松、云杉、针阔混、杂木和冷杉等优势树种,其面积合计为 9 781. 06 万 $hm^2$,占天然林分面积的 88. 52%;蓄积 932 635. 74 万 $m^3$,占天然林蓄积的 88. 04%。

## 二、天然林分布

我国天然林资源分布规律是东南部多,西北部少;在东北、西南边远省(自治区)及东南、华南丘陵山地分布多,而辽阔的西北地区以及人口稠密经济发达的华北、中原及长江、黄河下游地区分布较少。其中黑龙江、内蒙古、云南、四川、西藏5省(区)天然林面积合计5 983.10万$hm^2$,占全国的51.68%;蓄积合计732 219.40万$m^3$,占全国的69.12%。天然林面积在200万$hm^2$以上的有黑龙江等15个省(区),15个省(区)天然林面积合计10 359.42万$hm^2$,占全国的89.49%;蓄积合计972 457.94万$m^3$,占全国的91.80%(天然林主要分布省(区)面积、蓄积统计见表2-1)。

表2-1　天然林主要分布省(区)面积、蓄积统计

| 统计单位 | 天然林面积 | | 天然林蓄积 | |
|---|---|---|---|---|
| | 量值(万$hm^2$) | 占全国比例(%) | 量值(万$m^3$) | 占全国比例(%) |
| 黑龙江 | 1 624.87 | 14.04 | 1 280 052.17 | 12.09 |
| 内蒙古 | 1 374.85 | 11.88 | 103 895.32 | 9.81 |
| 云南 | 1 250.05 | 10.80 | 134 726.73 | 12.72 |
| 四川 | 890.95 | 7.70 | 139 183.13 | 13.14 |
| 西藏 | 842.38 | 7.28 | 226 362.05 | 21.37 |
| 江西 | 655.50 | 5.66 | 22 670.25 | 2.14 |
| 吉林 | 571.26 | 4.93 | 72 582.95 | 6.85 |
| 广西 | 532.29 | 4.60 | 24 384.02 | 2.30 |
| 湖南 | 469.76 | 4.06 | 15 056.71 | 1.42 |
| 陕西 | 467.59 | 4.04 | 29 355.29 | 2.77 |
| 福建 | 407.96 | 3.52 | 26 315.80 | 2.48 |
| 广东 | 385.69 | 3.33 | 17 503.66 | 1.65 |
| 湖北 | 351.33 | 3.03 | 11 970.48 | 1.13 |
| 浙江 | 298.29 | 2.58 | 8 051.35 | 0.76 |
| 贵州 | 236.65 | 2.04 | 12 348.03 | 1.17 |

## 三、天然林主要森林植被类型

在不同水热条件组合下所能生长的乔木树种不同，我国因为南北气候差异较大，因此从南到北，有寒温带针叶林、温带针叶与落叶阔叶混交林、暖温带落叶阔叶林、亚热带常绿阔叶林、热带雨林和季雨林。

### （一）寒温带针叶林地带

地理位置在我国东北的北端，地理范围北起我国最北端，南到滨州铁路线附近，西起大兴安岭山地西麓，东界北为黑龙江干流，南为松嫩平原西缘。典型的地带性森林为兴安落叶松林。此外，局部有樟子松林，其他还有白桦、黑桦、蒙古栎等次生林分布。北端海拔 800m 以上，南端海拔 1 200m 以上，有偃松灌木林。

### （二）温带针叶与落叶阔叶混交林地带

地理位置北起黑龙江省小兴安岭北缘，南至辽宁省东部的长白山南端和鸭绿江、图们江，西接松辽平原，东至国境。水平地带的典型森林植被类型是以红松为特征种的针叶树与以水曲柳、核桃楸、槭类等落叶树为代表的针阔混交林。在地带山体上部还有以落叶松和云杉、冷杉林为主的寒温性针叶林出现，其分布下限在小兴安岭约为海拔 700m，越往南越高，到长白山南部达到海拔 1 100m 以上。

### （三）暖温带落叶阔叶林地带

地理位置东北起北纬 41°，南到苏北灌溉总渠、淮河干流、伏牛山与秦岭的南坡中部和整个西秦岭地区，西北包括黄土高原的东南部，东到黄海。原生森林植被绝大部分已经破坏，远山深山虽然有为数不多的天然起源的森林，也多属次生性质。水平地带落叶阔叶林早已荡然无存，但海拔 600 ~ 800m 以上的山地为温性针叶与落叶阔叶混交林地带，主要树种有麻栎、栓皮栎、槲栎、辽东栎、元宝枫、色目槭、油松、华山松、白皮松、侧柏等。海拔 1 600 ~ 2 500m 为寒温性针叶林地带，主要树种为华北落叶松、白杄、青杄、冷杉等针叶树，以及白桦、山杨、蒙古栎等阔叶树。

### （四）亚热带常绿阔叶林地带

地理范围北为淮河干流和秦岭以南，南至福州、永春、永定和南岭南麓、西江两岸和云南省南部边境附近，西起横断山脉，东到大海。水平地带的典型森林植被以壳斗科、樟科及常绿阔叶树为代表，由此向上，在山地依次出现由喜暖的树种组成的森林、温性针叶树种和阔叶树种组成的森林、寒温性针叶林等。大约海拔 1 800m 以下是以栲、槠、青冈、木荷、樟、楠等为代表的常绿阔叶林。由此向上到海拔 2 200m 为常绿与落叶阔叶混交林，往上为常绿阔叶林带，海拔 2 400 ~ 3 000m 为温性针叶林，多为高山松林或油松林、铁杉林，以及与槭、桦、栎类等构成的混交林，海拔 3 000 ~ 4 000m 及以上为云杉、冷杉、红杉（落叶松属）、高山栎等组成的寒温性森林。

（五）热带雨林和季雨林地带

地理范围北界西段以≥10℃年积温 7 500℃等值线为主要指标与云贵高原亚热带区相接，东段以≥10℃年积温 8 000℃等值线为主要指标与南方亚热带区相接；西、东、南界均为国界线。地带性森林植被类型为热带季雨林、雨林。其分布特点为由东向西纬度逐渐升高，垂直分布特点为由东部海拔 500m 向下，向西上升到海拔 800 ~ 1 000m。主要建群种为龙脑香科树种及其他伴生树种。龙脑香科树种在组成上东、西部稍有差异：东部区域以龙脑香、青皮、坡垒和铁棱为主；西部区域以望天树、云南婆罗双、毛坡垒为主。其他伴生树种主要有壳斗科、肉豆蔻科、大戟科、木兰科、樟科等树种。

## 第二节　中国天然林资源的变迁

我国在历史上曾经是一个森林资源十分丰富的国家。历史考证表明，在距今 8 000 ~ 3 000 年间，我国天然植被分布从东南到西北，大致是森林、草原、荒漠三个地带。森林地带从北到南，包括五个区域，即大兴安岭北端的寒温带林，小兴安岭、长白山的温带林，华北的暖温带林，华中、西南的亚热带林，华南、滇南的热带林。当时各地的山地均有森林，平原地带，包括华北一带，甚至黄土高原地带，也有森林分布。“陇西天水山多林木，民以板屋为室”，这是《诗经》和《汉书》都有记载的，可见森林的茂盛。据各种史料的考证和推算，史前，我国森林覆盖率大概在 64%。随着人类活动强度的逐渐加大，我国的森林资源逐渐减少。我国著名古生物学家杨钟健先生 1929 年到晋西、陕北考察时，就根据耳闻目睹的材料断定当地原为森林地区，并深有感触地慨叹“我民族摧毁森林的可怕”。资料表明，新中国成立初期，我国森林覆盖率仅 8.6%，成为世界上森林资源贫乏的国家之一。

## 一、我国森林的变迁

我国是一个山地面积占国土面积比例很大的国家，在远古农业垦殖规模还不大的时候，中国人口大部分集中在黄河和长江中下游地区。根据已发现的甲骨文记载，在夏商王朝的主要活动中心地区黄河中游地段广泛分布着原始森林、草原、沼泽以及湖泊植被，植被层中生存着大量的犀牛、大象、熊、猴以及孔雀、犀鸟、野牛、野马、鳄鱼、龟等。在这个时期内绝大多数天然植被保持着原始状态，人们以焚烧山林作为开垦土地的先期手段。随着农垦区的逐渐扩大和人口的增多，在汾涑流域和泾渭下游两个平原形成了定居农业区。定居农业促进了城市或集镇的形成，其所需的木材、燃料及手工业作坊的大量木炭，都来自森林。所以，中国古代大多数城市、村镇都位于依山靠水之处，这同时也加速了原始森林、草原、沼泽植被的破坏。但在相当长一段时间内，受生产技术的限制，人们对自然环境的影响仍然很有限。由于受生活资料来源不稳定等因素的影响，当时的人口增长不是很快，加上狩猎、采集以及畜牧业在当时人们的生活资料来源中占有很大比例，因此农垦的规模不大。在人口稀少和尚未受到人为干扰的地区，森林仍保持着自然状态。

春秋战国时期是社会大变革的时期，新兴诸侯国纷纷实行变法，而奖励农耕是变法的一项重要内容。春秋战国时期铁制农具的运用使人们除草木、垦荒地变得非常便利，加上畜力的引进，有力地促进了农业和社会生产力的发展。山林所提供的物产作为生物资源的部分，是当时生活资料的重要来源。农业的发展相应地促进了人口的增加，因而又使得毁林开荒更加受到重视，于是出现了较大规模的砍伐天然林开辟农田的行为。由于农业生产的发展和统治阶级对奢华生活的追求，以及诸侯国之间的争城夺地，黄河中下游流域一些文化较发达地区森林的消亡速度加快了。

秦始皇统一中国以后，由于两次统一国家的战争，秦岭北坡和蜀地的森林遭受到比较严重的破坏。此后为发展农业生产和军事需要的大规模屯垦，以及手工业的迅速发展，使森林的削减在北方黄河流域达到了令人触目惊心的程度，并因此而引起了水土流失的后果。大规模修建长城动用了全国1/3的劳力，并使沿长城的森林备受劫难。

出于政治上的考虑，从秦开始历代政府就很重视对西北边陲的开发，因而产生了人口的大规模迁移现象。到了西汉时期，黄河流域的农田开垦由中下游逐渐向上游发展，便利耕作处的土地均被大规模开发。《汉书·地理志》记载，平帝元始二年(公元2年)垦地面积73.47万$hm^2$。由于黄河流域的生态系统本身就比较脆弱，西汉时期的大量开发给环境带来了巨大的压力。由于开发比较迅猛，黄河中上游的植被遭受到很大的破坏，出现了比较严重的水土流失和水患危害日益严重的问题，造成了黄河下游地区在汉武帝后遭受到数十年严重水灾。由此可以看出，人们为当时的过分开发曾付出巨大的代价。

秦汉时期森林呈现减少趋势的主要原因为：帝王为修建宫殿而滥伐森林、大规模地毁林垦殖、滥伐乱砍森林以及战争毁林。

三国至南北朝的360年左右，中国北方处于战乱状态，黄河流域的人口大量减少，农业生产遭到严重破坏，许多地方的农田曾经一度改为牧场，黄河流域的自然植被在此时有了一定程度的恢复。但战乱造成的大量居民南迁，使长江流域的森林砍伐增多。

隋代结束了南北朝分立局面，再次统一全国，经济繁荣超过汉代。随后的唐宋时期，由于社会秩序基本安定，人口增加，农业、手工业有较大发展。在此期间，唐代的大规模屯垦及北宋和西夏在牧区的农业开发，其盲目性又给自然环境带来了严重的危害。宫殿建筑和手工业的繁荣，给黄河中下游、两湖、浙江等地交通便利之处的森林带来了严重的影响，采伐森林达到空前规模，大大超过了新植和恢复的森林。全国范围内的森林面积、蓄积都日益减少。沈括在《梦溪笔谈》中指出："今齐鲁间松林尽矣，渐至太行，京西，江南杉的大半皆童矣。"这一时期，东北地区尚未大规模开发，森林采伐活动尚少，华东、华南地区的森林逐渐被砍伐掉了，西南除四川平原地带森林急剧减少外，其他地区森林保存尚好。此时已显露出东北、西南森林最多，西北、华北森林最少的森林分布格局。同时，这时期的森林火灾也是森林减少的主要原因之一。

在淮河流域，西晋时不合理的水利开发和森林破坏，造成了严重的水土流失等问题。两宋时期，由于人口密集于长江下游一带，给生态环境带来了巨大的压力，对木材的需求加速了对周围山林的破坏。人口增多引发的对自然资源的掠夺性开发，严重地破坏了原来的生态系统，旱涝灾害日益加剧。

明代时两湖的开发取得了很大的成果，所谓"湖广熟，天下足"就佐证了该结论。但过量侵垦湖面造成了日益严重的水灾。据刘禹锡的《刘宾客集》记载：自正德十一二年，大水泛滥南北……湖河淤浅，水道闭塞……天地荒芜。即今十数年，水患无岁无之。

到清代中叶后，由于人口激增，清政府实行了军垦民垦的开荒政策，在川、陕、湘、鄂、闽、鲁、晋、豫等省皆大力推行。大量的流动人口进行着广泛的"开山"、"围湖"活动，以获取耕地，而且"围湖"往往以"耕山"为前提。由于这时的开发是突发的人口压力和社会压力所导致，带有很大的盲目性，从而对生态环境的破坏也非常残酷，山区和丘陵地区的森林植被破坏极大。山地开垦造成的森林植被的大面积被毁，使林下的植物种质资源受到了明显影响。如秦巴山区本来盛产厚朴和黄连，后来"老林久辟"竟致"厚朴、黄连野生者绝少"。森林植被被破坏后，林下的动物资源也受到了致命的影响。不少珍贵动物分布范围明显缩小甚至灭绝。如华南的孔雀和湘黔交界处的金丝猴大都是在清代时灭绝的。当然，对于一个传统的农耕国家，飞禽走兽的灭绝不会引起人们的关注，但由于植被破坏而引起的土壤侵蚀，进而发生的河道淤塞、农田淹没、水利设施毁坏、水旱灾害加剧等，则使世人惊惧，并多有记载。同时，清代不少地区逐渐兴起的矿冶业也对森林产生了一定的危害。如景德镇的民谣就有"一里窑，五里焦"的说法。至 1840 年，除我国东部地区以及西南高山林区和其他一些局部地区尚保留不少森林，森林资源还比较丰富外，其他地区的森林都遭到大面积破坏。

鸦片战争后，由于帝国主义列强对我国东北原始林区森林资源的疯狂掠夺，中南、西南一些地区老百姓焚山的落后生产和生活方式及矿冶业兴起、采伐大量森林作燃料，使我国的森林面积急剧下降。森林的破坏加剧了许多地区的水土流失，造成江河泛滥、堤坝崩坏、良田淹没。严重的生态环境问题和频繁的自然灾害引起了国人的普遍关注。但当时的清政府已经腐朽不堪，无法对上述问题做出针对性行动。

到了辛亥革命前后，社会黑暗，军阀混战，民不聊生，整个社会不仅对清中期以来环境恶化的形势无法形成一定的控制，而且还在继续开山造田，围湖求地，对森林的破坏不止。在这种情况下，只要天气稍微恶化，就会造成严重的灾害。1907 年，美国总统西奥多·罗斯福根据曾在中国做过社会及资源调查的梅耶所提供的资料，在参众两院发表演讲，论述中国森林破坏、土壤侵蚀、河流淤塞、良田为沙砾所覆没的情况。他认为中国不讲林政，是林业衰退的一大原因。

虽然当时有一批受过西方科技熏陶的林学家曾努力推动森林的保护，间或实行封禁山林政策，使森林得到保护，采伐迹地得以天然更新，林木茂盛，局部地区因营造了一些人工林而使森林面积有所增加，不过增量极为有限。同时，森林的采伐量仍在加大，加上林政不修而发生的滥伐、乱垦和火灾，以及太平天国运动、帝国主义掠夺和抗日战争等战争损失，中国森林资源急剧减少。

据熊大桐等的考证，鸦片战争前后，中国森林面积 15 900 万 $hm^2$，森林覆盖率 12.61%；1934 年，森林面积和森林覆盖率两个指标分别降至 9 109 万 $hm^2$ 和 8.0%；新中国成立前夕（1947 年），这两个指标分别减少到 8 412 万 $hm^2$ 和 7.41%。1947 年与 1840 年相比，我国森林面积减少了将近一半，森林覆盖率下降 5.2 个百分点。

近代中国森林的主要特点是：森林资源少，森林覆盖率低，且分布不均。按 1934 年统计，中国森林资源仅占世界森林的 3%，森林覆盖率仅相当于世界平均水平的 35.4%，人均森林面积仅相当于世界平均水平的 11.4%。中国森林分布于东北、西南最多，其次为东南、华中，而西北和华北最少。

新中国成立以后，由于一些历史的原因，如某一时期的政策失误，或经营管理不善等，中国森林资源的变化经历了曲折的过程。在新中国成立后的 30 年里，曾发生过数次大面积砍伐森林的事件，致使天然林资源损耗惨重。其中，从新中国成立初期到 20 世纪 60 年代，在诸如"大跃进"时的木材生产规模急剧扩张和大炼钢铁的双重冲击下，天然林面积呈现出明显下降的态势。1966～1976 年"文化大革命"时期，除大规模生产木材之外，又出现了持续的大面积的毁林开垦，天然林面积的下降幅度进一步增大。20 世纪 80 年代初期南方集体林区由于受木材放开的冲击，以及农村有些地方政策不到位，实行分林到户，森林遭受到大量采伐。在一些木材重点省，由于经营不合理，长期过量采伐，使得森林资源过量消耗，造成全国在相当长时期内森林蓄积年消耗量大于年生长量，加上管护不当，造林成活率和保存率低，每年新造林面积小于因采伐等所消失的森林面积，形成了森林面积减少的趋势。进入 20 世纪 80 年代后期，森林面积呈回升趋势，尤其是原来少林和基本无林的省（区），经过最近几十年来的大力人工造林，森林面积增长较快。20 世纪 90 年代初以来森林面积一直稳定增长。森林蓄积的情形也大致如此。从新中国成立初期到 20 世纪 60 年代，全国活立木蓄积基本持平或略有上升，70 年代呈下降趋势，80 年代后期出现缓解，到 90 年代初呈现增长趋势。

## 二、各地区历史时期的森林变迁

中国历史上各地区经济发展不平衡，森林开发利用水平和速度也有很大的不同，各地区森林的历史变迁也有较大区别。

### （一）东北地区

早在 5 000 年以前，东北地区遍布着茂密的原始森林，其森林覆盖率达 90% 以上。东北地区的森林，最早受到大量破坏的是靠近中原的辽宁省西部和辽东半岛一带。在公元前 3 世纪，燕王率兵进入辽东和辽西，大力垦殖农田。汉代实施移民屯边政策，在辽东屯田设郡，垦殖耕地，到汉平帝元始二年，已垦殖耕地 73.47 万 $hm^2$，此时辽宁省，特别是辽西地区的森林植被已大量破坏。到了唐代，肃慎族后裔在今宁安县建立了渤海国，开始大兴土木修建宫殿，农业也日益发展，同时又兴起造船业，使得长白山一带的天然林受到较大破坏，但形成了比较稳定的定居农业耕作体系。辽国灭渤海国兴起后，形成了与宋对峙局面，双方战争频繁，对森林破坏较大，此时辽宁省除山区外，平原和丘陵地区的森林均已消失，森林覆盖率由原来的90%下降到80%。从公元1115年女真族建立金国至元代到明代初期，东北森林没有遭到大量砍伐，森林得以休养生息。但到明代末年，满族兴起，大举兴兵，对东北南部森林有一次较大破坏。1668～1858年的近200年间，清政府在东北实行的"四禁"政策，即禁止采伐森林、禁止农垦、禁止渔猎、禁止采矿，使东北森林得以保护。到19世纪末，东北地区森林覆盖率仍保持在70%左右。东北林区森林大量减少，始于沙俄与清政府签订《瑷珲条约》(1858年)和《北京条约》(1860年)。从此，黑龙江以北、乌苏里江以东100多万$km^2$土地被划入沙俄版图，东北森林的采伐权操纵在沙俄手中，沙俄成为东北森林的主要掠夺者之一。日俄战争后，日本帝国主义逐渐取代了沙俄在东北的地位，先后成立"鸭绿江采木公司"等机构，大肆对东北森林进行全面砍伐。到1949年新中国成立前夕，东北森林覆盖率下降到30.75%左右。

新中国成立后，由于经济建设需要，东北森林得到进一步开发利用。由于集中采伐，更新措施不力，对原有资源保护重视不够，东北林区天然林资源进一步减少。根据1989～1993年森林资源清查，黑龙江、吉林、辽宁三省(区)森林覆盖率为20.3%。

**(二)华北地区**

史前，华北平原和山川密布着繁茂的天然林。根据各种历史史料考证和推算，史前山西、北京、河北的森林覆盖率在60%～70%，内蒙古的森林覆盖率也在40%以上。

到了夏商、西周、春秋时代，人们出于生产、生活需要，毁林开荒，发展农业，华北平原森林受到破坏。到战国后期，华北平原的森林已基本消失，一些丘陵区的森林也遭受轻微破坏。秦始皇统一中国后，筑长城，修阿房宫，这是中国历史上第一次大规模砍伐天然林生产木材的行为，如内蒙古鄂尔多斯高原上的森林和阴山上的森林就是因修筑长城取材而遭到破坏的。继秦始皇之后,到北齐时又修筑东起居庸关、北至大同长达450km的长城,使长城沿线周围数百里的森林被毁。隋代凿运河,修御道,建宫殿,继而三伐高丽,天然林继续遭到高强度砍伐。唐宋时期,华北太行山、吕梁山、燕山等地还有森林,但到辽金元时期,华北平原和丘陵地区几乎无原始森林了。明清时期,特别是清代,由于人口大增,土地兼并严重,以及大规模修筑长城,除贺兰山的森林在明末被砍光外,大青山、燕山、太行山、鄂尔多斯山、拉链山等山区也变成了森林草原或灌丛。"中华民国"时期,华北的大小山区森林继续遭到摧残,1937~1945年日本入侵华北期间,大肆烧杀掠夺,致使山区森林尽毁。到1949年,华北仅残留一些天然次生林,森林覆盖率下降到5%左右。新中国成立50多年来,由于重视林业建设、重视保护和发展,华北地区平均森林覆盖率比新中国成立前提高了1倍以上。

**(三)华东地区**

史前时期,华东的森林资源十分丰富,几乎到处生长着繁茂的原始森林。在5 000年前的原始社会时期,山东的森林覆盖率为46%,台湾80%以上,福建、浙江、江西、安徽森林覆盖率在60%~75%,江苏森林覆盖率在30%~40%。

原始社会的人类活动集中在黄河、长江、淮河沿江平原河谷一带。人类的衣食住行皆取自于森林,这是原始森林遭到破坏的直接因素。春秋战国时期,山东、安徽、江苏一带成为政治、经济交往的要冲和兵家必争之地,诸侯间频繁不断的战争和耕地对森林的替代,将江淮沿岸森林摧残殆尽。秦汉时代,山东的平原已无森林,全省森林覆盖率已降为13%。唐宋时期,农业、手工业进一步发展,华东丘陵和山地天然林继续减少,平原地区的人工林则有所增加。明初,江西、福建、台湾仍有大片天然林。随着外人进入台湾岛从事农垦、贸易,台湾森林逐渐遭到破坏,特别是清代,大量汉族人涌入,进行农垦以及砍伐樟树熬制樟脑,对台湾森林影响极大。从辛亥革命成功后的民国时期到1949年新中国成立前这一历史时期,由于历经战争破坏,华东地区的天然林又大面积减少,到1949年,华东平原丘陵和低山的天然林已经基本消失,远山区森林也遭到严重破坏。江苏森林覆盖率降至0.83%,浙江39%,福建

28%，江西40%，台湾55%。

（四）中南地区

原始社会中南地区森林覆盖率约80%。进入到夏商周时期，河南是诸侯争霸的主战场，森林破坏首当其冲。到春秋末年，河南平原已难见森林，同时湖北的汉水和长江两岸森林一部分被砍伐掉了，而毁于战火的更多。秦统一中国后，移民开荒，大兴土木，修建兴安运河，加速了沿江森林的消失。东汉时，人口增加，平川、丘陵山地都成为开垦对象。自三国到魏晋南北朝时期，河南、湖北、湖南又成为战场，森林又一次遭到破坏。到清代末年，中南仅深山和偏远地区尚有原始林。民国时期，因军阀连年混战，加之日本帝国主义侵华战争的破坏，到1949年，广西森林覆盖率降至16%，河南降至8%，湖南降至29%。

（五）西南地区

公元前4000年左右，四川、云南森林覆盖率约在80%以上，贵州45%～50%。秦汉以前，西南森林受人类影响较小。但自秦代以后，西南森林开始遭到破坏。秦初司马错率十万大军灭巴蜀，造战船万艘，对四川森林造成了一次大破坏。秦造阿房宫，在四川砍伐了大量木材。西汉时四川人口大增，农业发达，川西平原及附近浅山森林均遭破坏。汉代以后，汉人入黔开荒务农，集中于丘陵河谷垦殖。明清时期，西南地区人口快速增长，大面积森林变为农田；矿冶业兴起，采伐大量森林用做燃料；清乾隆皇帝两次出兵大小金川，致使当地森林在战火中尽毁。民国时期，西南森林破坏更加严重，远山深山原始森林被大量采伐。特别是抗日战争时期，大量机关、团体迁往西南，木材需求大增，刺激了西南森林采伐，且多采用大面积皆伐手段。据统计，四川森林覆盖率由清末的40%降至1949年的17%，云南由52%降至28%，贵州由21%降至12%。

（六）西北地区

史前，西北地区森林覆盖率约20%。西北地区森林受害最早的是陕西省，从原始社会起，人类首先在关中平原开垦土地。秦统一中国后，大量人口涌入关中，垦殖面积不断增大，同时统治者大兴土木，使得关中南北二山森林第一次遭大量砍伐。西汉王朝时期，积极实行屯边政策，多次向边疆移民垦荒，开垦范围包括黄土高原、河西走廊、黄河河套、青海湟水流域以及甘肃中部地区，同时又开发引黄灌区工程，涉及内蒙古、宁夏的贺兰山林区。这是西北地区第一次大规模破坏森林。西北森林第二次大破坏始于唐宋时期。唐为恢复经济，不仅继续开垦土地，还在各地建军马场；安史之乱后，军垦、民垦加剧。到宋代砍伐森林的范围扩展到贺兰山、六盘山、洮河、陇南山地。到明末清初，西北浅山区已无巨木可采。西北森林第三次大破坏发生在清代。康熙允许汉人越过长城垦种，使长城以外草滩地区很快变为碱滩。“回疆之变”使西北森林再遭浩劫。1864 年，沙俄割占中国 44 万多 $km^2$ 土地，其中包括天山山脉西段大面积森林。新疆森林从清代才开始采伐利用，1884 年新疆正式建省后平原森林遭到破坏。民国时期，随人口增加和城市扩大，乌鲁木齐一带森林被砍光，继而伊犁山地森林被采伐。至 1949 年，新疆森林覆盖率仅 0.81%，整个西北地区森林覆盖率降至 5%。

## 三、森林资源变迁的主要原因

从有历史记载以来，森林一直是由多变少，由优变劣，由原始的天然林变成天然次生林，再由次生林变成灌丛草地，然后变成荒山荒地。森林资源减少的主要原因包括以下几个方面。

### （一）农业发展对森林的影响

人类物质文明是在同森林的和谐与对抗中发展的。在采集、渔猎经济时期，人类衣食住行的种种需要，完全依赖于森林。以后人类社会进入农耕经济，人类的生存与发展更是以森林的毁灭为代价的。从原始农业发展到现在，随着人口的急剧增长，农耕地总量不断扩大，毁林开垦由平原开垦到丘陵岗地，由低山开垦到高山，既有原始的刀耕火种，又有现代的机械开垦，许多森林就这样被毁掉。

### （二）战争对森林的影响

自春秋战国到近代 2 000 多年的中国历史上，战争次数、参加人数之多和持续时间之长都是全世界罕见的。历史上大小农民起义数百次，时间长、规模大的起义和战争几十次。除农民战争外，封建割据战争和民族战争也很频繁，近代又有帝国主义对中国的入侵。战争中，森林被作为障碍物加以焚烧，或被作为战争工具加以利用，森林资源遭受极大损害。鸦片战争后，沙俄割占中国领土约 150 万 $km^2$，其中包括东北 6 800 多万 $hm^2$ 原始森林，中东铁路沿线 25km 范围内茂密的森林被沙俄砍光。1902 年，俄国成立远东林业公司，大砍大小兴安岭和鸭绿江流域的森林，运往外国，谋取暴利。1895 年，日本侵占中国台湾省，在台湾大量伐木。1905 年，日本设立鸭绿江采木公司，采伐我国东北森林。日本的伐木公司、造纸公司还在吉林林区大量伐木。1931 年日本侵入中国东北地区后，更是大量掠夺我国的森林资源，随意破坏。从日俄战争到东北光复期间，日本共掠夺中国东北木材 1 亿 $m^3$ 以上。

**（三）工业发展对森林的影响**

中国矿冶业有悠久历史，早在周代炼铜业就已发展到相当大规模，春秋战国铁器已得到普遍使用。在当时历史条件下，采矿冶炼，只能就近入山伐木，获取木材和矿柱。19 世纪 70 年代，中国矿冶业有较大发展，由于矿冶需要，砍伐了大量森林。陶瓷烧制技术在唐宋时期已得到很大发展，陶瓷制品在民间已得到广泛使用，它的发展也消耗了大量森林。

两宋时期，造船业已遍布江河两岸城镇，所造船舶种类有战船、马船、漕船、商船、渡船等。造船必选良材，使南方樟、楠资源大量消耗。

**（四）人类生活习俗对森林的影响**

两汉时期，木结构建筑技术高度发展，奠定了木结构高层建筑的技术基础，在以后的寺庙、楼台修筑中得以广泛应用。历代宫室、城郭、民居都使用大量木材作建筑材料，同时砖瓦烧制也以木材作燃料。“蜀山兀、阿房出”不失为大批森林毁于一旦的真实写照。

由于受一系列因素的影响，在人类的生活方式中形成的一些不良习俗，也在一定程度上对森林资源施加了负面影响，其中最为典型的例子是墓葬方式。从西周开始，人们采用木质棺椁作葬具，上至王公贵族，下至平民百姓，都有用木质葬具的习俗。这种习俗至今在有些地方仍未根除。

# 第三节　中国天然林利用的历史变化

人类伊始就与森林保持着密切的关系，衣、食、住、行、用，乃至精神生活及文化活动都离不开森林。然而在不同的社会发展阶段，人类对森林的需求是不同的。在采集渔猎时期，衣食是人类对森林的第一需求；农业诞生后，人类的衣食不再完全依赖于森林中的自然产出物，森林作为肥料和潜在的耕地资源支持着农业的拓展。此后，森林作为燃料、材料、原料，在满足人类生活需求和推动经济发展方面发挥着重要的作用。随着人类文明程度的进一步提高，森林特有的生态环境功能和生物基因库功能，作为人类社会可持续发展的必备条件而受到越来越高的重视。

## 一、森林的食品利用

在200多万年漫长的旧石器时代，生活在森林内及其附近的先民们，以采集和渔猎为谋生手段，森林植物的果实、块茎、茎叶，林中一些弱小的动物和河流湖泊中的鱼、虾、螺、蚌等，都是他们采集、猎取和捕捞的对象。最初，他们使用钝笨的石器和木棒来驱赶或捕获猎物，后来学会了使用火来获取食物的方法，但偶尔会发生对天然林造成严重影响的火灾。不过从总体上看，先民们向天然林的索取是很有限的，还不足以给分布广阔的天然林造成致命的威胁，而且我国许多地带气候温暖宜林，森林火烧后也不难恢复。

这种天然林利用方式的人口承载力是极为低下的。随着人口的增长，这种生活方式逐渐变得难以延续下去。先民们最先采用迁徙到天然食品相对较多地方的办法来维系这种生活方式，而后又采用了界定领地和规范采集行为的办法。然而，上述被动的应对措施的作用毕竟有限，为了获取较多、较稳定的食物来源，先民们改变了立即食用所捕获的动物或所采集的植物的习惯，开始饲养、种植它们，由此形成了原始农业，并将单位土地资源的人口承载力提高到一个新的水平。

## 二、森林的肥料利用

由采集渔猎到原始农业是人类发展史上的一次革命。在铁器尚未发明以前,人类还没有能力进行刀耕。然而,人类早就学会了用火,所以最早出现的很可能是火耕。在没有铁制农具的情形下,火耕很可能要比刀耕更省力省事。不过,将生长着的林木烧掉也绝不是容易的事情,所以最早的农耕很可能是在天然火灾造成的森林火烧迹地上进行的。天然林的生物量很大,地被物很厚,被火烧过的地方有较高的肥力,种下的植物能茁壮成长。古代人不知施肥养地,当种植一两年后,地力衰退,产量下降,便另寻一处,进行烧垦,若干年后再轮回。于是出现了人进树退、人退树长的局面。原始农业的出现,使人类获取了新的食物来源,为更多人口提供了生存条件,减少了人类对森林野生食物的依赖,同时使原始森林遭到一定程度的毁损。但早期的轮耕方式,耕作期短于休闲期,土地有足够的休养生息时间,可使森林动植物自然恢复,故不会导致森林永久毁损。但火耕通常引起火灾蔓延,烧毁原始树木,使森林呈逆向演替。

在以轮耕为基本特征的原始农业中,天然林的主要功能是为农业生产提供肥料,大部分土地以休闲的方式为下一次轮耕积累肥料,所以土地承载力是非常低的。随着人口的继续增长、消费构成与消费水平的继续提高,原始农业变得越来越难以为继。为了克服面临的困境,先民们利用种植业的"废弃物"作为畜牧业的饲料,利用畜牧业的"废弃物"作为种植业的肥料,从而实现了农业在固定地块上的可持续生产。当农业发展到无需天然林提供肥料也能持续的传统农业发展阶段以后,种植业的拓展通常是以毁灭性地破坏天然林为代价的。

在春秋战国时期,铁制农具(刀、锄、犁)的发明和牛耕技术的应用,使先民们具备了将森林开发为农地的能力,耕作的地域由此大大拓宽了。最初是平原地区的许多天然林被垦为农地,然后到达了一些浅山区,对浅山区的森林造成了严重的负面影响。然而,农业技术发展并不平衡,在很长的一个时期内,居住在深山区的农民大多仍沿用刀耕火种的方式。到了宋代,梯田制在许多山地的推行,使丘陵山地转变成了固定农地，梯田制对山地无林化进程造成了深刻影响。明清以及20世纪初至20世纪60年代是两次拓展耕地的高峰时期，几乎涉及全国所有偏远地区，对森林减少产生了极大影响。

早期，人们基本上依靠垦殖来满足人口增长引起的食物需求的增长，所以在开垦耕地方面下了很大的工夫。然而，随着易于开垦的耕地资源越来越稀缺，人们逐步把重点转向提高土地经营利用水平上，主要措施有兴修水利、采用良种、增加施肥和提高复种指数等，毁林开垦农地的现象逐步减少了。因此，相当大一部分天然林，特别是深山区的天然林绝大部分都保留下来了。

无论是以火耕、刀耕为特征的原始农业，还是以农牧结合为特征的传统农业，都是具有划时代意义的技术创新。它们对一小部分天然林造成了负面影响，但保护了大面积的天然林免遭采集活动和火耕、刀耕的冲击。

## 三、森林的能源利用

薪柴是人类首先认识和掌握的来源最广且采集最容易的能源。从燧人氏“钻木取火”起，木材就被有意识地作为燃料。尽管中国人1 000多年前就发现了煤，但煤炭的工业利用直到19世纪末才真正开始。在这以前，森林一直是人们获取生产和生活能源的主要来源。周代时我国炼铜业已发展到相当规模，春秋战国时期铁器已普遍使用。在当时的条件下，采矿冶炼，通常就是进山伐木，获取薪材和矿柱。历史上冶铁炼铜、烧砖制瓦、煮盐和烧制陶瓷等产业的发展，都依赖于森林提供的能源，这种格局一直保持到19世纪末。

在传统农业阶段，人口总量有限且增长极为缓慢，生活和生产所需的燃料是相对有限的，而且人们很早就懂得了合理采伐的技术和意义，所以在那段时间里，战争和火灾对森林的威胁要比燃料需求对森林的威胁大得多。

尽管在一定的时期内煤炭、石油等新能源对森林能源的替代是一种无法阻挡的趋势，但由于能源分布、交通条件和经济发展等方面的差异，在一些农村地区，尤其是在森林资源丰富的地区，森林能源仍占据着相当重要的地位。据统计,20世纪90年代,全国薪材消耗量约占森林资源消耗量的30%,相当于年均消耗森林资源1亿多$m^3$。目前,农村薪材消耗量中84%用于生活烧柴。

## 四、森林的材料利用

在现代材料工业诞生以前,木材是最便于利用的材料之一。早在新石器时期,中国的南方就出现了栏杆式和载柱式建筑,北方则出现了半地穴和地面式泥木结构。在农业社会,木材被广泛应用到经济生活的各个领域,包括车、船这样的运输工具,风车、谷桶这样的生产工具,桌、椅、床这样的生活器具,然而在农业社会中,木材用做材料的消耗量仍是十分有限的。

在工业化过程中,森林并没有因为其失去用做工业燃料的重要地位而一蹶不振。由于建筑、矿业、铁路、电信等产业较早地得到发展,而森林在为这些产业提供材料方面具有比较优势,因而被广泛用来生产矿柱、枕木、电杆、建材及家具等。森林在这方面的比较优势持续了很长一段时间。直至20世纪80年代,木材仍和钢材、水泥并称为三大建筑材料。

森林在材料利用阶段不仅支撑着工业的发展,而且由此形成颇具规模的森工产业,为国家、企业带来了丰厚的利润,为工人提供了就业机会,也为完整的林业科学体系的形成创造了条件。森林工业曾是我国发展最快的产业之一,森林工业产值占全国重工业产值的比重曾高达18%以上。随着经济的发展和新型材料的出现,森林作为材料利用的功能逐渐下降了。

## 五、森林的原料利用

在木材材料替代品出现的同时,科学技术也在向森林工业渗透,推动着森林工业高度产业化进程,从而对森林的利用进入了原料利用阶段。原料利用与材料利用的不同点在于,前者通过粉碎、重新整合和热压等手段,生产出木材化学结构发生了变化的木质产品,如人造板和纸张等;后者通过切割或拼接等手段改变木材的物质形态,但木材的化学

结构并没有改变,如锯材和拼接木等。木材进入原料利用以后,发生了三大变化:

第一,消除了木材的天然缺陷,提高了资源利用率和产品竞争能力,给森林工业带来了新的增长点。所以,在木材、锯材产量增长几乎停滞的情形下,人造板产业出现高速增长,1978～1997 年,全国木材产量年平均增长率为 1.3%,锯材为 2.9%,而同期人造板的年平均增长率高达 18.6%,木材产品的附加值显著提高。

第二,木材利用的边际效应不断扩展。小径级材、低质材等许多原来被认为无经济价值的资源被纳入了经济利用范畴,使资源供应范围扩大,资源成本降低。

第三,木材培育目标单一化。在材料利用阶段,木材培育有林木径级、长度、材质甚至形数等一系列指标,各种满足人类需求的指标主要是在森林培育阶段完成的。进入原料利用阶段以后,木材培育可以用单一的生物量指标来衡量,各种满足人类需求的指标是在工业生产阶段完成的。森林原料利用对林业科学及森林经营思想产生了深刻的影响,有力地推动了林业科技进步与森林工业的发展。

一个国家经济发展的过程也是高度产业化的过程。在高度产业化的过程中,作为隶属于一项产业的天然林开发业不可能一直处在新兴部门的位置上,与这样的位置变动相对应,林业所具有的绝对比较优势也逐渐消失,并突出表现为林业在国民经济中的地位下降和对国民经济发展所作的贡献减少。但是,林业的相对比较优势依然存在。

## 六、森林利用的多样化

在现代经济中,森林的许多传统用途已被新用途所替代,曾经发挥过重要作用的肥料利用已退出了历史舞台,燃料和材料利用的范围越来越小,除原料利用占据着相对优势外,还出现了一系列新的用途。

### (一)非木质产品

1979～2005 年期间,我国经济林产品(包括果品类、食用木本油料类、各种工业原料、饮料类、调料类、食用菌及山野菜、植物药材、竹类产品等)由数百万吨增长到 9 000 多万 t,其占森林产出的比重呈逐年增长趋势。其中,2005 年我国经济林产品和花卉的产量已名列世界前列。"十五"期间,我国每年可提供各种林副产品 5 400 多万 t,经济林产品年均产量达 7 000 多万 t。林产化学产品增加到 120 多个品种,形成了以松香为主,以栲胶、樟脑、松节油等林化产品为辅的林产化工体系。非木质产品有很多属于保健食品,能满足人们对生活质量的追求,其品种的多样性也正好满足了人们需求的多样化。

### (二)森林游憩服务功能

这方面的功能是难以替代的。近年森林公园规模的扩大、森林旅游业的成长正是对这种需求增长作出的反应。我国从 1982 年建立第一个森林公园起,截至 2005 年底,我国共建立各类森林公园 1 928 处,森林风景资源保护区总面积达 1 513 万 $hm^2$,占全国森林面积的 8.65%,其中国家级森林公园 627 处,森林风景资源保护区面积 1 105 万 $hm^2$。森林公园的建立与发展,不仅使我国林区一大批珍贵的自然文化遗产资源得到有效保护,而且有力地促进了国家生态建设和自然保护事业的发展。到 2005 年底,全国 32 处世界自然文化遗产中,有 11 处涵盖了森林公园的景观资源;18 处世界地质公园中,有 11 处是森林公园。2005 年,全国森林公园共接待游客 1.74 亿人次,占国内旅游接待总量的 14.3%,其中接待海外游客 542 万人次。

### (三)重视森林生物多样性的保护

森林生物多样性是人类社会持续发展的物质基础,对生物多样性的保护是人类社会可持续发展的要求。生物多样性保护通常是在自然保护区进行的。1956 年,我国建立了第一个自然保护区,到 2005 年,全国林业系统建立和管理的自然保护区数量增加到 1 699 个,总面积达 1.20 亿 $hm^2$,占国土陆地面积的 12.5%。划定禁猎(伐)区 1 803 个,总面积 9 134 万 $hm^2$;拥有国际重要湿地 30 处,面积 357.5 万 $hm^2$。这些自然保护区初步形成了网络体系,有效保护了我国 90.6% 的陆地生态系统类型、85% 的野生动物种群和 65% 的高等植物群落,以及 45% 的自然湿地、20% 的天然林,在改善我国生态状况和维护国土生态安全中发挥了极其重要的作用。

# 第四节　中国历代的天然林保护政策

天然林是大自然恩赐给人类的宝贵财富。远古时代，中国曾是一个天然林十分丰富的国家。天然林对中华民族的繁衍曾经起过重要的作用，中华民族的成长又对天然林的演替施加了正面或负面的影响。在中国，有关天然林保护的思想和实践活动早在数千年前就出现了，而明晰且规范的天然林保护政策却是伴随着人们对天然林资源的认识过程的不断深化而逐步建立和完善的。

天然林保护政策是政府调控天然林利用活动，以实现其社会经济目标所采取的各种干预措施的总称。政策是一种政府行为。因此，天然林保护政策是有了国家政权后的产物。天然林保护政策由政策目标和实施手段两部分构成，它的主要目标是引导人们更好地利用天然林，政策手段涉及法律、经济、行政、教育和技术等。

## 一、历代王朝的天然林政策

根据 1988 年发表的考古研究结果，中国古人类的出现，最早大约距今 200 万年。在漫长的历史时期中，先民们聚居山林，过着采集、渔猎的生活。在原始农业生产活动尚未出现以前，森林就是先民们生存繁衍的依托之本。在这一历史时期，大部分陆地上都覆盖着森林，人口极为稀少，且人类只取森林的流量（如各种果实），不取存量，所以森林与人类一直处于和谐状态。此时既无天然林稀缺之说，也无天然林政策可言。在原始农业生产活动出现之后，农业生产活动所需的耕地是由垦殖森林而来的，人类进入了利用天然林存量的阶段，与此相对应，此时出现了天然林利用的规范政策。

### （一）天然林的国家所有制

在原始社会，一切生活资料皆取自土地，土地公有制是最重要的生产资料所有制。土地公有是在以血缘纽带结成的社区中实行的，社区内部相互承认，社区之间相互排斥。公有土地和资源的使用由酋长决定，这种分配制度后来演变成君主对土地的支配。公元前 21 世纪，氏族公社开始解体,形成国家,土地归国家即国王所有。

在夏商时期开始设立专门管理山川的林务官,到西周时林务官制度已比较完备了,其主要职责是掌管山林川泽的戒令、税赋征课,以及对土地的丈量、划分。秦汉以后,出现了私人开发山林川泽的行为,森林的国有制遭到破坏,然而从总体上看,这些行为对天然林存量的影响是很有限的,绝大部分未被私人开发的山林川泽仍是国有制,天然林的国有制被一直延续下来。天然林实行国家所有制的作用表现在以下几个方面。

1. 增加国家财政收入

"山林川泽之产,竹木之类,皆天地自然之利,有国家者之所必资也。"国家对山泽征税始于西周,秦汉之际,山泽税已十分普遍,凡在山泽砍伐林木、在官有园囿采摘果实以及猎取鸟禽、捕捞鱼虾,均要缴纳山泽税。国家还通过直接经营山泽产品、控制价格和征税来保障财政收入。

2. 救灾、安民,保障社会安定

天然林财富也时常被用做国家工具,服务于多种目的。在灾荒之年或战后经济恢复时期,朝廷常有弛山泽之禁、任民樵采、免征山泽税等临时性的政策,对于缓解灾荒、保障社会安定起到了很重要的作用,但同时也造成天然林资源的急剧下降。

3. 满足皇室成员的各种需求

在历史时期国家所有与皇室所有通常是一致的,因此天然林财富在满足皇室成员的需求方面具有重要作用,如文化、狩猎、祭奠、游乐、修建宫殿等。这些可以从许多禁令设置的目的表现出来。清代对东北的"四禁"即是出于对其发祥地的保护。

### (二)天然林保护与利用政策

1. 毁林拓地促进农业发展政策

在以轮耕为基本特征的原始农业中,天然林的主要功能是为农业生产提供肥料。由于大量土地处于休闲状态,单位土地的平均承载力是非常低的。此时农业生产尚不能完全脱离对森林资源的依赖,所以在这个阶段农业生产对天然林造成的负面影响通常不是灭绝性的。然而,随着人口的持续增长、消费构成与消费水平的不断提高,原始农业变得越来越难以为继。为了克服面临的困境,人类又完成了将两个相互独立的循环整合成一个循环的技术创新,即利用种植业的“废弃物”作为养殖业的饲料,利用养殖业的“废弃物”作为种植业的肥料,从而实现了农业在固定地块上的可持续生产。当农业发展到无需天然林提供肥料也能持续的传统农业发展阶段以后,种植业的拓展通常是以毁灭性地破坏天然林为代价的。

如果说铁器的发明提高了人类摧毁森林的能力,那么国家政权的形成,则给人类摧毁森林的行为赋予了冠冕堂皇的政策含义。在国家政权初步形成的唐尧虞舜时代,为了消除野兽威胁人类安全、损坏农作物和伤害畜群的现象,舜帝命益为“虞人”,掌山林之政令,开始实行焚毁森林、拓垦耕地和驱逐野兽,使人民安居乐业的政策。正如《孟子》所述:“舜使益掌火,益烈山泽而焚之,禽兽逃匿。”尧帝时期也出现了毁林垦地行动。夏代之后,毁林之风更盛。毁林拓地的政策客观上推动了农业发展,但同时也造成了天然林的急剧减少。

2. 保护性利用天然林的政策

毁林拓地政策的推行,必然导致天然林的累积性减少,从而造成一系列的问题。为了纠正毁林拓地政策的影响,周代在大司徒之下设“山虞林衡”,管理林政,对天然林的管护和利用作出了一些政策规定:一是保护天然林。《左传》有“松柏之下,其草不植”,以使乔木林保持郁闭状态。二是采用择伐技术。《周礼》记载:“邦工入山林而轮材。”三是限制采伐。《孟子》载:“斧斤以时入山林,材木不可胜用也。”四是宣传保护森林。《礼记》载:“树木以时伐焉,断一树,不以其时,非孝也。”春秋时在做法上效仿周代,天然林保护政策的主要措施是防止火灾和严禁滥伐树木。《管子》曰:“山泽就于火,草木植成,国之富也。”“山林虽广,草木虽美,禁伐必有时。”

秦商鞅变法后,全国行秦律,对天然林保护更加重视,严禁在非采伐季节“伐大木,斩大山”。《田律》规定:“春三月,毋敢伐树木山林及雍堤水,不夏日,毋敢夜草为灰……唯不幸死而伐淳者,是不用时。”

汉高祖时,倡导以农为本,上倡下效,农业发展颇有成效。为了发展粮田,"高祖二年冬十月,令故秦苑囿园池,令民得田之"。汉孝帝时,林政有所好转。汉孝帝六年设东园主章,专掌林木,并教导百姓对林木要"育之有时,用之有节","草木未落,斧斤不进山林",并采取了一些保护森林的措施。隋代采取农圃官制,令诸王之下至于都督,给"永业田",并配以山林。唐太宗贞观年间,太平盛世,专门设工部、虞部、司苑及各监掌管林木,并按人口分给"永业田",配给山林。唐律规定,"凡郊刍牧祠神坛五岳各山,樵采当木皆有禁,春夏不伐木",有效地保护了山林资源。宋代太平兴国七年诏择明树艺者为农师,鼓励植树造林,为我国农业推广制度的创始。而辽代开泰八年和寿隆六年则开放了原来封禁的大摆山猿岭、朔州山林等,允许百姓进行采伐,使森林资源下降。

明代时以农桑为立国之本,设立了农桑学校,开始进行营造经济林的活动,同时重视对天然林的保护和利用。在保护方面,明律十分严厉。凡毁坏树木,则触犯《明户律》,要按"计脏准盗窃论"。在利用方面,明代盛行采收白蜡与乌桕籽取油,使林副产品得到了有效利用。

清政府为保护天然林设立了专门的机构并制定了相应的政策。光绪十九年成立农商部,设置平均司掌管山林。光绪二十九年在农科大学及高等、中等农业学校等均设立森林学科。1840 年鸦片战争之后,外国势力入侵中国,大肆掠夺包括森林资源在内的各种资源,加上内乱严重,战争四起,森林资源毁坏十分严重。太平天国时期,中国南部森林大多毁于兵荒。1879 年后,沙俄及日本采取各种名义,疯狂掠夺东北的天然林资源。虽然清政府采取了不少措施和补救办法,但终究无法挽救东北天然林资源被严重摧残的厄运。

总的来说,历代王朝的天然林政策是由鼓励毁林拓地政策和保护性利用天然林政策两部分组成的。在漫长的历史阶段中这两部分内容实际上是交替采用的,所以在林政管理上具有时而限禁紧严、时而松弛开放的特征。一般而言,在王朝统治处于上升时期往往强调保护性利用天然林的政策,其措施以管制性为主;当灾祸来临,王朝衰败或战乱时,则往往采用取消森林封禁和强调森林利用的权宜之计。虽然,保护性利用森林的政策在我国历史上是实施时间最长的森林政策,但"山虞林衡”的时兴时废，加上战乱、灾荒、火灾、外族入侵和统治者的骄奢淫逸，导致了天然林资源的逐渐减少。

另外，民间的一些乡规民约，尤其是少数民族的一些风俗习惯，客观上也保护了森林资源。我国的少数民族，大多分布在森林资源丰富的地区，许多民族普遍存在着对原始森林的崇拜。许多村落附近都有公共的“神山”、“神林”，每年的封山季节，任何人不得砍伐山间的林木，否则被认为触犯山神。为了保护这些“神山”、“神林”，民间制定了各种乡规民约。这些乡规民约不仅规范了人们的行为，而且有效地保护了森林资源。

3. 天然林保护性利用的经济政策

除实行天然林禁伐、处罚、保护等法规外，适当的经济政策也对天然林的保护与合理利用起到了不可忽视的作用。

1）官营专卖制度

官营专卖是古代财政思想的核心之一。不少经济思想家都主张减少租税或不加租税，而通过官营工商业和产品专卖等办法来充实国家财政收入。我国从春秋时期起就有了“关山海”政策，规定对重要的山泽产品实行专卖制度。通过发放山泽资源的使用权，对产品实行官收、官运、官销，向生产者收取租金，产品加价销售，再向消费者征“税”，将其中厚利收之国有。虽然木竹产品相对分散，但一直实行限伐制。采伐者必须得到官方许可，缴纳租金，贩运者须按官设管卡通行，缴纳市税、关税。

2）税收制度

山泽税是古代很重要的税收之一。夏商时期山林川泽由官管理，按时进贡指定产品；西周后，开始对山泽征税；秦汉之际，对砍伐竹木、猎取鸟兽、捕捞鱼虾、挖掘矿藏均要征收山泽税；官有园囿、池泽，凡贷于百姓种植采捕，则征地税或租金，按照汉代定制，这些收入归王室所有；王莽新朝实行“五均六官”，对取自山林的产品由工匠、商贾等人各自申报，缴10%的税；魏晋南北朝时期，对山泽之财，时而允许百姓开采，政府收税，时而实行专卖。总之，重税治国是许多朝代奉行的税收方针，所有山泽税制的建立和改革，均围绕财政目标进行，服务于敛财聚富。虽然过重的山泽税很可能会阻碍森林利用事业的发展,但对保护天然林资源起到了一定的作用。

3)重农抑商政策

重农抑商的思想在中国盛行了几千年。工业社会出现之前,农业是人类社会的物质基础,注重农业,限制商业或"末业"(木材采伐、运输,林产品加工都被视为末业),鼓励农耕、纺织以及小农经济的发展,而将山林产品的经营列入行商范畴加以限制。

## 二、民国时期的天然林政策

孙中山先生领导的资产阶级民主革命,推翻了清王朝的统治,建立了"中华民国",从而结束了中国2 000多年的封建历史。同时,在林政史上也进入了一个新的时期。

民国成立之后,组建了主管全国森林的林业机构——农林部山林司,后改为林政司,先后制定了一系列林业政策,颁布了一些林业法规,其中与天然林保护相关的政策法规有以下几个。

### (一)《林政纲领十一条》

这个纲领确定了"中华民国"的林政基本方针:"凡国内山林,除已属民有者由民间自营并责成地方官监督保护外,其余均定为国有,由部直接管理,地方官就近保护,严禁私伐。"该纲领明确了天然林的所有权和经营管理权。

### (二)《东三省国有林发放规则》

民国政府鉴于东三省的天然林资源因清政府签订的一系列不平等条约,横遭日、俄等外国列强抢劫,森林滥伐无度,国内水灾迭起,长期放任下去,对国防安全、经济发展都危害极大,因此决定从中国最大的林区入手来筹办林政。民国政府成立之初就派山林司司长率队赴东三省调查,并于1912年、1914年和1920年由民国政府陆续发布和修订了《东三省国有林发放规则》,规定关系到国土安全的森林资源经营权不得发放,只能由国家经营管理。

### (三)《森林法》

1914年,民国政府制定颁布了《森林法》,这是中国最早的森林法,次年《森林法实施细则》出台。该《森林法》共 6 章 32 条。第一章为总纲，共 5 条，旨在确定国有林及其管理机关等。第二章为保安林，共 6 条，说明保安林的划分及施业限制，将符合以下条件者列为保安林：①关于预防水患者；②关于涵养水源者；③关于公众卫生者；④关于航行目标者；⑤关于便利渔业者；⑥关于防蔽风沙者。许多天然林具备上述条件，属保安林之列，保安林由农林部委托地方官经营管理，不经地方官准许不得樵采，并禁止引火种入林。第三章至第六章分别为奖励、监督、罚则及附则。该《森林法》的重点在于确定国有林，规范保安林，加强荒山造林，尤其是重视森林的管理及违法者的处罚。该部《森林法》虽然条款不多、内容很不完善，但它却是我国历史上第一部森林法，成为指导当时林业活动的总章程和制定其他林业法规的依据。

**（四）《狩猎法》**

《狩猎法》共有 14 条，主要规范狩猎行为，此法中涉及一些有关森林的条款。如《狩猎法》第四条规定：禁山、历代陵寝、寺观庙宇境内等地不得从事狩猎活动，这对保护上述地区的天然林资源及林区内的野生动物资源起到了重要作用。

**（五）《管理国有林共有林暂行规则》**

1914 年颁布的《森林法》只允许国民承领荒山造林，但在实际执行中，却把边远森林茂密、政府难以经营的部分天然林也下放给国民经营，因此出现滥伐天然林的现象。民国政府于 1931 年 5 月公布了《管理国有林共有林暂行规则》，共 8 条，其目的在于停止和限制"下放"林地林木，以确保国有林公有林的完整，妥善经营国有的天然林资源。

**（六）《林业施政大纲》**

该大纲的目的是规定施政的重点，其中包括推行国有林的管理、水源林的培养等。

虽然民国时期制定了多方面的政策法规，但由于国民党政府的无能与腐败，加之一直处于战乱动荡时期，各项政策法规多名存实亡，并未发挥出应有的作用，天然林资源仍在急剧减少。

另外，民国政府于 1939 年 9 月召开了我国历史上第一次规模较大的林政会议，会议形成了《关于林业政策的决议案》，指出，"江河水源海洋沙漠及其他有关社会安宁之地域,应规定为保安林”,并请政府速颁布“保安林规则”和“严禁水源地开垦”的政策,会议还通过了《关于建造森林为防止水旱灾患之决议案》、《关于国有林业之经营各案之决议案》,并颁布修改后的《森林法草案》、《狩猎法草案》等。

民国时期国家天然林保护利用政策主要有以下几个特征:

(1)以木材生产为主要目的。孙中山的《建国方略》指出:中国现存之森林主要分布于中国东北部、南部和西北部三处,其中东北的森林资源最为丰富,为满足开发需要应铺设一网式铁路。为开发南方丰富的桐油、茶叶、竹材、木材及其他一切森林产物,要建设广州、重庆间铁路,其经过路线有二,一经过湖南,二经过贵州。由此可见,森林开发是当时国家实业计划的重要内容。

(2)把天然林资源主要掌握在国家手中。《森林法》第一条:森林依其所有权之归属,分为国有林、公有林及私有林,森林以国有为原则。此项原则在以后历届政府颁布的森林法中一再重申。国有林的经营有向人民发放采伐权和国家直接经营两种形式。

(3)在天然林的发放规则、施业计划中体现了森林资源永续利用的思想。1948 年农林部公布修正的《森林法施行细则》规定:国有林的经营应由该林区管理机关详查森林面积、树木种类、树木年龄、直径、材积、生长状况和自然环境,编制施业方案呈请农林部核准实施。施业方案中关于林木采伐利用,以保持森林永续更新作业、不荒废林地为原则。国有林的采伐除由林区管理机关直接经营外,需公告指定区域,由人民承领采伐。公有林、私有林林木的采伐,以维持林相、保续作业为原则。

(4)国家对天然林经营采取了敛其厚利的方针。民国政府对林业的经费投入限于事业费,对采伐活动及产品都征收高额税收。

## 三、中华人民共和国成立以来的天然林政策

1949 年中华人民共和国成立后,根据《中央人民政府组织法》,中央人民政府设立了林垦部,主管全国林业建设。50 多年来,国家十分重视林业建设,对天然林资源的保护和利用相继制定了一系列的政策、

法规。在不同的发展阶段,天然林资源在国民经济中扮演的角色不同,服务于特定发展阶段的天然林政策也有所不同。

**(一)以木材利用为主的发展阶段**

新中国成立之初,百业待举,百废待兴,恢复生产、发展经济成为国家当时的首要任务。农业、工业生产和交通运输业的恢复与发展急需大量木材,人民生产生活迫切要求一个良好的生态环境。由于长期受封建统治和战乱的影响,我国的森林资源少,旧中国给我们留下的是仅为8.6%的森林覆盖率,林业基础十分薄弱。为了解决生产、生活对森林需求的增大和林业基础薄弱、森林资源稀缺的矛盾,1949年9月29日新中国成立前夕召开的政治协商会议上,通过了具有临时宪法含义的《中国人民政治协商会议共同纲领》。该纲领的第34条明确规定,要"保护森林,并有计划地发展林业",新中国林业从此进入有方针指导、有组织领导的建设阶段。1950年2月,在北京召开的第一次林业业务会议上,根据我国林业的现实情况,确定了"普遍护林,重点造林,合理采伐和合理利用"的林业建设方针。"一五"期间,随着林业的发展,这个方针修改为"普遍护林护山,大力造林育林,合理采伐利用木材"。

虽然在这一阶段林业发展是以木材利用为主,但天然林保护也得到了一定重视,天然林资源通过限制或禁止采伐、划定封山育林区、规定采伐方式、划定自然保护区等措施得到保护和发展。

1. 限制或禁止采伐

新中国成立之初,在许多天然林区采用了限伐和禁伐的办法。1949年东北行政委员会制定的《东北解放区森林保护暂行条例》明确规定:在设定为保安林的林区,非经东北人民政府的许可,任何人不得开垦林地,放牧牲畜,采伐林木或采掘土石、树根、树皮以及其他副产品。林区群众(包括铁路员工)如需要用材时,应将所需种类、数量、树种等申报当地林务机关,经批准并指定地区范围采伐之,此项采伐之林木,只限于自用,不得贩卖。同年东北林务局公布的《东北国有林暂行伐木条例》规定,凡具有下列情形之一者,禁止采伐:①生长在险峻陡坡不易造林的地方,因采伐而致荒废林地者;②林木胸高直径未达到

30cm 的树种(但电柱、坑木除外);③经林务机关规定不准采伐的树种。新疆及陕甘宁等省(区)也作出相似的规定:保安林、风景林、古迹圣地的林木,不论军政机关、公私团体、军民人等,一律不准砍伐损毁,违者从严处罚。1954 年林业部向财政经济委员会所作的《关于长白山林区经营方案的报告》中,对长白山划定了禁伐区,将 10m 宽以上的较大河流的两岸,划出 1 ~3km 宽的防护林经营区;天池外围 5 ~10km 划为土壤保护区;公路两侧划出 250m 护路经营区,只抚育更新,禁止采伐作业。

2. 划定封山育林区

封山育林是培育森林资源的一种方法,也是保护天然林资源的有效途径。1950 年 11 月宁夏回族自治区人民政府颁布《贺兰山、罗山天然林保育暂行办法》的通令,将罗山的全部和贺兰山的后山划为封山育林区。规定封山区域非经林管所核准,人畜一律不准入山;禁止一切砍伐;禁止放牧、引火、开垦等危害森林的行为。

1951 年召开的全国林业会议,也认为封山育林是封山护山最有效的办法,并提出要求,在水源上游山区及水土冲刷严重地区,在森林已被破坏或已被采伐应予保育更新的区域,以及在名胜古迹的有关林区,只要具有群众条件,都可以选择为封山育林的重点。1957 年 7 月 25 日,国务院颁发《中华人民共和国水土保持暂行纲要》,其中第 6 条规定:各地应该在合理规划山区生产的基础上,有计划地进行封山育林、育草,保护林木和野生树、草等护山护坡植物。

3. 规定采伐方式

合理的采伐方式是保证天然林永续经营的有效手段,所以在规范采伐方式上也出台了一系列的政策。宁夏回族自治区人民政府颁布的《贺兰山、罗山天然林保育暂行办法》指出,“合理采伐区,应划分区段,按期(三年或五年)轮区在保育原则下采伐。每年的采伐量不得超过划定区段现存林木的百分之一”。东北人民政府《关于禁止滥伐森林与浪费国家木材资源的指示》批评了“不注意留母树,不保护幼树,不爱护珍贵树种,伐根留得过高”的“推平头”式的采伐方式。《关于长白山林区经营方案的报告》中要求“禁伐区以外的利用经营区,准许采伐已达到成熟龄的林木。坡度35°以下、土层厚、易于更新的林区,采取皆伐作业,但要保留母树并保护好剩下的幼树、灌木和杂草。在坡度35°以上、土层薄、更新困难的林区,为保护水土,采取适度的择伐作业”。1956年1月31日林业部在《关于公布国有林主伐试行规程的指示》中,推荐了连续带状皆伐方式,认为它是一种既能合理地、充分地利用森林资源,又能保证森林更新的采伐方式,要求“各地必须在一两年内完全实行这种采伐方式”。

1956年、1960年、1973年国家陆续制定和修订了《森林采伐规程》以及《森林采伐更新管理办法》,但前两个版本均偏重采伐,后一个版本在及时更新方面才有了较大进步。

4. 划定自然保护区

1956年6月第一届全国人大会议上通过了科学家代表提出的《请政府在全国各省(区)划定天然林禁伐区,保护自然植被以供科学研究需要》的提案,国务院交林业部会同中国科学院办理。经过共同协商,决定在我国15个省(区)建立自然保护区40处。根据人大代表的提案,在同年10月召开的第七次全国林业会议上,批准了《关于天然森林禁伐区(自然保护区)划定草案》,并组织编写了《全国自然保护区区划方案》,将自然保护区的建立和研究列入全国科学技术规划之中。1958年国务院授权林业部统一管理全国野生动物保护和狩猎工作。1959年,林业部在《关于积极开展狩猎事业的指示》中强调,“有条件的地方可选择适当地点,划为自然保护区,禁止狩猎,建立科学研究机构,进行鸟兽与狩猎的科学研究工作”。1962年国务院在《关于积极保护和合理利用野生动物资源的指示》中进一步指出,要在珍稀野生动物的主要栖息、繁殖的地区,建立自然保护区。1963年国务院批准发布了《森林保护条例》,以法规的形式规定“国家划定的自然保护区的森林,禁止进行任何性质的采伐”。到1966年,全国共建立自然保护区20多处。这些文件和措施对于保护天然林,产生了积极的影响。

从以上四个方面可以看出,中国政府为保护天然林制定过许多政策,采取过多项措施。这些政策和措施也发挥了一定的作用,目前的政策正是过去政策的延续和进一步完善。

### （二）木材生产与生态建设并重的发展阶段

我国森林资源在新中国成立后几次遭受大破坏的严重后果，引起中央和社会各界的关注。1978 年 4 月，国务院批准成立国家林业总局。1979 年 2 月，国务院撤销农林部，分别成立农业部、林业部。各省（区、市）的林业、农林厅（局）也相继恢复或者重建。从中央到地方，林业行政管理体系逐渐形成，同时建立健全了林业公检法机构，这为林业政策法规的贯彻落实作出了组织保证。为了遏制"文化大革命"中因无政府主义盛行引起的各地乱砍滥伐屡禁不止、资源持续下降的趋势，1979 年 1 月 15 日，国务院发布《关于保护森林，制止乱砍滥伐的布告》，在维护森林所有权、严禁乱砍滥伐、严禁毁林开荒等方面，作出了十条重要规定。同时，国家加强了林业法制建设。1979 年 2 月全国人大常委会原则通过了《中华人民共和国森林法（试行）》，这是中华人民共和国成立后出台的第一部森林法，标志着中国林业进入法治的轨道。1981 年 3 月，中共中央、国务院发布了《关于保护森林，发展林业若干问题的决定》。这一决定是在认真总结新中国成立 30 几年来林业建设正反两方面经验教训的基础上所作出的关系林业发展战略的重大决策。1984 年 9 月全国人大常委会公布了《中华人民共和国森林法》，次年又出台了《中华人民共和国森林法实施细则》；1998 年重新修改了《中华人民共和国森林法》，加大了保护森林资源的力度。1988 年 11 月全国人大常委会通过了《中华人民共和国野生动物保护法》。地方人民代表大会和政府制定发布了相应的地方性林业法规、规章，初步形成了我国林业法规体系的基本框架。这一系列政策法规的出台，加大了保护天然林的力度。1992 年联合国环境与发展大会之后，中国政府制定了《中国 21 世纪议程》，将可持续发展列为基本国策，森林在可持续发展中的作用也日益被人们所认识。森林已不仅仅是可被利用的木材资源，它更是与人类生存和发展息息相关的生态环境的组成部分。通过这些政策可以看到政府保护森林、改善环境、实施可持续发展战略的决心。该阶段对天然林的政策表现在以下几个方面。

1. 对国有天然林资源从限额采伐到实施保护工程

新中国成立以来，天然林一直承担着为国家建设提供木材的重任，天然林的过量采伐,使许多林区的天然林资源锐减,可采资源已近枯竭,生态环境日益恶化,自然灾害频繁发生,野生动植物资源减少,林业乃至整个社会可持续发展的基础受到摧残。针对这种状况,政府制定了一系列相关的政策。1981 年,中共中央、国务院《关于保护森林,发展林业若干问题的决定》中提出要加紧建设现有林区,让过度采伐的老林区休养生息的战略性构想。1984 年颁布的《中华人民共和国森林法》作出了"国家根据用材林的消耗量不大于生长量的原则,严格控制森林年采伐限量"的规定。1985 年林业部颁布了《制定森林年采伐限额暂行规定》。1986 年国务院办公厅转发《关于研究解决国有林区森工问题的会议纪要》,给予国有林区调减森林采伐量等优惠政策。为了加快扭转天然林资源减少的趋势,1985 年《林业经济体制总体纲要》中提出,要"建立比较完备的森林生态体系","国家要将天然林的保护、国有林区发展纳入到整个生态体系建设来考虑","准备实施国有天然林资源的保护工程"。这一问题涉及我国大江大河的水源涵养和水土保持,对所庇护地区的生态环境和国有林区面临的生存与发展问题的解决,将产生重大作用。天然林保护工作覆盖到黑龙江、吉林、内蒙古、四川、云南、陕西、甘肃、新疆八省(区)产权为国有的 135 个森工局,总面积达 5 319 万 $hm^2$,有林地面积 3 948 万 $hm^2$,约占中国国土的 1/4,占天然林资源的 40%,活立木总蓄积 34 亿 $m^3$,占全国的 28.8%。这一工程是功在当代、利在千秋的跨世纪宏伟工程。它的实施目标是:①近期目标(到 2000 年),完成停止生态公益林主伐,调减木材产量 1 000万 $m^3$,约 1 500 万 $hm^2$ 的天然林得到进一步的恢复;②中期目标(到 2010 年),天然林资源得到进一步的恢复,初步实现木材采伐利用从天然林到人工林的转移;③远期目标(到 21 世纪中叶),天然林得到恢复,林区建设起比较完备的林业生态体系,使森林和林业在国民经济与社会可持续发展中发挥重要的作用。

2. 建立自然保护区体系

我国的自然保护区建设始于 1956 年。由于一系列的原因,这项工作在改革开放前进行极为缓慢,到 1979 年我国只建立了 45 个自然保护区,总面积约 157 万 $hm^2$,仅占国土面积的 0.16%。改革开放之后,我国自然保护区建设的步伐显著加快。1979年10月，林业部、中国科学院、国家科委、国家农委、环境保护领导小组、农业部、国家水产总局和地质部八部委联合发出的行政规章《关于加强自然保护区管理、区划和科学考察工作的通知》中指出："做好自然保护区区划和管理工作，是保护国家自然环境和自然资源，特别是拯救和保存我国某些濒于灭绝的生物种源的重要措施。这对于开展科学研究，扩大和合理利用自然资源、监测人为活动对自然界的影响，促进生产、文教、卫生、旅游等事业的发展，实现四个现代化，具有重要的作用。"通知要求"根据全国农业自然资源调查和农业区划会议精神和对自然保护区工作的要求"，"加强现有自然保护区的管理，做好新自然保护区的区划工作"。这表明国家对天然林保护的重视程度进一步提高。改革开放以来相继出台的一系列法规，包括全国人大通过的《中华人民共和国森林法》、《中华人民共和国环境保护法》，国务院批准的《森林和野生动物类型自然保护区管理办法》、《关于严格保护珍贵稀有野生动物的通知》和《国家重点保护野生动物名录》等，对自然保护区建设起到指导和规范的作用。1985年国务院批准林业部发布的《森林和野生动物类型自然保护区管理办法》，是一部规范森林和野生动物类型自然保护区的单项法规。该管理办法的第一条指出：自然保护区是保护自然环境和自然资源，拯救濒于灭绝的生物物种，进行科学研究的重要基地，对促进科学技术、生产建设、文化教育、卫生保健等事业的发展，具有重要的意义。它具体规定的建立这种类型保护区的条件是：不同地带的典型的森林生态系统的地区，其他有价值的林区。自然保护区分为国家自然保护区和地方自然保护区。"在科研上有重要价值或在国际上有一定影响的，报国务院批准，列为国家自然保护区"。

从《森林和野生动物类型自然保护区管理办法》可以看出，建立自然保护区的目的较之20世纪50年代已有更深刻的意义，对自然保护区的划分、管理、保护与利用已形成规范。到2005年，全国林业系统建立和管理的自然保护区数量增加到1 699个，总面积达1.20亿$hm^2$，占国土陆地面积的12.5%。另外，我国还建立各类森林公园1 928处，森林风景资源保护区总面积达1 513万$hm^2$，占全国森林面积的8.65%，其中国家级森林公园627处,森林风景资源保护区面积1 105万$hm^2$。这些自然保护区初步形成了网络体系,有效保护了我国90.6%的陆地生态系统类型、85%的野生动物种群和65%的高等植物群落,以及45%的自然湿地、20%的天然林,在改善我国生态状况和维护国土生态安全中发挥了极其重要的作用。

3. 加强森林生物多样性的保护和利用

中国对森林生物多样性的保护和利用可以追溯到几千年之前,人们从天然林中不仅获取木材,而且得到果实、药材和皮毛羽革。然而,人们对森林生物多样性重要性的认识却没有太长的历史。森林生物多样性是林业可持续发展的基本条件,也是人类社会可持续发展的基本条件。天然林是生物多样性最为丰富的生物群落,中国又是世界上生物多样性最丰富的国家之一。野生动植物物种的80%以上分布在天然林中,因此要保护好生物多样性,就必须保护好天然林。近年来,我国政府对生物多样性的保护极为重视,积极参加野生动植物保护的国际合作和交流,相继加入了《濒危野生动植物物种国际贸易公约》、《关于特别是作为水禽栖息地的国际重要湿地公约》、"人与生物圈计划国际协调理事会"、《保护生物多样性公约》等。在《中国21世纪议程:林业行动计划》中,制定了森林与湿地生物多样性和野生动植物保护的规划,并确立了三项目标:①到2000年完成中国森林生物多样性和野生动植物的本底清查;②到2000年完善珍稀濒危野生物种的就地和迁地保护网,使保护网的布局更加合理,保护手段更加先进;③在加强森林生物多样性和野生动植物保护的同时,重视野生动植物资源的合理利用,建立和完善野生动植物,特别是珍稀濒危动植物物种的保护体系,在全国建立珍稀濒危动植物物种基因库,加强森林生物多样性和野生动植物保护与可持续利用的科学研究理论及技术。《全国生态环境建设计划》(林业专题)中也制定了野生动植物保护工程,其任务是建立濒危物种种质基因库。主攻方向是:加强资源保护,积极驯养繁育,合理开发利用,以强化野外资源的保护管理为主,加速建设全国野生动物和珍稀濒危植物资源调查与监测体系,科学地保护好野生动植物资源,保护野生物种资源及其栖息地。

### （三）以生态建设为主的发展阶段

新中国成立50多年来，在人口增长、经济发展的同时，我国的生态环境呈现局部改善、整体恶化的状况，并已严重制约现代化建设的进程和经济社会的可持续发展。森林作为陆地生态系统的主体，在提供生态服务方面的独特作用日益彰显。可以说，生态需求已成为社会对林业的主导需求。

面对这些情况，党中央、国务院采取了一系列措施，大力推进全国生态建设。党的十五大明确提出，要把“植树造林，搞好水土保持，防治荒漠化，改善生态环境”作为跨世纪发展战略的重要内容。党的十五届三中全会再次强调“改善生态环境是关系中华民族生存和发展的长远大计，也是防御旱涝等自然灾害的根本措施”。1998年“三江”大水灾后，中共中央、国务院在《关于灾后重建、整治江河、兴修水利的若干意见》中，把“封山植树，退耕还林”放到了首位。1999年国务院制定下发了《全国生态环境建设规划》，明确了我国生态环境建设的总体目标，提出用大约50年的时间，动员和组织全国人民，依靠科学进步，加强对现有天然林及野生动植物资源的保护，大力开展植树种草，治理水土流失，防治沙漠化，建设生态环境，改善生产和生活条件，完成一批对改善全国生态环境有重要影响的工程，扭转生态环境恶化的势头。

2003年6月25日，中共中央、国务院在《关于加快林业发展的决定》中，对新时期林业发展作了准确定位，明确了发展的战略指导思想和战略方针。该决定指出，林业发展面临的形势依然严峻。从总体上讲，我国仍然是一个林业资源缺乏的国家，森林资源总量严重不足，森林生态系统的整体功能还非常脆弱，与社会需求之间的矛盾日益尖锐，林业改革和发展的任务比以往任何时候都更加繁重。因此，“必须把林业建设放在更加突出的位置。在全面建设小康社会、加快推进社会主义现代化的进程中，必须高度重视和加强林业工作，努力使我国林业有一个大的发展。在贯彻可持续发展战略中，要赋予林业以重要地位；在生态建设中，要赋予林业以首要地位；在西部大开发中，要赋予林业以基础地位”。根据新时期林业的定位，确定了我国今后相当长时间内林业发展的指导思想是：确立以生态建设为主的林业可持续发展道路，建立以森林植被为主体、林草结合的国土生态安全体系，建设山川秀美的生态文明社会，大力保护、培育和合理利用森林资源，实现林业跨越式发展，使林业更好地为国民经济和社会发展服务。以生态建设为主的林业发展战略，是根据新时期经济社会发展对林业主导需求的变化，对林业发展提出的客观要求，是为实现可持续发展目标而提出的全新林业发展思路。具体到天然林保护方面有以下几方面内容。

1. 全面启动了天然林保护工程和野生动植物保护及自然保护区建设工程

2000 年以来，为加快林业生态建设步伐，提高林业建设工程的质量和效益，在对现有林业工程整合归并的基础上，我国林业陆续启动了天然林资源保护工程、退耕还林工程、三北和长江流域等重点防护林体系建设工程、京津风沙源治理工程、野生动植物保护及自然保护区建设工程和重点地区速生丰产用材林基地建设工程。

天然林资源保护工程实施范围包括长江上游、黄河上中游地区和东北、内蒙古等重点国有林区的 17 个省（区、市）的 734 个县和 163 个森工局。长江流域以三峡库区为界的上游 6 个省（市、区），包括云南、四川、贵州、重庆、湖北、西藏。黄河流域以小浪底为界的 7 个省（区），包括陕西、甘肃、青海、宁夏、内蒙古、山西、河南。东北、内蒙古等重点国有林区 5 个省（区），包括内蒙古、吉林、黑龙江（含大兴安岭）、海南、新疆。天然林资源保护工程区有林地面积 6 821 万 $hm^2$，其中天然林面积5 640万 $hm^2$，占全国天然林面积的 53%。在 2000 ~ 2010 年间，工程实施的目标：一是切实保护好长江上游、黄河上中游地区 6 120 万 $hm^2$ 现有森林，减少森林资源消耗量 6 108 万 $m^3$，调减商品材产量 1 239 万 $m^3$。到 2010 年，新增林草面积 1 466. 67 万 $hm^2$，其中新增森林面积 866. 67 万 $hm^2$，工程区内森林覆盖率增加 3. 72 个百分点。二是东北、内蒙古等重点国有林区的木材产量调减 751. 5 万 $m^3$，使 3 300 万 $hm^2$ 森林得到有效管护，48. 4 万富余职工得到妥善分流和安置，实现森工企业的战略性转移和产业结构的合理调整，步入可持续经营的轨道。

野生动植物保护及自然保护区建设工程的内容包括野生动植物保护、自然保护区建设、湿地保护和基因保存。重点开展物种拯救工程、生态系统保护工程、湿地保护和合理利用示范工程、种质基因保存工程等。根据国家重点保护野生动植物的分布特点，将野生动植物及其栖息地保护总体规划在地域上划分为东北山地平原区、蒙新高原荒漠区、华北平原黄土高原区、青藏高原高寒区、西南高山峡谷区、中南西部山地丘陵区、华东丘陵平原区和华南低山丘陵区共8个建设区域。工程建设总体目标是：通过实施全国野生动植物保护及自然保护区建设总体规划，拯救一批国家重点保护野生动植物，扩大、完善和新建一批国家级自然保护区和禁猎区。到建设期末，使我国自然保护区数量达到2 500个，总面积1.728亿 $hm^2$，占国土面积的18%。形成一个以自然保护区、重要湿地为主体，布局合理、类型齐全、设施先进、管理高效、具有国际重要影响的自然保护网络。加强科学研究、资源监测，以及管理机构、法律法规和市场流通体系建设与能力建设，基本上实现野生动植物资源的可持续利用和发展。

2. 确立"严格保护，积极发展，科学经营，持续利用"的战略方针

实施以生态建设为主的林业发展战略，必须以森林资源保护为前提，通过积极发展和科学经营的途径，实现森林资源的持续利用。为此，《关于加快林业发展的决定》确立了"严格保护，积极发展，科学经营，持续利用"的森林资源发展十六字战略方针。新的战略方针以一种非常积极的观点引导森林经营活动，与林业发展的指导思想保持了高度一致。其内涵包括以下四个方面：①严格保护天然林、野生动植物以及湿地等典型生态系统；②积极发展人工林、林产品精深加工、森林旅游等绿色产业；③高新技术与传统技术相结合，加强森林科学经营；④实现木质和非木质森林资源以及生态资源的持续利用。

3. 实行林业分类经营管理体制

在充分发挥森林多方面功能的前提下，按照主要用途的不同，将全国林业区分为公益林业和商品林业两大类，分别采取不同的管理体制、经营机制和政策措施。公益林业（包括大多数天然林）要按照公益事业进行管理，以政府投资为主，吸引社会力量共同建设；商品林业要按照基础产业进行管理，主要由市场配置资源，政府给予必要扶持。在此基础上，改革和完善林木限额采伐制度和投融资政策的导向。如把公

益林业建设、管理和壮大林业基础设施建设的投资纳入各级政府的财政预算,并予以优先安排。对关系国计民生的重点生态工程建设,国家财政要重点保证。此外,按照农村税费改革的总体要求,出台减轻林业税费负担的措施,逐步取消原木、原竹的农业特产税,取消对林农和其他林业生产经营者的各种不合理收费。

4. 实施森林生态效益补偿制度

1998 年,修改后的《中华人民共和国森林法》中明确规定:"国家设立生态效益补偿基金,用于提供生态效益的防护林和特种用途林的森林资源、林木的营造、抚育、保护和管理。"2001 年,国家财政投入 10 亿元在 11 个省(区)的 685 个县和 24 处国家级自然保护区进行生态效益补偿资金试点,规模涉及重点防护林和特种用途林 1 333 万 $hm^2$,之后在全国范围内逐步实施。截至 2004 年底,按照《国家林业局财政部重点公益林区划界定办法》,我国在各省、自治区、直辖市以及相关单位申报面积的基础上,划定了 10 413.3 万 $hm^2$ 重点公益林,其中包括天然林保护工程区 4 880 万 $hm^2$,非天然林保护工程区 5 533.3 万 $hm^2$。实行森林生态效益有偿使用,是对森林生态价值的承认,不仅有利于增强全社会对森林生态价值的认识,增强人们爱护森林、保护森林的意识,也为生态公益林的持续经营奠定了基础。现行的森林生态效益补偿,尽管只是补助,但它标志着我国开始进入有偿使用森林生态价值的新阶段。这是中国林业史上的一次重大突破。

# 第三章 河南省的天然林资源

## 第一节 河南省森林资源的历史变迁

历史上,河南省森林十分茂密,为中华民族的繁衍与中国古代文化的发展提供了优异的自然条件与丰富的林产资源。随着历史的发展,为满足生产和生活的需要,首先在平原地区的原生林中毁林农垦,直到平原地区的森林为栽培植物所替代,而后又不断地波及山林。河南在历史上长期处于中国的政治、经济与文化中心,不仅人口稠密,生产发展,还由于历代中原频于战乱,使河南森林遭到反复破坏,而历代统治者又不重视森林的培育,只知向森林索取,直到民国时期,这种状态也没有改变。这是河南成为少林省份的主要历史原因。1949 年中华人民共和国成立后,组织了大面积封山育林和大规模山区、平原与沙区的人工造林,首先改变了风沙危害的沙区面貌,全省林业有了大发展。但是造林保存率低,到 1980 年,人口与新中国成立初期相比又增长 75%,从而加大了木材消耗量,加之工作中的失误,使森林重新遭到破坏。全省森林的发展出现几起几落的现象,仍然摆脱不了少林省份的困境。

### 一、封建社会以前时期

距今 7 500 ~ 2 500 年前的中全新世气候温暖,属大西洋期和亚北方期,中国则处于从裴李岗文化、仰韶文化、龙山文化、夏、商、西周到东周、春秋时期。竺可桢在对中国近 5 000 年来气候变迁的研究中指出,从 5 000 年前的仰韶文化到 3 000 年前的殷墟时期是中国的温暖气候时代,年平均温度比现在高 2℃左右,1 月的平均温度比现在高 3 ~ 5℃。当时中国的天然植被分布,从东南向西北,大致是森林、草原和荒漠三个地带。河南位于森林地带。安阳出土的大量四不象鹿、野水牛、竹鼠和热带动物象、犀、貘(马来貘)等动物的遗骨,说明当时气候温暖,当地有大面积的天然林和野生竹林(郭沫若)。现在竹鼠主要分布在长江流域,象则南退到西双版纳地区。竺可桢认为5 000年来竹类分布北限向南退了1~3个纬度。《诗经·卫风·淇奥》中有“瞻彼淇奥,绿竹猗猗”,“瞻彼淇奥,绿竹青青”的诗句,也说明豫北淇河两岸在春秋时还是竹林密布。根据李树芳《中国豫北平原地区全新世孢粉组合及其意义》,豫北平原当时生长的针叶树种有松属、云杉属、铁杉属和喜暖的罗汉松科、杉科;阔叶树种有栎属、桦木科、桤木属、板栗属、榆属、椴属、榛属、鹅耳枥属等;蕨类除卷柏属、里百科、水龙骨科、鳞始蕨科、石松科、阴地蕨属外,还有喜热的凤尾蕨科。鲁山地区是以栎属为主的针阔混交林,主要阔叶树种还有臭椿属和桦属。针叶树种以松属居多,林下灌木以蔷薇科最多,草本植物以禾本科、藜科、蒿属为主,其他为菊科、十字花科、豆科、毛茛科、玄参科、莎草科和香蒲属(赵芙蓉,《鲁山县ck2号孔孢粉分析报告》)。从淅川县下王岗仰韶文化和西周文化遗址中发现的动物遗骨分析,3 000~5 000年前这里有陌生的森林和竹林(文焕然,1980)。伏牛山是秦岭的东延部分,《诗经》有秦岭山地多松、竹的记载。

河南省地处黄河中下游,是中华民族的发源地之一,自古就有人类的活动,南召县云阳镇出土的南召猿人的生活时代与北京猿人相当,即中更新世。根据陕县张家湾、赵家湾、会兴镇出土的旧石器时代的尖状器、刮削器、砾石砍砸器和石核、石片等石器特征,初步确认这些石器的年代与北京猿人时期相当。陕西蓝田猿人和河南南召猿人的发现,使一些学者认为“在华北地区内最古老的人类遗骸和文化遗物,似乎是在秦岭北麓一带地区”(贾兰坡,1964)。距今约13 000年,即晚更新世,安阳小南海和许昌灵井就有人类居住。新郑裴李岗文化遗址属新石器时代早期,这时已出现原始农业与人类定居生活。这种类型的文化遗址,在开封、洛阳、信阳等地和新密峨沟已发现30多处。随后出现的仰韶文化、郑州大河村文化和龙山文化等时期,原始农业有了更大的发展,不仅有种植业,而且开始养家畜,劳动生产工具也有了改进,特别是比较厚重的大型磨光石斧的使用，大大提高了砍伐树木的效率，使耕地面积迅速扩大。仰韶、龙山等文化在河南省分布相当广泛，在渑池县仰韶、陕县庙底沟、洛阳王湾、安阳石岗、浚县大赉店、淅川下王岗、汤阴大营、郑州林山寨等地均有发现（河南省博物院，《河南省文物考古30年》）。郑州郊区的新石器时代遗址就有20多处。传说中的共工氏、四岳、伏羲氏，以及伯益的后裔黄氏、江氏、舜等人物都在河南境内活动，这与出土的文化遗址相联系，说明河南是中国人类活动最早的地区之一，同时也是农业耕垦历史久远的地区，当时人们除伐木开垦外，主要依靠森林生存和生产。如"混沌之时，草昧未辟，土地全部，殆皆为蓊郁之森林。自有巢氏构木为巢，而森林乃逐渐开发"；"燧人氏钻木取火，森林已为人类所利用"；"神农氏兴，因天时，相地宜，斫木为耜，揉木为耒，开木材制作农具之端，以教民树艺五谷，而农事兴焉"，"又辨百草之性以疗民疾，草根树皮始可以为药用"（陈嵘，《中国森林史料》）。《通鉴前编》记载："黄帝命赤将利器用，命共鼓，化弧刳木为舟，剡木作楫，颛顼、高阳养材以任地。"《中国森林史料》阐述："尧禅天下，虞舜受之，命益为虞（即职掌森林之官），以若草木。""舜之时，草木畅茂，禽兽繁殖，五谷不登，禽兽逼人，故欲驱除禽兽，保全人类，必须伐木火林，是为人力摧残森林之始期。"但毕竟人口稀少，生产工具落后，对森林的破坏轻微。有人估计，公元前2700年河南森林面积有10万$km^2$，森林覆盖率高达63%（凌大燮，1983）。

夏、商、周时期，农业由刀耕火种发展到锄耕，到春秋后期木石工具逐渐被铁制工具所代替，并开始使用牛耕，大大加速了耕地的扩展。河南省西部和北部是夏、商两代的活动中心。周初河南境内封国近百个，东周又迁都洛阳。在奴隶社会时期河南长期处于全国政治中心，经济发达。王都所处的伊、洛河下游和太行山前的沁阳盆地，农业耕垦早于河南其他地区。春秋末年，卫国人烟稠密，豫北平原地区和洛阳附近已难以看到天然林，只能看到人工栽培的李树。"丘中有李，彼留之子"（《诗经·王风·丘中有麻》）。东周初郑国迁都于新郑，还是"斩之蓬蒿藜藿而共之"（《诗经·王风》），"宋郑之间有隙地焉"（《左传》），这足以说明当时豫东平原人口之少、森林之茂。后来人口增加，隙地之间建了六个邑,宋国已“无长木”。春秋时期诸侯争霸,战争频繁,河南多次成为战场,森林遭到严重破坏。如公元前656年齐桓公侵蔡伐楚,观兵召陵(今郾城东)。公元前575年和公元前557年晋楚两国战于鄢陵(今鄢陵西北)、湛阪(今平顶山西北)(范文澜)。著名的城濮之战,晋文公下令伐掉小国有辛(今陈留)的森林(《左传》)。同时随着社会的发展,制陶、冶炼、建筑、造船、造弓箭等均需大量木材,迫使统治者设官吏管理天然林和营造人工林,并制定法律以时采伐,严禁盗伐树木。如《周礼·山虞·地官》载“掌山林之政令,物为之厉而为之守禁,仲冬斩养木,仲夏斩阴木”;《孟子》载“斧斤以时入山林,材木不可胜用也”;《周礼》载“春秋之斩木,不入禁;凡窃木者,有刑罚”,“凡不树者无椁”。子产任郑国宰相时,严禁擅自砍伐檀木。当时统治者也提倡植树,如齐相管仲提出“民之能树艺者,置之黄金一斤,直食八石,民之能树百果,使繁衮者,置之黄金一斤,直食八石”(《管子·立政》)。据《诗经》、《尚书》、《左传》等书记载,当时人工栽植的树种有椅、桐、梓、楸、槚(茶树)、梧桐、檀、槐、杨、柳、桑、杞、柘、竹、榛、栗、梅、李、桃、枣、棘、樣、甘棠等。

从《吕氏春秋》“子产相郑,桃李垂于街”和《左传》“诸侯伐郑,魏犨斩行栗”的记载中可知,当时城市和道路已栽植行道树。西周到春秋时期黄河中游已普遍种桑养蚕。《禹贡》中提到豫州贡丝和丝织品。

## 二、封建社会时期

从战国开始到清末的封建社会长达2 000余年。竺可桢将中国5 000年来的气候划分为三个时期,即公元前3000~前1100年的温暖时期(从仰韶文化到商末),公元前1100~公元1400年的寒暖交替时期和公元1400~1900年的寒冷时期。寒暖交替时期又分为三个寒冷时期和三个温暖时期:周初(公元前1000~公元前850年),东汉、魏、晋、南北朝(公元初~600年)和南宋(公元1000~1200年)为三个寒冷时期;春秋到西汉(公元前770~公元初)、隋唐(公元600~1000年)和元初(公元1200~1300年)为三个温暖时期。温暖时期的气温较现在高,春秋时亚热带的梅树在黄河流域普遍生长,秦和西汉时的物候比清初(公元1600年)早21天,唐代长安可种柑橘并结实,长安郊外种有梅树。公元1400～1900年的明清时期气候转冷,公元1351年11月山东境内的黄河出现冰块,现在河南、山东境内的黄河一般到12月才有冰决(文涣然,1980)。

河南省处于暖温带向北亚热带过渡地带,因此南部和北部森林植被不同,加上人为因素影响的程度不一,森林的变迁也就各不相同,以下分为五个地区进行分析。

**(一)太行山地**

包括太行山及其山前地带,即黄河以北、京广线以西地区。《诗经·商颂·殷武》中有"陟彼景山,松柏丸丸"的记载,所指即安阳西部太行山区。唐、宋、元、明、清各代有关太行山森林的记述不少,如五代北宋时位于太行山北端的林县"茂林乔松"(明嘉靖《彰德府志》)。《林县县志》(1932年)记载,县境内设磻阳、双泉两个伐木机构,每个机构有五六百人之多,森林之盛与破坏情况可以想见。《辉县志》(道光十五年)描述,辉县境内的太行山是"箫箫松橡林"。"泉声竹林夜,山色稻花秋"与"爱此林泉幽,草阁依林丘"是元代韩准和明代祁昌对苏门山的写照。《林县县志》记载太行山树种北宋时有槲、栗、楸、榆、椒、椵、桐、杨、槐、银杏、松、柏、桧、漆等。明清气候转冷,一些喜热树种,如椵树、漆树已难以看到,而增添了栎、桦、椿、梓、楝、柳、楮(构树)、枫杨等树种。

这里自古就有大面积竹林。公元前110年,黄河在瓠子(今滑县)决口,汉武帝命令"下淇园之竹为楗",填石土堵塞洪水(《史记·河渠书》);东汉初刘秀命寇恂守河内(今博爱、沁阳),恂"伐淇园之竹理矢百余万"(《元和郡县志》);唐、宋、元在这里设司竹监管理竹园(《中国森林史料》);明、清《一统志》载,"淇县、辉县出竹",丹河"近河多竹木田园,皆引此水灌溉为利最博"。至今博爱仍是盛产竹子的县份。但是,由于气候变化,古代的野生竹林已变为灌溉竹园。

太行山前的平原地带在战国时属魏,李悝作"尽地力之教",规划土地,除去山地、泽薮和居民点,其他土地尽成农田(郭沫若)。《战国策·魏策》也记述"魏地小,庐田原舍,曾无所岛牧牛马之地"。由此可知太行山前平原地区的天然林早已绝迹。

这里冶铁与陶瓷工业兴盛。殷商安阳冶铜，战国辉县、西汉鹤壁与温县、北宋安阳与林县铸铁。汉、宋时林县设有铁官，明《一统志》载，“汲县苍山出青铁，淇县出锡”。安阳相州窑烧制瓷器的最早年代可上溯到北齐。其他如鹤壁集窑、修武当阳峪窑、安阳观台窑等，早在五代时已开始生产陶瓷。这两种工业都需要大量木材作燃料。战国时赵都邯郸、魏晋南北朝时的邺，均位于太行山附近，当时都城的营建，也都取材于太行山。这些都是本地区森林在不同历史时期毁灭的原因。自然灾害和战争，曾使这里人口锐减，明末清初林县仅两万余人，从林县县城到太行山麓“荒莱没胫”，造成良田荒芜，杂灌丛生。但到清乾隆十六年（公元 1751 年）后，人口大增，垦殖范围日广，加以适宜山区种植的玉米、红薯的引入，“山石尽辟为田，犹不敷耕种”。在康熙时所修县志记载捕捉过活鹿，而乾隆时的县志中鹿已不见，则可见森林已大量减少，最后出现了“外山濯濯，屋材腾贵”、“薪材不易”、“杨亦罕见”的情况（《林县县志》）。

**（二）伏牛山北坡**

《山海经》记述了战国时期卢氏、陕县、渑池、新安、宜阳、孟津、鲁山、登封、巩县、郑州等县市境内诸山的森林树种有竹、枣、牡荆、漆、棕榈、榖（即楮或构树）、臭椿、柳、桑、楠木、桃、柏、郁李等。当时伏牛山北坡除温带树种外，还有漆、楠、棕榈等喜暖的亚热带树种。《水经·河水注》上讲，春秋战国时位于深谷之中的函谷关，东西十余里，绝岸壁立，山崖上到处是松柏，人们称做“松柏之塞”，还说到秦汉时函谷关附近的松柏不减前代。唐代诗人描述邙山“空山夜月来松杉”、“山上唯闻松柏声”。唐宋时从虢州（今灵宝）治所能看到秦岭上的松柏（《吕淑和文集》），当时武则天在崤山（今陕县宫前）建有避暑行宫（《陕县县志》），说明山上森林葱郁，气候凉爽。唐于伏牛山中的陆浑、伊阳（均在嵩县境内）二县各置监司（《唐书·职官志》），专管采伐木材，可知森林之多与伐木规模之大。《宋史·五行志》记载“政和元年（公元 1111 年）九月河南府（即洛阳地区）野蚕成茧”，说明伏牛山北坡多栎林。鲁山全新世晚期的孢粉分析材料也证明了这一点。主要阔叶树种还有臭椿属,零星出现的有桦、榆、胡桃、槭等属,针叶树以松树为主,林下灌木以蔷薇科居多。明清卢氏、陕县、宜阳、洛宁、偃师等县地方志关于伏牛山北坡森林的记载颇多。《鲁山县志》还记载石人山"雍正八年(公元1731年),林多虎患……数年始息",可知近200年前伏牛山北坡森林之茂盛。

洛宁、荥阳、宜阳、洛阳等地分布有人工竹林,《洛宁县志》记有"多竹,弥望千亩,苍翠成林",至今洛宁仍是盛产竹子的地方。

清代后期由于人口骤增,耕垦日甚,《嵩县县志》记有"近山皆垦辟","今山渐空矣"。《荥阳县志》中记载了"雍正(公元1723~1735年)以后已无可垦之处"的局面。

位于伊、洛河下游的洛阳,东周以来有9个朝代建都。在唐时洛阳附近只能看到人工竹林,且多为皇家园林和封建官僚的私人园林。洛阳也是经常遭受战乱的地方,多次化为废墟,丛莽遍地。东汉末年董卓驱迫洛阳百姓迁往长安,将洛阳地区200里内所有官私房屋全部烧毁,造成数百里无烟火。而30年后洛阳附近又是树木成林了(郭沫若)。影响本地区森林树种变化的因素,主要是古今气候变化。元明以来气候变冷,喜暖的亚热带树种除漆树尚有分布外,楠木、棕榈已南退到长江流域。而影响本地区森林盛衰的主要因素除人口增多而使耕地扩大和战争毁林外,还有历代在洛阳多次异地营建王都,如汉魏故城在白马寺以东,隋以后又都在白马寺以西修建都城(李泠文等,1983),建都用料大多取材于伏牛山。唐宋时熊耳山、嵩山以及太行山曾因燃烧松木、取烟制墨也毁掉了大量松林(《梦溪笔谈·杂志》)。

**(三)伏牛山南坡**

大致范围为卢氏、栾川、嵩县、鲁山一线以南,京广线以西,桐柏山以北的山地丘陵和南阳盆地。春秋时期因距洛阳较远,人口较少,故森林茂密。《山海经·中次十一经》记述了春秋战国时期伏牛山南坡的树种有松、柏、梓、构、柚(楠)、檀、榖、柞、扭(糠椴)、槠、桑、苴(山楂)、稠、桃、李、櫄(香椿)、竹等,其中温带树种多达12种,亚热带树种有柚、槠和竹类。这时竹林分布较广,种类较多。三国时诸葛亮火烧曹操的军队于新野博望坡,不少树木被焚。这说明当时南阳周围还有森林。

由于栎类能饲养柞蚕，远在唐代已将低山丘陵上的栎林辟为蚕坡。《唐书》记载“泌阳贡绢布”(绢指柞绸)。宋《太平寰宇记》也有唐州(即唐河)、邓州产绢的记载。明中叶，蚕坡遍及河南山区。嘉靖年间(公元1522~1566年)编写的《南阳府志》记载“山丝绸则南召、镇平、内乡、方城、泌阳、桐柏、舞阳、叶县俱有所出，而南召、镇平最盛。南召有栎坡，五六十处，山丝产额，甲于各县”。南阳、方城、泌阳等县志中也都有关于蚕坡的记述。如《南阳县志》记载“就山近者，就坡陀树槲，春蚕冬薪”。现在南召、镇平仍为河南主要柞蚕基地，南召蚕坡几乎占全县林地之一半。清代《河南通志》记载“漆以南召、淅川、南阳为多”。以上说明，明清时期伏牛山南坡森林仍然可观。

战国时南阳属秦，秦迁民于此。到两汉南阳已成为全国闻名的大都会，当时宛(南阳)与洛(洛阳)同样繁荣，西汉时南阳郡人口194万人，东汉增至240多万人，居全国之冠(陈代光，《历史时期河南人口分布与变迁》)，农业发达，阡陌纵横，盆地中的天然林早已被栽培植被所代替，不仅种植谷物、蔬菜和各种经济作物，而且兼种松、柏、桐、梓、漆、榆、枣等多种树木，这种田庄一般地多面广。近百年来，这里不仅平地尽成耕田，而且山坡地也被垦辟，如《淅川县志》所载，“坡岭沙滩，无不种植，故地无旷土”。

**(四)大别、桐柏山地**

古时这里是深山峡谷，人烟稀少，远离京城，交通不便，因此是河南森林植被破坏最晚的地方，西汉《盐铁论》有“隋唐之材，不可胜用”的记述，说明公元前1世纪上半叶桐柏山有大面积天然林。唐时大别山区人口不多，《息县县志》中刘辰卿在《新息道中》谈到，当地是“古木苍苍离乱后，几家同住一孤城”。《光山县志》记载，“宋时光州(光山)所产片茶有东首、浅山、薄侧等名。又于光山、固始并置茶场”。可知宋代已进山毁林种茶。南宋时宋金对峙，大别、桐柏处于两国交战地区，如宋绍光(公元1131~1137年)期间，岳武穆部兵，屡出桐柏、战信阳；宋淳熙元年(公元1174年)，禁淮西诸关采伐林木，可说明森林遭到大规模破坏。到了明代，将大别、桐柏列为“禁山”，明末清初王夫之《噩梦》称这里是“土广人稀之地”，泌阳、信阳、息县、光山等各县县志也多有记述。康熙时光山县“群虎据其湾(虎湾一村名)搏人,集乡勇捕杀至二十余,虎患始息”,可见森林的茂盛。

大别、桐柏山地树种繁多,如马尾松、侧柏、桧、漆、檀、槲、栎、枫、楝、梓、楸、椿、槐、榆、杨、柳、桑、楮、栗、栲、梧桐、泡桐、油桐、香椿、乌桕、杜仲、黄杨等。竹林种类多、面积广,各县县志记载的竹子种类不下10种。至今豫南仍是河南省盛产茶、竹的地方。

**(五)豫东、豫北平原**

战国时中国进入封建社会,由于农民生产积极性较奴隶大大提高,又使用铁制农具,农业生产进一步发展,耕地面积扩展迅速,人口也不断增加。豫东、豫北平原上出现不少城市,如大梁(开封)、商丘、瑕丘(濮阳)、顿丘(内黄东)、廪丘(范县南)、长丘(封丘)、谷丘(虞城南)、葵丘(兰考)、平丘(陈留)等,靠近城市的近郊已出现薪柴缺乏的现象,到东汉河南人口居全国首位。就全省来说,人口分布极不平衡,山区少,平原多,《史记·货殖列传》记述豫西弘农郡(卢氏、灵宝一带)人口密度为1.2人/$km^2$,豫东平原的陈留郡人口密度为13.9人/$km^2$,约为山区的11倍。两汉时由于“海内为一,开关梁,弛山泽之禁,是以富商大贾周流天下,交易之物莫不通”,出现了以获利为目的的大面积人工经济林,“陈(淮阳)夏(禹县)千亩漆”富于“千户侯等”。《太平寰宇记》中说南北朝时豫北滑县还有漆林。

魏晋南北朝时河南成了长期混战的战场,混战长达300年,人民大量死亡流徙,许多城市化为灰烬,农田变成次生灌丛和草地。《晋书·食货志》中说东汉末袁绍军队没有东西吃,“皆资椹(指桑椹)枣”,老百姓也以桑椹度荒。当时汉人用坞、壁、垒、堡来自卫,这种组织小者数十百家,大者万户,既是生产组织,又是军事组织,和东汉时的田庄一样,形成一个自给自足的经济单位,除种植作物、蔬菜外,还种桑植树。

北魏孝文帝太和九年(公元485年)推行均田制,《魏书·食货志》载“男夫一人给二十亩,课莳榆,种桑五十树、枣五株、榆三根。非桑之土,夫给一亩,依法课莳榆、枣”,“限三年种毕,不毕,夺其不毕之地”。均田制实行近300年,唐中叶以后,庄田制代替了均田制,宋元继续实行。但由于农民需向官府贡丝纳绢,所以平原地区仍大量植桑养蚕。

宋都南迁时，中原地区又和魏晋南北朝时一样，长期遭受战争破坏。当时女真人作战时先砍伐园林、运土木填壕堑，行军时，各种树木，包括桑、柘在内，全部扫数以尽。而蒙古人破坏之惨，不亚于女真人（章楷）。从此河南桑蚕一蹶不振。明中叶后，棉花在河南广为栽培，清代河南成为全国著名的产棉区，在广大的豫东、豫北平原大面积桑田也再难看到。

河南平原地区农田面积的扩大除受人口增多因素影响外，还受历代屯田的影响。如元代河南全省只有80万人口，屯田面积却名列前茅，整个明代，河南屯田面积仍然可观。

从隋唐到清初，改朝换代和内部纷争，常使人口骤减，许多地方草木丛生，如《旧唐书》记述，唐初伊洛以东“灌莽巨泽，苍茫千里，人烟断绝，鸡犬不闻，道路萧条，进退艰阻”。安史之乱后河南“东至郑汴……人烟断绝”。《河南通志》记载，清初河南仅91.8万人，豫北范县“因地荒不耕，榆钱落地，岁久皆成大树，称为榆园”。平原树木得到一时的恢复。

封建社会时期当政治局面稳定时，统治者也注意“四旁”（村旁、路旁、田旁、宅旁）植树，秦始皇统一六国后，“为驰道于天下，东穷燕齐，南极吴楚……道广五十步，三丈而树尸，树以青松”（《汉书·贾山传》）。隋炀帝开通齐渠，广四十步，两岸都建御道，种柳树以扩岸（范文澜）。宋代“课民种榆、柳以固堤河”。所以，明清两代颂赞隋堤柳树的诗文不少。此外，佛教在中国流行悠久，寺院遍布各地，这些佛寺大多栽有修身养性的“禅林”，所以至今庙寺仍多古树。

## 三、“中华民国”时期

当时全国性林业机构先后归属实业部、农林部和农商部（陈嵘，《中国森林史料》）。河南省先设森林局、林务处、林务监督公署、森林办事处，后改为造林局。在开封、信阳、南阳、洛阳、辉县等地成立农林局，并建立苏门山、太行废堤、嵩山、古城四个省辖林场（王怡柯）。技术人员极少，经费不足，造林规模很小，无力清查全省森林资源，森林面积无确切数字。本时期仅对嵩山作了比较详细的勘察，有林地面积为

84 667hm$^2$，蓄积量 19.3 万 m$^3$（《中国森林史料》）。其中天然林为 7 933hm$^2$，树种百余种，以栎、槲、青冈最多，侧柏、枫香等次之。会善寺后柏林约 5 000 余株，粗已盈把（王怡柯）。1938 年军阀石友三火烧少林寺，嵩山森林毁掉不少。据《申报年鉴》（民国 25 年，1936 年）登载实业部民国 24 年（1935 年）修正发表的数字，河南省宜林地面积为 500 万 hm$^2$，但每年造林面积却微乎其微，如民国 18 年（1929 年），全省植树 14 万株，四个省辖林场共造林 933hm$^2$，民国 20 年（1931 年）造林最多，但也不超过 4 667hm$^2$（《中国森林史料》）。一些山区县虽设有苗圃，但一般面积只有几公顷，个别县造林较多，如《陕县县志》记载民国 25 年（1936 年）在黄河堤上栽树 90 648 株，公路行道树 29 040 株，私有经济林 28 586 株，共计148 274株。《方城县志》记载该县在七峰山、神仙洞种树 18 000 株，且该县栎坡果园亦多，山蚕业颇盛。

总的来看，本时期虽造了一些人工林，但破坏的森林更多。1949 年前加速森林消失的主要因素有以下几方面：

一是历代统治阶级根本不重视林业。虽然设立了一些林业机构，颁布了一些法规，但都是一纸空文，流于形式，既不积极造林，又不认真保护与经营现有森林，结果森林面积越来越少。

二是 1911 年以来，战争连绵不断，先是南北军阀混战，接着是蒋介石率军队围剿豫南苏区，在抗日战争和解放战争中，日军和国民党军队大肆破坏河南森林。

三是人口增多，山坡被垦，导致林地面积日趋减少。如《方城县志》记载该县 20 年左右人口增加 1 倍，民国 22 年（1933 年），陕县保安团壮丁队在该县南山开荒 1 491hm$^2$。与此同时，老百姓开荒面积也不小。

四是伏牛山区饲养柞蚕和大别山区垦荒种茶，也毁掉一部分森林。

综观 1949 年前历史时期河南森林的变迁，可以看出：

（1）古代河南是一个多林省份，而且树种丰富。由于气候变化，一些喜暖树种分布界限南移。而森林消失主要是人为因素，如农田扩大、战争破坏、工业用木材增加、统治者大兴土木等。

（2）河南森林遭受破坏的进程，大体是先平原、后山区，与农业由平原向山区逐步发展的规律相符。同时,河南省天然林是由北向南逐步消失的,这与夏、商、周三代王都,春秋时诸侯大国多位于河南省的北中部,以及汉魏、唐宋建都于河南省中部的历史发展有关。

(3)河南森林破坏后果严重,不仅缺乏木材、燃料,而且生态平衡失调。如水土流失加剧,风沙危害与水旱灾害日趋严重。以伊河、洛河为例,唐代伊河水纤鳞毕见(《全唐诗 · 龙门八咏》),洛河水清澈见底,人称“清洛”(《全唐诗 · 晚秋洛阳客会》)。北宋时洛河流域因森林受到破坏,河水已开始变浊,但仍较黄河水为清,故引洛河东入汴河代替黄河(《宋史 · 河渠志》)。明以后,洛河水更加浑浊,而伊河水仍然清澈,其原因就在于当时伊河上游的伏牛山区的森林较多。以后伊河上游林木被毁,河水也开始变浊。因而,河南森林的破坏,是形成与加剧黄河泛滥成灾的重要因素之一。

## 四、新中国成立以来

1949 年 5 月,河南省人民政府成立,同年 7 月省政府发布实施了《河南省林木管护暂行办法》,明确了公有林和私有林的管理权限,严格禁止滥伐林木和烧荒开垦林地,扭转了森林资源逐年减少的局面。1950 年成立河南省林业局,按照中央制定的“普遍护林,重点造林,合理采伐和合理利用”的林业建设方针,各地、县建立了林业机构,有计划地开展了育苗、造林、封山育林、护林防火、森林资源勘察等工作。1951 年土地改革时,把集中连片、面积较大的山林收归国有,建立国营林场;把不适宜国家经营的山林划归农民所有,实行“谁造林,谁管护,归谁所有”的政策,推动了全省造林绿化工作的开展。至 1956 年,河南省林业用地基本上实现了公有化,国家所有占 11%,集体所有占 81.4%,个体所有占 7.6%。1956～1957 年,河南把林业建设列为改善自然环境、活跃山区经济的重要内容,对山区的荒山荒地进行了规划,在全省开展了“绿化祖国、绿化河南、绿化家乡”的活动,营造了大批“青年林”、“少年林”、“三八妇女林”、“幸福林”、“社会主义建设林”,两年造林 17 万 $hm^2$。

1958 年“大跃进”开始后,在“实现大地园林化”的号召下,河南加大了造林绿化力度，开展了林业科学研究、农村林业职业教育和林产工业生产，增设了一批国营林场，大办社队林场，动员各行各业开展植树造林运动。此间，因无偿地把群众林木收归集体，把队办林场收归社有、国有，挫伤了群众造林、营林的积极性。同时，又由于缺乏经验，急于求成，不少地方造林成活率、保存率较低。特别是大炼钢铁中，大规模地砍伐林木，山区和平原的森林资源遭到了较大破坏。山区砍伐的木材因运输不畅，不少成为“困山材”，平原地区成材树木砍伐殆尽，导致水土流失面积急剧增加，风沙危害加剧。

“大跃进”后，接着出现三年经济困难时期，森林资源又一次遭到大破坏，到 1963 年森林资源降到了最低点。与新中国成立初期相比，有林地减少 12.56%，林分面积减少 12.08%，森林覆盖率减少近 1 个百分点，活立木蓄积减少 53.16%，林分蓄积减少 51%，尤其是“四旁”树木破坏更为严重，株数减少了 52%，蓄积减少了 85.4%。

进入 20 世纪 60 年代以后，河南认真贯彻中央“调整、巩固、充实、提高”的方针，及时纠正了“左”倾错误的影响，对各级无偿平调的林木，一律退还并赔偿经济损失，重申“谁造谁有”的林业政策，颁发林权证，对林木所有权给予法律保护。1962 年，中共河南省委要求沙区各级党委把林业生产作为一项重要工作来抓，以营造防护林为主，积极发展用材林，适当发展经济林和薪炭林，做到以林保农，以农养林，农林密切配合，造林工作重点转向了平原地区。这一时期林业科技工作者克服了重重困难，深入生产第一线进行科研工作，为平原防护林建设、农桐间作等提供了重要研究成果，对推动平原林业发展起到了重要作用。

“文化大革命”的 10 年，河南林业建设进入低谷，不少国有林场林地被侵占，林木遭到乱砍滥伐，国有森林资源明显减少。同时，其他林业工作也受到影响，只有集体造林有较大发展。1979 年，全国推行农业生产责任制，河南一些地方没有充分考虑林业的特点，一味套用农业责任制形式，对集体林木实行分户经营管理，但责、权、利不明确，一度出现了乱砍滥伐，又一次造成森林资源的大破坏，全省森林覆盖率由 1976 年的 16.11%下降到 12.97%。

20 世纪 80 年代初，中共河南省委、省人民政府结合河南实际，于

1981 年 8 月 25 日发出了关于贯彻中共中央、国务院《关于保护森林发展林业若干问题的决定》的具体规定，于 1982 年 11 月 5 日发出《关于贯彻执行中共中央、国务院制止乱砍滥伐森林紧急指示的通知》。认真执行《关于开展全民义务植树运动的决议》，从河南省省情出发，实行与农业生产责任制相适应，符合河南实际的林业政策，把“统”和“分”有机结合起来，较好地解决了农民群众最为关注的林木所有权与收益分配权的问题，调动了农民群众植树造林的积极性，大力造林，普遍护林，国家、集体、个人一齐上，造、育、管、护密切结合，生产、加工、流通一起抓，造林绿化事业走上了稳步发展的轨道。为了扭转生态环境恶化的状况，全国先后实施了十大林业生态工程。河南省有四个：一是太行山绿化工程，于 1984 年被国家计委批准实施，河南太行山区有 4 市 15 个县（市、区）进入太行山绿化工程；二是平原绿化工程，1987 年、1988 年林业部先后颁发了《华北中原平原绿化县标准》、《北方平原县绿化标准》，河南省有 94 个平原、半平原和部分平原县属于该工程建设范围，1991 年底全部达标，被全国绿化委员会、林业部授予“全国平原绿化先进省”称号；三是长江中上游防护林体系建设工程，于 1989 年 6 月国家计委批准实施，河南省的淅川、西峡、内乡、镇平、南召、方城列入该工程范围；四是防沙治沙工程，1991 年正式开始，河南省黄河平原和故道区的县（市、区）被列入该工程范围。自然保护区和森林公园建设开始起步，1980 年河南省建立了第一个自然保护区——内乡宝天曼国家级自然保护区，1986 年 10 月河南省建立了第一个森林公园——嵩山国家森林公园。

20 世纪 90 年代之后，河南林业建设紧紧围绕“增资源、增效益、增活力”的目标，完善平原、主攻山区，加快造林绿化步伐，强化森林资源保护和管理，大力发展林业产业，呈现出快速发展的好形势。1990 年 3 月，河南省委、省政府批准《河南省十年造林绿化规划（1990 ~ 1999 年）》，省人大常委会于 1990 年 6 月 29 日作出了“关于全民动员，奋斗十年，基本绿化中州大地的决议”。为了保证十年造林绿化规划的如期实现，省人民政府于 1990 年 7 月 5 日批转《省林业厅关于在全省开展造林绿化达标晋级活动的意见》。河南林业建设从此走上了“全社会办林业,全民搞绿化”的新的发展时期。到1998年底,全省林业用地面积达到379万$hm^2$,其中有林地209万$hm^2$,活立木蓄积1.32亿$m^3$,森林覆盖率19.83%。建成22个森林生态、湿地系统和野生动物类型自然保护区,总面积31.3万$hm^2$。建立国家级森林公园16个,省级森林公园15个,总面积7万$hm^2$。

1999年省政府根据全国生态环境建设规划的要求,编制并印发了《河南生态环境建设规划》和《河南省林业生态工程建设规划》,提出了2000~2010年及2011~2030年林业生态环境建设的目标和任务,确定了今后一个时期河南省林业工作以改善生态环境、提高人民生活质量、实现可持续发展、再造山川秀美的中州大地为总体目标。天然林保护工程、退耕还林工程、绿色通道工程、平原绿化工程、长江和淮河防护林工程等国家及省林业重点工程在全省相继启动并取得重大成果。

## 第二节 河南省森林资源的现状和特征

### 一、河南省森林资源现状

**(一)各类土地面积**

河南省土地总面积1 670万$hm^2$。据2003年全国森林资源连续清查结果,全省林业用地面积456.41万$hm^2$,占全省土地总面积的27.33%;非林业用地面积1 213.59万$hm^2$,占72.67%。在林业用地中,有林地面积270.30万$hm^2$,占林业用地面积的59.22%;疏林地面积9.03万$hm^2$,占1.98%;灌木林地面积59.83万$hm^2$,占13.11%;未成林造林地面积35.64万$hm^2$,占7.81%;苗圃地面积3.07万$hm^2$,占0.67%;无林地面积78.54万$hm^2$,占17.21%。详见表3-1。

在有林地中,林分面积197.72万$hm^2$,占有林地面积的73.15%;经济林面积70.80万$hm^2$,占26.19%;竹林面积1.77万$hm^2$,占0.66%。

在林分中,用材林面积87.73万$hm^2$,占林分面积的44.37%;防护林面积94.67万$hm^2$,占47.88%;薪炭林面积5.97万$hm^2$,占3.02%;

表 3-1 各类土地面积统计

（单位：$hm^2$）

| 统计单位 | 总面积 | 林业用地 | | | | | | | | | | 非林业用地 |
|---|---|---|---|---|---|---|---|---|---|---|---|---|
| | | 合计 | 有林地 | | | | 疏林地 | 灌木林地 | 未成林造林地 | 苗圃地 | 无林地 | |
| | | | 小计 | 林分 | 经济林 | 竹林 | | | | | | |
| 合计 | 16 700 000 | 4 564 074 | 2 702 964 | 1 977 227 | 707 996 | 17 741 | 90 312 | 598 331 | 356 415 | 30 643 | 785 409 | 12 135 926 |
| 郑州 | 770 893 | 125 794 | 48 382 | 29 029 | 19 353 | | 6 451 | 8 064 | 12 902 | 3 225 | 46 770 | 645 099 |
| 开封 | 627 358 | 56 445 | 40 318 | 22 578 | 17 740 | | | | 16 127 | | | 570 913 |
| 洛阳 | 1 530 498 | 756 379 | 470 922 | 414 476 | 56 446 | | 17 740 | 85 476 | 20 966 | | 161 275 | 774 119 |
| 平顶山 | 796 697 | 222 559 | 138 696 | 87 088 | 51 608 | | 1 613 | 11 289 | 11 289 | | 59 672 | 574 138 |
| 安阳 | 738 638 | 111 279 | 38 706 | 19 353 | 19 353 | | 4 838 | 38 706 | 11 289 | | 17 740 | 627 359 |
| 鹤壁 | 219 332 | 40 317 | 11 289 | 3 225 | 8 064 | | | 16 127 | 3 225 | | 9 676 | 179 015 |
| 新乡 | 837 016 | 127 407 | 48 382 | 29 029 | 19 353 | | | 46 770 | 19 353 | | 12 902 | 709 609 |
| 焦作 | 398 347 | 91 925 | 29 029 | 22 578 | 6 451 | | 3 225 | 49 995 | 1 613 | 3 225 | 4 838 | 306 422 |
| 濮阳 | 424 154 | 25 805 | 9 677 | 8 064 | 1 613 | | | | 12 902 | 1 613 | 1 613 | 398 349 |
| 许昌 | 503 177 | 72 573 | 40 318 | 24 191 | 16 127 | | 3 225 | | 6 451 | 8 064 | 14 515 | 430 604 |
| 漯河 | 270 942 | 27 417 | 16 127 | 11 289 | 4 838 | | | 1 613 | 8 064 | 1 613 | | 243 525 |
| 三门峡 | 995 066 | 635 423 | 267 716 | 208 044 | 58 059 | 1 613 | 14 515 | 146 760 | 25 804 | 1 613 | 179 015 | 359 643 |
| 南阳 | 2 677 162 | 1 056 351 | 740 252 | 538 658 | 199 981 | 1 613 | 22 578 | 79 025 | 38 706 | 1 613 | 174 177 | 1 620 811 |
| 商丘 | 1 080 541 | 161 275 | 117 731 | 98 378 | 19 353 | | | | 41 931 | | 1 613 | 919 266 |
| 信阳 | 1 920 783 | 580 590 | 375 771 | 193 530 | 167 726 | 14 515 | 9 676 | 72 574 | 62 897 | 8 064 | 51 608 | 1 340 193 |
| 周口 | 1 199 884 | 127 407 | 116 118 | 104 829 | 11 289 | | | | 11 289 | | | 1 072 477 |
| 驻马店 | 1 515 983 | 245 138 | 137 084 | 117 731 | 19 353 | | 4 838 | 27 417 | 41 931 | 1 613 | 32 255 | 1 270 845 |
| 济源 | 193 529 | 99 990 | 56 446 | 45 157 | 11 289 | | 1 613 | 14 515 | 9 676 | | 17 740 | 93 539 |

特用林面积 9.35 万 $hm^2$，占 4.73%。

(二)森林覆盖率

全省森林覆盖率 16.19%，灌木林地覆盖率 3.58%，"四旁"树覆盖率 2.87%（"四旁"树占地面积约 479 800$hm^2$，"四旁"树占地面积按 1 650 株/$hm^2$计）。详见表 3-2。

表 3-2　森林覆盖率统计　(%)

| 统计单位 | 森林 | 灌木林 | "四旁"树 |
|---|---|---|---|
| 全省 | 16.19 | 3.58 | 2.87 |
| 郑州 | 6.28 | 1.05 | 4.48 |
| 开封 | 6.43 |  | 4.10 |
| 洛阳 | 30.77 | 5.58 | 2.42 |
| 平顶山 | 17.41 | 1.42 | 2.04 |
| 安阳 | 5.24 | 5.24 | 3.52 |
| 鹤壁 | 5.15 | 7.35 | 2.53 |
| 新乡 | 5.78 | 5.59 | 2.34 |
| 焦作 | 7.29 | 12.55 | 2.54 |
| 濮阳 | 2.28 |  | 3.70 |
| 许昌 | 8.01 |  | 4.00 |
| 漯河 | 5.95 | 0.60 | 3.34 |
| 三门峡 | 26.90 | 14.75 | 1.31 |
| 南阳 | 27.65 | 2.95 | 1.98 |
| 商丘 | 10.90 |  | 5.17 |
| 信阳 | 19.56 | 3.78 | 1.97 |
| 周口 | 9.68 |  | 4.43 |
| 驻马店 | 9.04 | 1.81 | 2.97 |
| 济源 | 29.17 | 7.50 | 1.10 |

(三)活立木蓄积

全省活立木总蓄积 13 370.51 万 $m^3$。其中：林分蓄积 8 404.64 万 $m^3$，占活立木总蓄积的 62.86%；疏林蓄积 80.91 万 $m^3$，占 0.60%；散生木蓄积 502.60 万 $m^3$，占 3.70%；"四旁"树蓄积 4 382.36 万 $m^3$，占 32.78%。详见表 3-3。

表 3-3 各类蓄积统计 （单位：面积，$hm^2$；蓄积，$m^3$；株数，株）

| 统计单位 | 活立木总蓄积 | 林分 | | 疏林 | | 散生木 | “四旁”树 | |
|---|---|---|---|---|---|---|---|---|
| | | 面积 | 蓄积 | 面积 | 蓄积 | 蓄积 | 株数 | 蓄积 |
| 合计 | 133 705 130 | 1 977 227 | 84 046 379 | 90 312 | 809 136 | 5 026 005 | 791 596 935 | 43 823 610 |
| 郑州 | 3 971 653 | 29 029 | 1 121 263 | 6 451 | 57 474 | 120 432 | 56 929 986 | 2 672 484 |
| 开封 | 4 231 970 | 22 578 | 1 405 026 | | | 70 638 | 42 435 418 | 2 756 306 |
| 洛阳 | 22 379 935 | 414 476 | 18 085 511 | 17 740 | 122 831 | 803 813 | 61 163 448 | 3 367 780 |
| 平顶山 | 4 707 186 | 87 088 | 2 647 869 | 1 613 | 6 310 | 153 715 | 26 811 927 | 1 899 292 |
| 安阳 | 3 253 638 | 19 353 | 468 342 | 4 838 | 32 094 | 133 737 | 42 939 401 | 2 619 465 |
| 鹤壁 | 712 432 | 3 225 | 190 002 | | | 51 185 | 9 152 342 | 471 245 |
| 新乡 | 3 598 705 | 29 029 | 1 509 048 | | | 124 524 | 32 295 268 | 1 965 133 |
| 焦作 | 2 247 264 | 22 578 | 836 895 | 3 225 | 73 703 | 26 026 | 16 691 936 | 1 310 640 |
| 濮阳 | 2 336 689 | 8 064 | 352 022 | | | 2 338 | 25 904 756 | 1 982 329 |
| 许昌 | 2 966 992 | 24 191 | 1 456 573 | 3 225 | 75 094 | 48 745 | 33 242 757 | 1 386 580 |
| 漯河 | 1 918 444 | 11 289 | 536 622 | | | 99 285 | 14 917 914 | 1 282 537 |
| 三门峡 | 10 606 011 | 208 044 | 9 042 977 | 14 515 | 197 118 | 283 662 | 21 429 382 | 1 082 254 |
| 南阳 | 25 216 173 | 538 658 | 19 667 536 | 22 578 | 102 470 | 1 452 299 | 87 632 665 | 3 993 868 |
| 商丘 | 13 545 889 | 98 378 | 6 928 101 | | | 440 381 | 92 108 040 | 6 177 407 |
| 信阳 | 9 640 903 | 193 530 | 6 696 551 | 9 676 | 95 636 | 929 063 | 62 352 849 | 1 919 653 |
| 周口 | 13 559 355 | 104 829 | 7 779 954 | | | 44 048 | 87 713 303 | 5 735 353 |
| 驻马店 | 6 859 761 | 117 731 | 3 558 084 | 4 838 | 41 790 | 195 324 | 74 367 817 | 3 064 563 |
| 济源 | 1 952 130 | 45 157 | 1 764 003 | 1 613 | 4 616 | 46 790 | 3 507 726 | 136 721 |

## (四)林分资源

全省林分面积197.72万$hm^2$,林分蓄积8 404.64万$m^3$。林分中,“四旁”树林分面积22.73万$hm^2$,蓄积1 238.27万$m^3$,分别占林分面积、蓄积的11.50%和14.73%。

(1)林分按林种划分:用材林面积87.73万$hm^2$,蓄积3 383.94万$m^3$;防护林面积94.67万$hm^2$,蓄积4 228.16万$m^3$;薪炭林面积5.97万$hm^2$,蓄积3.42万$m^3$;特用林面积9.35万$hm^2$,蓄积789.12万$m^3$。详见表3-4。

表3-4　林分各林种面积、蓄积统计

(单位:面积,万$hm^2$;蓄积,万$m^3$;百分数,%)

| 项目 | 合计 | | 防护林 | | 特用林 | | 用材林 | | 薪炭林 | |
|---|---|---|---|---|---|---|---|---|---|---|
| | 面积 | 蓄积 | 面积 | 蓄积 | 面积 | 蓄积 | 面积 | 蓄积 | 面积 | 蓄积 |
| 合计 | 197.72 | 8 404.64 | 94.67 | 4 228.16 | 9.35 | 789.12 | 87.73 | 3 383.94 | 5.97 | 3.42 |
| 各林种占百分数 | 100.00 | 100.00 | 47.88 | 50.31 | 4.73 | 9.39 | 44.37 | 40.26 | 3.02 | 0.04 |
| 山区 | 130.15 | 5 155.57 | 73.22 | 3 167.76 | 9.19 | 769.75 | 44.35 | 1 216.62 | 3.39 | 1.44 |
| 丘陵 | 26.93 | 684.40 | 6.45 | 165.72 | 0.00 | 0.01 | 17.90 | 516.69 | 2.58 | 1.98 |
| 平原 | 40.64 | 2 564.67 | 15.00 | 894.68 | 0.16 | 19.36 | 25.48 | 1 650.63 | 0.00 | 0.00 |

(2)林分按龄组划分:幼龄林面积115.15万$hm^2$,蓄积3 004.53万$m^3$;中龄林面积57.26万$hm^2$,蓄积3 472.22万$m^3$;近熟林面积16.42万$hm^2$,蓄积1 214.18万$m^3$;成熟林面积6.96万$hm^2$,蓄积489.57万$m^3$;过熟林面积1.93万$hm^2$,蓄积224.14万$m^3$。林分面积、蓄积中幼、中龄林占绝对优势,面积占87.20%,蓄积占77.06%。详见表3-5。

(3)林分按优势树种划分:林分优势树种(组)以阔叶树种为主,其面积、蓄积分别占林分面积、蓄积的82.22%和86.41%;针叶树种面积、蓄积分别仅占林分面积、蓄积的17.78%和13.59%。阔叶树种中又以栎类、杨树、阔叶混为主。林分各优势树种(组)面积、蓄积统计见表3-6。

表 3-5　林分各龄组面积、蓄积统计

（单位：面积，万 hm²；蓄积，万 m³；百分数，%）

| 项目 | 合计 | | 幼龄林 | | 中龄林 | |
|---|---|---|---|---|---|---|
| | 面积 | 蓄积 | 面积 | 蓄积 | 面积 | 蓄积 |
| 合计 | 197.72 | 8 404.64 | 115.15 | 3 004.53 | 57.26 | 3 472.22 |
| 各龄组占百分数 | 100.00 | 100.00 | 58.24 | 35.75 | 28.96 | 41.31 |
| 国有 | 21.45 | 1 362.87 | 6.60 | 255.88 | 9.53 | 577.46 |
| 集体 | 176.27 | 7 041.77 | 108.55 | 2 748.65 | 47.73 | 2 894.76 |

| 项目 | 近熟林 | | 成熟林 | | 过熟林 | |
|---|---|---|---|---|---|---|
| | 面积 | 蓄积 | 面积 | 蓄积 | 面积 | 蓄积 |
| 合计 | 16.42 | 1 214.18 | 6.96 | 489.57 | 1.93 | 224.14 |
| 各龄组占百分数 | 8.30 | 14.45 | 3.52 | 5.82 | 0.98 | 2.67 |
| 国有 | 3.54 | 313.15 | 0.81 | 65.95 | 0.97 | 150.43 |
| 集体 | 12.88 | 901.03 | 6.15 | 423.62 | 0.96 | 73.71 |

（4）林分按起源划分：天然林分面积 107.25 万 hm²，蓄积 4 367.27 万 m³，分别占林分面积、蓄积的 54.24% 和 51.96%；人工林分面积 90.47 万 hm²，蓄积 4 037.37 万 m³，分别占林分面积、蓄积的 45.76% 和 48.04%。详见表 3-7。

**（五）用材林资源**

全省用材林面积 87.73 万 hm²，蓄积 3 383.94 万 m³。山区最多，面积 44.35 万 hm²，占 50.55%，蓄积 1 216.62 万 m³，占 35.95%；丘陵和平原地区面积分别为 17.90 万 hm² 和 25.48 万 hm²，分别占 20.40% 和 29.04%，蓄积分别为 516.69 万 m³ 和 1 650.63 万 m³，分别占 15.27% 和 48.78%。用材林单位面积平均蓄积量 38.57m³/hm²。

（1）用材林按龄组划分：幼龄林面积 48.36 万 hm²，蓄积 1 049.38 万 m³；中龄林面积28.09万hm²，蓄积1485.10万m³；近熟林面积

表 3-6　林分各优势树种(组)面积、蓄积统计

(单位:面积,万 $hm^2$;蓄积,万 $m^3$;百分数,%)

| 项目 | | 合计 | | 各优势树种(组)占百分数 | | 山区 | | 丘陵 | | 平原 | |
|---|---|---|---|---|---|---|---|---|---|---|---|
| | | 面积 | 蓄积 | 面积 | 蓄积 | 面积 | 蓄积 | 面积 | 蓄积 | 面积 | 蓄积 |
| 总计 | | 197.72 | 8 404.64 | 100.00 | 100.00 | 130.15 | 5 155.57 | 26.93 | 684.40 | 40.64 | 2 564.67 |
| 针叶树类 | 合计 | 35.16 | 1 142.32 | 17.78 | 13.59 | 22.26 | 730.99 | 12.58 | 374.42 | 0.32 | 36.90 |
| | 柏木 | 4.52 | 105.07 | 2.29 | 1.25 | 3.71 | 82.70 | 0.65 | 3.01 | 0.16 | 19.36 |
| | 落叶松 | 0.48 | 14.04 | 0.24 | 0.17 | 0.48 | 14.04 | 0.00 | 0.00 | 0.00 | 0.00 |
| | 油松 | 8.37 | 326.00 | 4.23 | 3.88 | 7.74 | 315.93 | 0.64 | 10.06 | 0.00 | 0.00 |
| | 马尾松 | 19.68 | 613.26 | 9.95 | 7.29 | 9.03 | 268.95 | 10.64 | 344.32 | 0.00 | 0.00 |
| | 杉木 | 2.11 | 83.95 | 1.07 | 1.00 | 1.29 | 49.38 | 0.65 | 17.03 | 0.16 | 17.54 |
| 阔叶树类 | 合计 | 162.56 | 7 262.32 | 82.22 | 86.41 | 107.89 | 4 424.58 | 14.35 | 309.98 | 40.32 | 2 527.77 |
| | 栎类 | 82.08 | 3 009.29 | 41.51 | 35.81 | 75.64 | 2 932.88 | 6.29 | 72.46 | 0.16 | 3.95 |
| | 刺槐 | 15.00 | 628.76 | 7.59 | 7.48 | 5.81 | 201.18 | 2.26 | 46.25 | 6.93 | 381.36 |
| | 杨树 | 29.68 | 1 939.64 | 15.01 | 23.08 | 0.48 | 29.39 | 1.94 | 66.87 | 27.26 | 1 843.35 |
| | 泡桐 | 5.48 | 269.68 | 2.77 | 3.21 | 0.16 | 4.33 | 1.29 | 51.95 | 4.03 | 213.40 |
| | 阔叶混 | 30.32 | 1 414.95 | 15.34 | 16.83 | 25.80 | 1 256.79 | 2.58 | 72.45 | 1.94 | 85.71 |

表 3-7　林分按起源面积、蓄积统计

（单位：面积，万 $hm^2$；蓄积，万 $m^3$）

| 项目 | 合计 | | 防护林 | | 特用林 | | 用材林 | | 薪炭林 | |
|---|---|---|---|---|---|---|---|---|---|---|
| | 面积 | 蓄积 | 面积 | 蓄积 | 面积 | 蓄积 | 面积 | 蓄积 | 面积 | 蓄积 |
| 合计 | 197.72 | 8 404.64 | 94.67 | 4 228.16 | 9.35 | 789.12 | 87.73 | 3 383.94 | 5.97 | 3.42 |
| 天然林 | 107.25 | 4 367.27 | 64.67 | 2 850.07 | 7.58 | 632.43 | 33.22 | 883.81 | 1.78 | 0.96 |
| 人工林 | 90.47 | 4 037.37 | 30.00 | 1 378.09 | 1.77 | 156.69 | 54.51 | 2 500.13 | 4.19 | 2.46 |

7.56 万 $hm^2$，蓄积 583.37 万 $m^3$；成熟林面积 3.56 万 $hm^2$，蓄积 263.13 万 $m^3$；过熟林面积 0.16 万 $hm^2$，蓄积 2.96 万 $m^3$。用材林面积、蓄积中，幼、中龄林面积、蓄积分别占 87.14% 和 74.90%，而近、成、过熟林面积、蓄积分别仅占 12.86% 和 25.10%。由此可见，全省用材林龄组结构不够合理，幼、中龄林资源所占比重偏大，而近、成、过熟林资源严重不足。

（2）用材林按权属划分：国有面积 4.84 万 $hm^2$，蓄积 176.30 万 $m^3$，分别占用材林面积、蓄积的 5.52% 和 5.21%；集体面积 82.89 万 $hm^2$，蓄积 3 207.64 万 $m^3$，分别占用材林面积、蓄积的 94.48% 和 94.79%。

（3）用材林按优势树种划分：全省用材林资源栎类最多，面积 26.61 万 $hm^2$，蓄积 612.43 万 $m^3$，占用材林面积、蓄积的 30.33% 和 18.10%；其次为杨树和马尾松，面积分别为 19.52 万 $hm^2$ 和 15.48 万 $hm^2$，占 22.25% 和 17.65%，蓄积分别为 1 315.70 万 $m^3$ 和 468.86 万 $m^3$，占 38.88% 和 13.85%。用材林各优势树种（组）面积、蓄积统计见表 3-8。

**（六）“四旁”树资源**

全省“四旁”树总株数 79 160 万株。其中：胸径 5cm 以上检尺“四旁”树株数 28 898 万株，占 36.51%；胸径 5cm 以下用材幼树及“四旁”经济树 50 262 万株，占 63.49%。“四旁”树蓄积 4 382.36 万 $m^3$，占活立木总蓄积的 32.78%。

（1）“四旁”树按类型划分：村庄树株数 37 615 万株，占“四旁”树

表 3-8　用材林各优势树种(组)面积、蓄积统计

(单位:面积,万 $hm^2$;蓄积,万 $m^3$;百分数,%)

| 项目 | 合计 | | 各优势树种占百分数 | | 山区 | | 丘陵 | | 平原 | |
|---|---|---|---|---|---|---|---|---|---|---|
| | 面积 | 蓄积 | 面积 | 蓄积 | 面积 | 蓄积 | 面积 | 蓄积 | 面积 | 蓄积 |
| 合计 | 87.73 | 3 383.94 | 100.00 | 100.00 | 44.35 | 1 216.62 | 17.90 | 516.69 | 25.48 | 1 650.63 |
| 柏木 | 1.13 | 27.94 | 1.29 | 0.83 | 1.13 | 27.94 | | | | |
| 油松 | 2.25 | 61.70 | 2.56 | 1.82 | 1.61 | 51.63 | 0.64 | 10.07 | | |
| 马尾松 | 15.48 | 468.86 | 17.65 | 13.85 | 7.42 | 213.47 | 8.06 | 255.39 | | |
| 杉木 | 1.62 | 57.37 | 1.85 | 1.70 | 0.97 | 40.32 | 0.65 | 17.05 | | |
| 栎类 | 26.61 | 612.43 | 30.33 | 18.10 | 22.90 | 550.21 | 3.55 | 58.27 | 0.16 | 3.95 |
| 硬阔类 | 8.23 | 373.30 | 9.38 | 11.03 | 3.23 | 109.95 | 0.97 | 38.78 | 4.03 | 224.57 |
| 杨树 | 19.52 | 1 315.70 | 22.25 | 38.88 | 0.32 | 25.42 | 1.46 | 57.83 | 17.74 | 1 232.45 |
| 泡桐 | 4.35 | 206.38 | 4.96 | 6.10 | | | 1.13 | 37.87 | 3.22 | 168.51 |
| 阔叶混 | 8.54 | 260.26 | 9.73 | 7.69 | 6.77 | 197.68 | 1.44 | 41.43 | 0.33 | 21.15 |

总株数的47.52%,其中检尺“四旁”树株数17 655 万株;蓄积2 508.23 万 $m^3$,占“四旁”树蓄积的57.23%。城镇树株数1 637 万株,占“四旁”树总株数的2.07%,其中检尺“四旁”树株数597 万株;蓄积115.14 万 $m^3$,占“四旁”树蓄积的2.63%。间作树株数4 268 万株,占“四旁”树总株数的5.39%,其中检尺“四旁”树株数339 万株;蓄积107.39 万 $m^3$,占“四旁”树蓄积的2.45%。林网树株数14 317 万株,占“四旁”树总株数的18.09%,其中检尺“四旁”树株数5 040 万株;蓄积850.91 万 $m^3$,占“四旁”树蓄积的19.42%。零星树株数21 323 万株,占“四旁”树总株数的26.93%,其中检尺“四旁”树株数5 267 万株;蓄积800.69 万 $m^3$,占“四旁”树蓄积的18.27%。

(2)检尺“四旁”树按径阶划分:小径组(6 ~12cm 径阶)株数12 867万株,占检尺“四旁”树株数的44.52%;蓄积370.91 万 $m^3$,占“四旁”树蓄积的8.46%。中径组(14 ~24cm 径阶)株数11 166 万株,占检尺“四旁”树株数的38.64%;蓄积1 597.31 万 $m^3$,占“四旁”树蓄积的36.45%。大径组(26 ~36cm 径阶)株数3 883 万株,占检尺“四旁”树株数的13.44%;蓄积1 565.72 万 $m^3$,占“四旁”树蓄积的

35.73%。特大径组(38cm 径阶以上)株数 982 万株,占检尺“四旁”树株数的 3.40%;蓄积 848.70 万 $m^3$,占“四旁”树蓄积的 19.36%。

(3)检尺“四旁”树按组成树种划分:全省检尺“四旁”树组成树种以杨树、硬阔(刺槐、白榆)、泡桐、阔叶混为主,其中又以杨树占多数,杨树株数 10 864 万株,蓄积 189 310 万 $m^3$,分别占检尺“四旁”树株数和蓄积的 37.59% 和 43.20%。检尺“四旁”树各组成树种株数、蓄积统计见表 3-9。

表 3-9 检尺“四旁”树各组成树种株数、蓄积统计

| 项目 | | 株数(万株) | 各树种株数占百分数(%) | 蓄积(万 $m^3$) | 各树种蓄积占百分数(%) |
|---|---|---|---|---|---|
| 总计 | | 28 898 | 100.00 | 438 236 | 100.00 |
| 针叶树类 | 合计 | 790 | 2.73 | 3 685 | 0.84 |
| | 柏木 | 409 | 1.41 | 2 061 | 0.47 |
| | 落叶松 | 8 | 0.03 | 49 | 0.01 |
| | 油松 | 75 | 0.26 | 174 | 0.04 |
| | 马尾松 | 62 | 0.21 | 250 | 0.06 |
| | 杉木 | 236 | 0.82 | 1 151 | 0.26 |
| 阔叶树类 | 合计 | 28 108 | 97.27 | 434 551 | 99.16 |
| | 栎类 | 192 | 0.67 | 2 145 | 0.49 |
| | 硬阔类 | 5 596 | 19.37 | 67 956 | 15.51 |
| | 杨树 | 10 864 | 37.59 | 189 310 | 43.20 |
| | 泡桐 | 5 465 | 18.91 | 110 641 | 25.24 |
| | 阔叶混 | 5 991 | 20.73 | 64 499 | 14.72 |

### (七)森林资源质量

#### 1. 林地利用现状

全省林业用地中,有林地面积 270.30 万 $hm^2$,占 59.22%,林地利用率较低;无林地面积 78.54 万 $hm^2$,占 17.21%。

#### 2. 单位面积蓄积量

全省林分单位面积蓄积量为 42.51$m^3/hm^2$。按起源统计,天然林分 40.72$m^3/hm^2$;人工林分 44.63$m^3/hm^2$。按权属统计,国有 63.54 $m^3/hm^2$;集体 39.95$m^3/hm^2$。

林分各林种单位面积蓄积量：用材林 38.57$m^3$/$hm^2$；防护林 44.66$m^3$/$hm^2$；薪炭林 0.57$m^3$/$hm^2$；特用林 84.40$m^3$/$hm^2$。

林分各龄组单位面积蓄积量：幼龄林 26.09$m^3$/$hm^2$；中龄林 60.64$m^3$/$hm^2$；近熟林 73.95$m^3$/$hm^2$；成熟林 70.34$m^3$/$hm^2$；过熟林 116.13$m^3$/$hm^2$。

林分各优势树种单位面积蓄积量：柏木 23.25$m^3$/$hm^2$；落叶松 29.25$m^3$/$hm^2$；油松 38.95$m^3$/$hm^2$；马尾松 31.16$m^3$/$hm^2$；杉木 39.79$m^3$/$hm^2$；栎类 36.66$m^3$/$hm^2$；硬阔类 41.92$m^3$/$hm^2$；杨树 65.35$m^3$/$hm^2$；泡桐 49.21$m^3$/$hm^2$；阔叶混 46.67$m^3$/$hm^2$。

用材林分各龄组单位面积蓄积量：幼龄林 21.70$m^3$/$hm^2$；中龄林 52.87$m^3$/$hm^2$；近熟林 77.17$m^3$/$hm^2$；成熟林 73.91$m^3$/$hm^2$；过熟林 18.50$m^3$/$hm^2$。

3. 林分郁闭度、单位面积株数、胸径

全省林分平均郁闭度 0.6、单位面积平均株数 765 株/ $hm^2$、平均胸径 12.0cm。其中天然林分平均郁闭度 0.6、单位面积平均株数 856 株/$hm^2$、平均胸径 11.4cm；人工林分平均郁闭度 0.5、单位面积平均株数 656 株/$hm^2$、平均胸径 13.0cm。

4. 林分蓄积单位面积年均生长量

全省林分蓄积每公顷年均生长量为 3.20$m^3$。其中天然林分蓄积每公顷年均生长量为 2.70$m^3$；人工林分蓄积每公顷年均生长量为 4.09$m^3$。

## 二、河南森林资源的主要特征

### （一）资源总量不足，森林覆盖率低，属少林省份

据 2003 年全国森林资源连续清查结果，河南省有林地面积 270.30 万 $hm^2$，在全国 31 个省（自治区、直辖市）列第 22 位，人均森林面积 0.029$hm^2$，约只有全国平均水平的 1/5；森林覆盖率 16.19%，在全国排名第 21 位；森林蓄积 8 404.64 万 $m^3$，在全国排名第 21 位；人均占有森林蓄积 0.896$m^3$，不足全国平均水平 9.421$m^3$/人的 1/10。与周边的山西、陕西、河北、安徽、山东、湖北相比，各项排名也比较靠后（见表 3-10）。林业用地面积占全省土地总面积的比例也只有 27.33%，林

地资源总量不足,发展空间有限,难以满足经济发展对生态环境质量不断增长的需求。

表 3-10 河南与全国和周边省森林资源总量及人均占有量比较

| 省份 | 有林地面积(万 $hm^2$) | 森林蓄积(万 $m^3$) | 森林覆盖率(%) | 人均有林地面积($hm^2$) | 人均森林蓄积($m^3$) |
|---|---|---|---|---|---|
| 河南 | 270.30 | 8 404.64 | 16.19 | 0.029 | 0.896 |
| 山西 | 206.30 | 6 199.93 | 13.29 | 0.061 | 1.848 |
| 陕西 | 636.80 | 30 775.77 | 32.55 | 0.171 | 8.273 |
| 河北 | 311.79 | 6 509.92 | 17.69 | 0.045 | 0.950 |
| 安徽 | 331.87 | 10 371.90 | 24.03 | 0.054 | 1.695 |
| 山东 | 204.64 | 3 201.65 | 13.44 | 0.022 | 0.346 |
| 湖北 | 497.23 | 15 406.64 | 26.77 | 0.087 | 2.698 |
| 全国 | 16 901.93 | 1 209 763.68 | 18.21 | 0.132 | 9.421 |

**(二)森林资源分布很不均衡**

河南省森林资源的自然地理分布不均衡,主要集中在洛阳、三门峡、南阳、信阳等四个市,地域差异比较大。从表 3-11 中可以看出,豫西伏牛山区林业用地面积、有林地面积、活立木蓄积分别占全省的 68.3%、68.2%、57.4%,其中卢氏、栾川、嵩县、西峡、南召和内乡 6 县有林地面积占全省有林地面积的 1/3;立地条件差的太行山区,林业用地面积、有林地面积、活立木蓄积分别只有全省的 10.3%、6.8% 和 8.8%。森林资源少且分布不均,造成河南省森林生态系统整体功能脆弱,对自然灾害的防御能力较差。

表 3-11 河南省森林资源按山系分布状况

| 类别 | 省合计 | 山系 | | | |
|---|---|---|---|---|---|
| | | 太行山区(5 市) | 伏牛山区(7 市) | 大别山区(1 市) | 纯平原(5 市) |
| 林业用地(万 $hm^2$) | 456.41 | 47.09 | 311.42 | 58.06 | 39.84 |
| 比重(%) | 100.0 | 10.3 | 68.3 | 12.7 | 8.7 |
| 有林地(万 $hm^2$) | 270.30 | 18.39 | 184.33 | 37.58 | 30.00 |
| 比重(%) | 100.0 | 6.8 | 68.2 | 13.9 | 11.1 |
| 活立木蓄积(万 $m^3$) | 13 370.51 | 1 176.42 | 7 670.77 | 964.09 | 3 559.23 |
| 比重(%) | 100.0 | 8.8 | 57.4 | 7.2 | 26.6 |

### （三）森林资源结构不合理，林分低龄化现象严重

全省林分面积197.72万$hm^2$，蓄积8 404.64万$m^3$，林分龄组结构统计（见表3-12）表明，幼、中龄林面积、蓄积在林分面积、蓄积中占绝对优势，全省幼、中龄林面积172.41万$hm^2$，占林分面积的87.20%，蓄积6 476.75万$m^3$，占林分蓄积的77.06%。全省林分中成、过熟林面积8.89万$hm^2$，占林分面积的4.50%，蓄积713.71万$m^3$，占林分蓄积的8.49%。在用材林中，成、过熟林面积仅有3.72万$hm^2$，占用材林面积的4.24%，蓄积266.09万$m^3$，占用材林蓄积的7.86%。可采资源十分贫乏，满足不了日益增长的木材需要，必然出现过早采伐近熟林和幼、中龄林现象，长此以往，森林资源将会逐渐枯竭，林分质量将不断下降。

表3-12　林分龄组结构统计

（单位：面积，万$hm^2$；蓄积，万$m^3$；百分数，%）

| 项目 | 合计 | | 幼龄林 | | 中龄林 | | 近熟林 | | 成熟林 | | 过熟林 | |
|---|---|---|---|---|---|---|---|---|---|---|---|---|
| | 面积 | 蓄积 | 面积 | 蓄积 | 面积 | 蓄积 | 面积 | 蓄积 | 面积 | 蓄积 | 面积 | 蓄积 |
| 合计 | 197.72 | 8 404.64 | 115.15 | 3 004.53 | 57.26 | 3 472.22 | 16.42 | 1 214.18 | 6.96 | 489.57 | 1.93 | 224.14 |
| 各龄组占百分数 | 100.00 | 100.00 | 58.24 | 35.75 | 28.96 | 41.31 | 8.30 | 14.45 | 3.52 | 5.82 | 0.98 | 2.67 |
| 山区 | 130.15 | 5 155.57 | 86.44 | 2 311.00 | 32.42 | 1 941.25 | 7.10 | 565.01 | 3.22 | 201.78 | 0.97 | 136.53 |
| 丘陵 | 26.93 | 684.40 | 17.90 | 312.06 | 6.29 | 227.94 | 1.58 | 62.35 | 1.16 | 82.05 | 0.00 | 0.00 |
| 平原 | 40.64 | 2 564.67 | 10.81 | 381.49 | 18.55 | 1 303.03 | 7.74 | 586.80 | 2.58 | 205.74 | 0.96 | 87.61 |

### （四）森林经营管理粗放，林分质量低

全省林业经营管理还处于较低水平，现有森林资源质量同全国平均水平相比仍存在一定差距，具体表现在：一是现有林分以纯林为主，混交林所占比重偏低，且林层单一；二是林分龄组结构不合理，幼、中龄林比重偏大；三是林分总体质量偏低，林分单位面积蓄积仅有42.51$m^3/hm^2$，只有全国林分单位面积平均水平84.73$m^3/hm^2$的一半，林分平均胸径12.0cm，低于全国13.8cm的平均水平，林分蓄积单位面积年均生长量为3.20$m^3/hm^2$，其中天然林分年均生长量2.7$m^3/hm^2$，低于全国年均3.55$m^3/hm^2$的平均水平；四是林业用地利用率低，全省

林业用地中，有林地面积270.30万$hm^2$，占59.22%，林地利用率较低，无林地面积78.54万$hm^2$，占17.21%。

(五)森林资源总量稳步增长，森林资源质量逐步提高

河南省的森林资源通过积极培育和严格保护等措施，数量快速增加，质量、结构明显改善，功能和效益正逐步朝着协调的方向发展。从表3-13、表3-14可看出，林业用地面积大幅度增加，由1998年的378.64万$hm^2$增加到2003年的456.41万$hm^2$。有林地面积由1998年的209.01万$hm^2$增加到2003年的270.30万$hm^2$，净增61.29万$hm^2$，年均净增12.26万$hm^2$；其中林分增加47.95万$hm^2$，年均净增9.59万$hm^2$。森林覆盖率5年内增加3.67个百分点，由1998年的12.52%增加到2003年的16.19%，年均增加0.73个百分点，年均净增

**表3-13 历次森林资源清查林业用地变化统计**

| 年度 | 合计(万$hm^2$) | 有林地(万$hm^2$) | | | | 疏林地(万$hm^2$) | 灌木林地(万$hm^2$) | 未成林造林地(万$hm^2$) | 苗圃地(万$hm^2$) | 无林地(万$hm^2$) | 森林覆盖率(%) |
|---|---|---|---|---|---|---|---|---|---|---|---|
| | | 小计 | 林分 | 经济林 | 竹林 | | | | | | |
| 1980 | 383.91 | 141.99 | 110.19 | 31.07 | 0.73 | 3.66 | 21.18 | 6.07 | 0.16 | 210.84 | 8.50 |
| 1988 | 370.13 | 157.11 | 123.57 | 32.84 | 0.70 | 25.54 | 17.50 | 6.94 | 0.83 | 162.21 | 9.41 |
| 1993 | 380.12 | 175.27 | 131.05 | 42.93 | 1.29 | 27.83 | 18.40 | 7.58 | 0.80 | 150.24 | 10.50 |
| 1998 | 378.64 | 209.01 | 149.77 | 57.30 | 1.94 | 13.40 | 57.78 | 6.46 | 1.13 | 90.86 | 12.52 |
| 2003 | 456.41 | 270.30 | 197.72 | 70.80 | 1.78 | 9.03 | 59.83 | 35.64 | 3.07 | 78.54 | 16.19 |

**表3-14 历次森林资源清查林木蓄积变化统计**

| 年度 | 活立木总蓄积(万$m^3$) | 林分蓄积(万$m^3$) | 林分龄组结构(%) | | | | 单位面积蓄积($m^3/hm^2$) | | |
|---|---|---|---|---|---|---|---|---|---|
| | | | 幼、中龄林比重 | | 近、成、过熟林比重 | | 林分 | 天然林 | 人工林 |
| | | | 面积 | 蓄积 | 面积 | 蓄积 | | | |
| 1980 | 6 821.86 | 3 188.51 | 97.30 | 85.40 | 2.70 | 14.10 | 29.25 | 35.25 | 17.55 |
| 1988 | 9 151.51 | 4 043.22 | 90.80 | 75.30 | 9.20 | 24.70 | 30.15 | 36.30 | 18.15 |
| 1993 | 11 748.64 | 4 818.91 | 93.25 | 86.08 | 6.75 | 13.92 | 33.90 | 37.20 | 27.15 |
| 1998 | 13 167.55 | 5 258.50 | 91.37 | 82.53 | 8.63 | 17.47 | 35.70 | 38.55 | 30.60 |
| 2003 | 13 370.51 | 8 404.64 | 87.20 | 77.06 | 12.80 | 22.94 | 42.51 | 40.72 | 44.63 |

率5.83%。活立木蓄积量稳步增长,1998～2003年5年间,全省活立木总蓄积量由13 167.55万$m^3$增加到13 370.51万$m^3$,增加202.96万$m^3$,年均增加40.59万$m^3$,年均净增率0.31%;其中林分蓄积增加3 146.14万$m^3$,年均增加629.23万$m^3$,年均净增率11.97%。森林生产力逐步提高,林分单位面积蓄积量有所上升,由1998年的35.70 $m^3/hm^2$增加到2003年的42.51$m^3/hm^2$,提高19.1%。林分龄组结构有所改善,幼、中龄林面积所占比重由1998年的91.37%下降到2003年的87.20%,蓄积量比重由82.53%降为77.06%;而林分中近、成、过熟林面积比重由8.63%上升为12.80%,蓄积量比重由17.47%上升到22.94%。

## 第三节　河南省天然林资源现状和特点

### 一、河南省天然林分布情况和植被类型

河南省天然林分布受自然因素和人为因素的影响。在自然因素中,热量和水分以及二者的配合状况,对森林分布的影响最为显著,并在空间形成了一定格局,具有较明显的地带性和非地带性,在不同纬度、经度及垂直高度有着不同类型的森林。

**(一)森林的纬度地带性分布**

河南省水平地带性的纬向分布,从北到南其热量和降水量不断递增,导致本省森林的地理分布呈纬向地带性规律。在豫北太行山、伏牛山北坡,以及崤山、熊耳山、外方山等山地,由于生态因素的影响,阔叶林主要有栓皮栎林、麻栎、槲栎林、山杨林、桦木林、短叶枹林等。栎类林是山地的主要森林类型,常分布于山地的山坡和山脊,在山谷坡地和森林多由一些槭属、椴属、千金榆科植物构成。在这些阔叶林中,大部分属于华北植物区系,其次含有少数的华中区系成分,没有常绿阔叶乔木,有半常绿的橿子栎,潮湿的溪边有湖北枫杨。在高海拔的山地,含有常绿阔叶矮林灌丛,如河南杜鹃(*Rhododendron henanense*)、粉红杜鹃(Rh. *fargesii*),落叶灌丛有黄花柳(*Salix caprea*)、天目琼花(*Viburnum sargentii* var. *calvescens*)、华西银腊梅(*Potentilla arbuscula*)、多种绣线菊、小檗等西南区系成分。在低山区由于森林破坏殆尽,在目前比较难以恢复,迹地由耐干旱的白刺花(*Sophora davidii*)、荆条、酸枣等组成灌丛所取代。针叶林的分布面积不大,多在较高的山地,主要有油松林、华山松林、白皮松林、华北落叶松林和日本落叶松林,在黄土地带及低海拔的石灰岩土壤,常分布有较耐旱的侧柏林。渐次向南到豫西南、豫南丘陵和大别山、桐柏山地。本省西部及南部地区,在其北部有海拔1 500 ~2 000m天然屏障的伏牛山,受势力强盛蒙古高压影响较小,故江汉平原气候温暖湿润,水热资源丰富,为森林的生长发育提供了优厚的条件,植物种类逐渐增加。在不同海拔的山坡和山脊,形成以落叶阔叶林为主的栓皮栎林、锐齿槲栎林、栓皮栎麻栎混交林,其次有白桦林、山杨林、漆树林及化香、槭、椴、千金榆杂木林,另外还杂有常绿的粉红杜鹃、云锦杜鹃等,低山为栓皮栎麻栎混交林、油桐林。针叶林以华山松、油松和马尾松为主,在该区分布呈现由暖温带过渡到北亚热带的格局。油松林、华山松林分布在北亚热带常绿落叶阔叶林地带的北部,马尾松林则为本地的主要针叶林,高海拔山地分布有太白冷杉、云杉林和铁杉林,林下灌木有映山红、山胡椒、三桠乌药、箭竹、米面翁(*Ruckleya henryi*)、天目琼花、华桔竹(*Fargesia spathacea*)、橿子栎等。经济林主要为油桐林。

南部的豫南丘陵、大别山、桐柏山地,是河南省水热资源最丰富的地区,森林明显反映了北亚热带常绿林、落叶阔叶林地带性规律。阔叶林主要为栓皮栎林、麻栎林,林内有散生青冈(*Cyclobalanopsis glauca*)、小叶青冈(*Cy. myrsinaefolia*)、豹皮樟(*Litsea rotundifolia* var. *oblongifolia*)、山胡椒、宜昌润楠(*Macilus ichangensis*)、黑壳楠(*Lindera megaphylla*)、望春玉兰(*Magnolia biondii*)、紫玉兰(*M. liliflora*)、红淡(*Eurya ochnaoca*)、香果树(*Emmenopterys henryi*)、紫茎(*Stewartia sinensis*)、枫香(*Liquidanbar fomosana*)等。这些树种往往形成杂木林,在沟谷阴坡常见枫香小片林或枫香与栓皮栎混交林。针叶林主要有马尾松林、黄山松林、杉木林和小片的水杉林、柳杉林、池杉林。竹林在本地域比较普通,常见而面积较大的有毛竹林、桂竹林。林下灌木亚热带成分很多,常见的有白鹃梅、黄杜鹃(*Rhododendron molle*)、映山红、芫花木(*Lorpelelum chinensis*)、光叶海桐(*Pittosporum glabratum*)、山胡椒、三桠乌药、紫楠(*Phoebe sheareri*)、算盘子(*Glochidion puberum*)、枸骨(*Ilex cornuta*)、冬青(*I. purpurea*)、野桐和红茴香(*Illicium henryi*)等。这些树种在无林地也能形成灌丛。经济林在低山、丘陵地带多种植油茶林和油桐林。

总之,从森林植被的种类组成看,自北向南由简单逐渐复杂,由落叶阔叶树种逐渐过渡出现常绿阔叶树种。从森林的外貌结构看,自北向南也同样由简单逐渐复杂,灌木层层次明显,种类增多;乔木层混生的落叶树种出现了很多中亚热带种类,如枫香、小叶栎等;层外植物比较发达,如鸡矢藤、络石、海金沙等。从地带性森林类型看,自北向南依次出现落叶阔叶林、落叶含有常绿的阔叶混交林,其分布地带性规律明显,这与气候带分布规律基本一致。淮河流域以北,属暖温带季风气候区,地带性代表森林植被是落叶阔叶林。淮河以南属亚热带季风气候区,地带性代表森林植被是落叶含有常绿的阔叶混交林。河南省人烟稠密,土地久经开垦,人为活动影响极为深刻,森林受到反复的严重破坏,已支离破碎,但在个别局部地区,仍可见到有代表性的残存森林类型,因而有可能寻出其地带性分布的规律性。

### (二)森林的经度地带性分布

河南省东西占6个经度,东南部受季风的影响较大,森林亦多由一些喜温湿的华东区系成分形成各森林类型,针叶林为黄山松林、马尾松林、杉木林,阔叶林虽然仍以落叶栎林为主,但森林的组成成分则有一些要求水热条件较高的白栎(*Quercus fabri*)、青冈和一些樟科的植物。西部及西北部,水热条件较差,针叶树种主要有油松、华山松,阔叶林中没有喜温湿的华东区系成分,而林下的灌木含有西南、西北的区系成分,如琼花、箭竹、华桔竹、猬实等,同时尚有一些常绿灌丛,如粉红杜鹃矮曲林、河南杜鹃灌丛。

### (三)森林垂直地带性分布

地形的起伏直接影响气候和土壤。河南省森林植被的垂直分布,主要表现在随着山地的海拔升高,形成了不同海拔的水热条件差异;分布在山地丘陵上的森林植被,随着山体所处的地理位置、地貌、水热条件等的不同,相应地出现有规律的垂直地带性变化。因而,对于森林植被的垂直变化,仍然是以水平分布的纬度地带为基础,不同的山地丘陵上所表现的森林植被垂直分布规律,便有相应的差异。河南省由北向南,各山体所反映出来的垂直带谱类型是多种多样的,兹列举出几个有代表性山体的垂直带谱,以阐明其规律。

1. 太行山森林植被的垂直分布

河南省境内太行山森林植被可明显分出以下几个垂直带。

海拔1 800m以上:为华山松和山顶灌丛。

海拔1 800~1 000m:为锐齿槲栎林和华山松林,而华山松面积较小,仅分布于局部地区。

海拔1 000~600m:为栓皮栎林和油松林。

海拔600m以下:为分布于石灰质山地的侧柏林等,此带森林植被由于长期遭受严重破坏,水土流失严重,土壤薄而干旱,分布有大面积的耐干旱的荆条、酸枣、白羊草灌丛。

2. 伏牛山北坡森林植被的垂直分布

伏牛山北至伏牛山主峰的分水岭,与南召、西峡县为邻,西接西峡北部山地,西北与陕西省相接,北临外方山、熊耳山、崤山,北至黄土丘陵台地。本区由西南向东北,其森林植被自上而下垂直分布情况如下。

海拔2 400~2 200m:为亚高山灌丛、草甸,优势植物以常绿灌木臭枇杷(*Rhododendron soncinnam*)、照山白(Rh. *micranthum*)、松花竹及欧亚绣线菊(*Spiraea media*)、天目琼花、六道木等为主,零散分布有华山松及坚桦(*Betula chinensis*)等。

海拔2 200~1 800m:主要有以华山松为主的针叶林,在土层湿润的阴坡,有小面积太白冷杉林,典型的林下灌木有松花竹,草本有羊胡子草、地榆、山麦秸等。

海拔1 800~1 600m:分布着针叶林向阔叶林过渡的针阔混交林,如华山松与红桦(*Betula albo - sinensis*)或与锐齿栎、槲栎混交,局部地区有油松与锐齿栎、槲栎及枹树混交。

海拔1 600~1 200m:大面积生长着以锐齿栎、槲栎为主的落叶栎林。林下灌木以杭子梢(*Campylofropis macrocarpa*)、欧亚绣线菊、照山白、六道木等为主，草本以山萝花（*Mekamoyram roseum*）、鬼灯檠（*Rodgensia podophlla*）为主，是分布最广泛的森林类型。向下伸展到1 500～1 200m，锐齿栎及槲栎逐渐稀少，常常形成以栓皮栎、枹栎为主的栎林，混交山杨、槭、椴等林木。

海拔1 200～800m：多分布有栓皮栎萌芽林或以山杨、白桦及化香为主的杂木林，低山针叶林有油松林、侧柏疏林。山地沟谷土壤肥沃、大气湿润、避风，分布有以领春香（*Euptelea franelli*）、千金榆、五角枫（*Acer mono*）、白蜡（*Fraxinus* sp.）为主的阔叶杂木林。

海拔800m以下：主要为半旱生的灌丛及草本植被，如以黄栌、连翘、荆条、酸枣为主的灌丛，有时生长有灌丛状的栓皮栎、化香萌芽林。

3. 伏牛山南坡森林植被的垂直分布

山体位于北纬32°05′～33°06′，东经111°～111°3′，森林植被垂直分布情况如下。

海拔2 700～1 800m：在山顶或山坡常见有华山松纯林，但也有在海拔2 000m和巴山冷杉（*Abies fargesii*）、坚桦（*Betula chinensis*）、红桦（*Betula albo－sinensis*）等构成混交林，在海拔2 300m和油松、红豆杉（*Taxus chinensis*）、铁杉（*Tsuga chinenisi*）等混生。灌木草本层的植被种类很多，有天目琼花、欧亚绣线菊、灰栒子（*Cotoneaster acutifolius*）、袋花忍冬（*Lonicera saccata*）、悬钩子（*Rubus* sp.）等。草本以紫壳草、羊胡子草、水蒿、地芋等为最多。

海拔1 800～1 000m：以青冈为主的林分，林相整齐。层次结构为单层林，林木以槲栎（*Quercus aliena*）、小叶青冈（Cy. *myrsinaefolia*）为主。混生有栓皮栎（Q. *variabilis*）、枹栎（Q. *glandulifera*）、千金榆、山槐、化香、黄檀等，灌木草本有连翘、杜鹃、栒骨、杭子梢、胡枝子、葛藤、羊胡子草、菅草、苍术等。

海拔1 000～400m：主要有青冈林或杂木林经过反复砍伐以后而形成杂灌丛。树种主要有黄栌（*Cotinus coggygria*）、化香、栓皮栎、枹栎、大叶青冈、鹅耳枥、连翘、照山白、小叶丁香（*Syringa meyeri*）、栒骨、胡枝子、绣线菊、山挂牌条、山葡萄。林内草本常见有野菊花、苍术、柴胡、火艾（*Leontopodium japonicum*）等。

海拔 400 ~ 200m：为马尾松林，在林内混生有少数青冈、枹栎（*Q. glandulifera*）、麻栎（*Q. acutissima*）、栓皮栎、板栗、豆梨（*Pyrus calleryana*）、乌桕、响叶杨（*Populus adenopda*）、黄檀、黄楝等。灌木和草本以黄荆、野山楂、胡枝子、白茅草（*Imperata cylindrical*）、黄背菅草（*Themeda triandra*）、白草（*Bolhriochora ischaemum*）、鸡眼草（*Kummerowia striata*）等最为常见，对林地的保水保土起着重要作用。

本垂直带分布在 1 000 ~ 2 700m 高度的森林植被的界线比较明显，而 1 000m 以下由于长期受人为活动的影响，界线比较混乱而难以划分。

4. 大别山、桐柏山森林植被的垂直分布

大别山、桐柏山分别位于本省南部的东端和西端，最高峰为大别山的金岗台，其海拔为 1 584m。整个山体的森林植被分布可划分为三个垂直带，每个垂直带谱所含的森林类型都比上述各山地的相应垂直带更复杂多样，具有鲜明的北亚热带色彩。

海拔 1 000 ~ 800m：为黄山松林带，内含栓皮栎林、杉木林、柳杉林和毛竹林。

海拔 800 ~ 400m：多为栓皮栎林、马尾松林带，其中含有麻栎林、枫香林、杉木林和毛竹林。

海拔 400m 以下：为马尾松、杉木林带，其中含有油茶林、油桐林和桂竹林。

## 二、河南天然林资源现状和特点

### （一）河南省天然林资源现状

据 2003 年全国森林资源连续清查结果，全省天然林面积 109.19 万 $hm^2$，占全省森林面积的 40.40%。其中国有 11.29 万 $hm^2$，占 10.34%；集体 97.90 万 $hm^2$，占 89.66%。天然林面积中：林分面积 107.25 万 $hm^2$，占天然林面积的 98.22%；经济林面积 1.61 万 $hm^2$，占 1.48%；竹林面积 0.33 万 $hm^2$，占 0.30%。天然林蓄积 4 367.27 万 $m^3$，占全省森林蓄积的 51.96%。全省天然疏林地面积 3.70 $hm^2$，蓄积 26.59 万 $m^3$，分别占全省疏林地总面积、总蓄积的 40.97% 和 32.86%。

(1)天然林分按林种划分：用材林面积 33.22 万 $hm^2$，蓄积 883.81 万 $m^3$；防护林面积 64.67 万 $hm^2$，蓄积 2 850.07 万 $m^3$；薪炭林面积 1.78 万 $hm^2$，蓄积 0.96 万 $m^3$；特用林面积 7.58 万 $hm^2$，蓄积 632.43 万 $m^3$。图 3-1为天然林分各林种面积、蓄积构成。

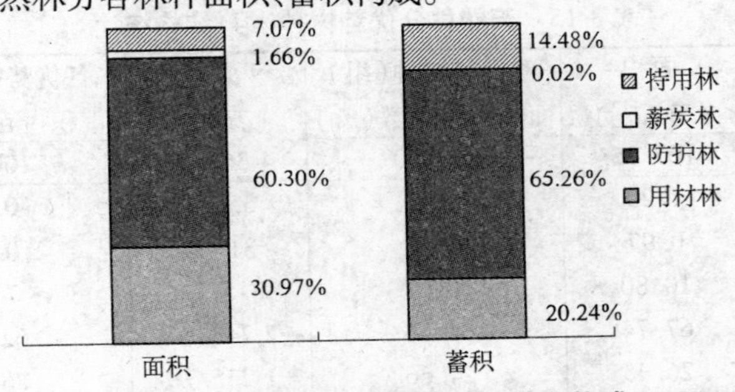


**图 3-1　天然林分各林种面积、蓄积构成**

(2)天然林分按龄组划分：幼龄林面积 78.88 万 $hm^2$，蓄积 2 274.97 万 $m^3$；中龄林面积 23.04 万 $hm^2$，蓄积 1 540.08 万 $m^3$；近熟林面积 3.55 万 $hm^2$，蓄积 354.16 万 $m^3$；成熟林面积 0.97 万 $hm^2$，蓄积 67.90 万 $m^3$；过熟林面积 0.81 万 $hm^2$，蓄积 130.16 万 $m^3$。图 3-2 为天然林分各龄组面积、蓄积构成。

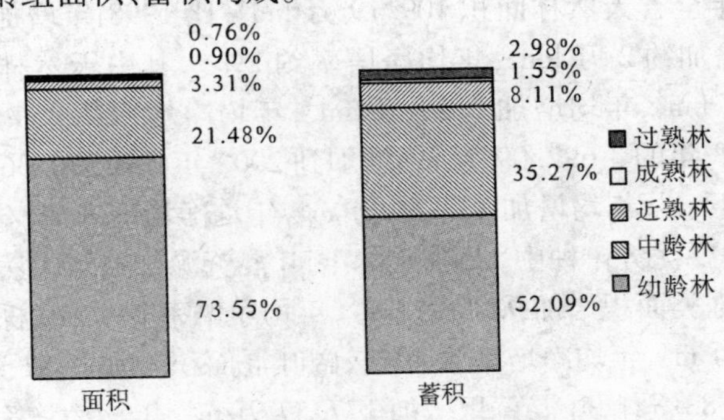


**图 3-2　天然林分各龄组面积、蓄积构成**

(3)天然林分按优势树种(组)划分：全省天然针叶林面积 13.06 万 $hm^2$，占天然林分面积的 12.18%，蓄积 382.63 万 $m^3$，占天然林分蓄积的8.76%；阔叶林面积94.19万$hm^2$，占天然林分面积的87.82%，蓄积3 984.64万$m^3$，占天然林分蓄积的91.24%。天然林分优势树种(组)结构统计见表3-15。

**表3-15　天然林分优势树种(组)结构统计**

| 优势树种 | 面积(万$hm^2$) | 各优势树种(组)面积占百分数(%) | 蓄积(万$m^3$) | 各优势树种(组)蓄积占百分数(%) |
|---|---|---|---|---|
| 合计 | 107.25 | 100.00 | 4 367.27 | 100.00 |
| 柏木 | 1.29 | 1.20 | 35.73 | 0.82 |
| 油松 | 0.97 | 0.91 | 31.66 | 0.72 |
| 马尾松 | 10.80 | 10.07 | 315.24 | 7.22 |
| 栎类 | 67.74 | 63.16 | 2 748.86 | 62.94 |
| 阔叶混 | 26.45 | 24.66 | 1 235.78 | 28.30 |

(4)天然林分按权属划分：天然林分面积、蓄积中，国有面积11.29万$hm^2$，蓄积770.74万$m^3$，分别占10.53%和17.65%；集体面积95.96万$hm^2$，蓄积3 596.53万$m^3$，分别占89.47%和82.35%。

**(二)河南省天然林资源的特征**

1. 天然林资源总量增加，但针叶林数量持续下降

2003年全省天然林面积109.19万$hm^2$，比1998年增加10.02万$hm^2$，年均增加约2万$hm^2$，年均净增率约2%。其中天然林分面积增加11.47万$hm^2$，年均增加2.29万$hm^2$，年均净增率2.25%。天然林蓄积由1998年的3 692.09万$m^3$增加到2003年的4 370.36万$m^3$，增加678.27万$m^3$，年均增加135.66万$m^3$，年均净增率3.37%。天然林分的三种主要优势树种中，天然栎类、阔叶混资源得益于天然林保护工程的实施，栎类面积增加9.39万$hm^2$，年均净增率2.98%，栎类蓄积增加545.02万$m^3$，年均净增率4.40%；阔叶混面积增加3.52万$hm^2$，年均净增率2.83%，阔叶混蓄积增加177.57万$m^3$，年均净增率3.09%。而天然林保护工程区外的天然马尾松林，由于过度采伐利用，林分面积下降1.12万$hm^2$，年均净减率2.02%，马尾松蓄积下降63.91万$m^3$，年均净减率3.68%(见表3-16)。

表 3-16　天然林林分三种主要优势树种变化动态

（单位：面积，万 $hm^2$；蓄积，万 $m^3$）

| 年度 | 栎类 | | 阔叶混 | | 马尾松 | |
|---|---|---|---|---|---|---|
| | 面积 | 蓄积 | 面积 | 蓄积 | 面积 | 蓄积 |
| 1993 | 57.54 | 2 228.07 | 22.89 | 1 009.88 | 15.49 | 416.02 |
| 1998 | 58.42 | 2 205.92 | 22.94 | 1 059.16 | 11.94 | 379.17 |
| 2003 | 67.81 | 2 750.94 | 26.46 | 1 236.73 | 10.82 | 315.26 |

2. 龄组结构不合理，但林种结构渐趋合理

2003 年全省天然林分中，中、幼龄林面积 101.92 万 $hm^2$，蓄积 3 815.05万 $m^3$，分别占天然林分面积、蓄积的 95.03% 和 87.36%，近、成、过熟林面积只有 5.33 万 $hm^2$，蓄积 552.22 万 $m^3$，仅分别占天然林分面积、蓄积的 4.97% 和 12.64%。中、幼龄林面积、蓄积所占比重虽比 1998 年时的中、幼龄林面积、蓄积分别占天然林分的 96.30% 和 89.63% 有所降低，但林分低龄化仍然严重。由于天然林保护工程区实行森林分类经营，重新调整林种结构，天然林分各林种中，防护林、特用林资源增加，用材林、薪炭林资源减少，林种结构不合理的问题得到一定程度解决（见表 3-17）。

表 3-17　天然林林种结构变化动态

（单位：面积，万 $hm^2$；蓄积，万 $m^3$）

| 年度 | 用材林 | | 防护林 | | 薪炭林 | | 特用林 | |
|---|---|---|---|---|---|---|---|---|
| | 面积 | 蓄积 | 面积 | 蓄积 | 面积 | 蓄积 | 面积 | 蓄积 |
| 2003 | 33.22 | 883.81 | 64.67 | 2 850.07 | 1.78 | 0.96 | 7.58 | 632.43 |
| 1998 | 59.77 | 1 990.19 | 28.83 | 1 455.64 | 4.19 | 10.48 | 3.08 | 235.78 |
| 差值 | -26.55 | -1 106.38 | 35.84 | 1 394.43 | -2.41 | -9.52 | 4.50 | 396.65 |

3. 经营管理粗放，生态功能降低

河南省天然林资源主要分布于豫西及豫西南的伏牛山、太行山等

大山区，处于主要河流的源头，生态区位相当重要，是全省生态公益林的重要组成部分，其在涵养水源、保持水土、抵御自然灾害、维护生态平衡、保护生物多样性和珍稀野生动植物等方面具有不可替代的作用。而河南省现有的天然林资源多属于屡经破坏后恢复起来的中、幼龄天然次生林，长期未能及时进行抚育管理，造成大面积林分密度过大，树高而纤细，成林不成材，有相当大一部分优劣不齐、疏密不均，生长衰退，降低了森林的综合效益。

# 第四章　河南省天然林保护工程

## 第一节　中国天然林保护工程简介

实施天然林资源保护工程(简称天保工程)是党中央、国务院从国民经济和社会可持续发展的战略高度,以对人类和中华民族高度负责的精神,作出的功在当代、利在千秋的战略决策。中国天然林保护工程不仅是我国迄今为止最大的生态环境建设工程,也是林业发展政策的一次质变,以及环境工程由增量建设跃迁到存量保护的质变。我国实施天然林保护工程,一方面是国内生态状况恶化、林区经济陷入困境,促使政府决策实施该项工程;另一方面是社会生产力加快发展,中国社会正处于体制深刻转换、结构深刻调整和社会深刻变革的历史时期,为适应生产方式变革,社会不断增长的多样化新需求,为更好地满足社会不断增加的对生态环境服务的需求,同时,也是我国经济经过持续20多年的快速增长,综合国力、财政转移支付能力显著增强,兑现世界环境与发展大会上的政治承诺,为公众提供更多的生态环境服务的标志。

### 一、实施天然林保护工程的背景

#### (一)生态状况恶化

新中国成立以来,由于当时特殊的社会经济发展形势的要求,加上林业经营思想的局限性,我国林业生产基本上是单一型的木材型经济,这不仅造成了森林资源的大量消耗和巨大浪费,也使得天然林资源遭受到巨大破坏。尽管从20世纪50年代起,老一辈科学家就十分重视森林资源的持续利用,注重森林资源的多效益运用,但由于时代背景(生产力发展水平、人民的生活条件等,尤其是特殊的历史条件)所限,我国的森林经营基本上是长期以木材生产为中心。至1996年,全国共生产木材 2 038 亿 $m^3$，年平均生产量从 20 世纪 50 年代的 2 026 万 $m^3$ 上升到 20 世纪 90 年代的 6 291 万 $m^3$，以每年约 100 万 $m^3$ 的速度在递增。相应地，其他非木材资源的损失更大。上述采伐量少部分来自新中国成立后营造的人工林或 20 世纪初以来形成的次生林，大部分来自于国有林区的原始天然林。国有林区木材产量一直占全国木材总产量的 1/2 ~ 1/3，仅在 20 世纪 80 年代森林面积就减少 21%，森林蓄积量下降 27%。国有林区是我国主要江河的发源地，新中国成立以来国有林区的采伐绝大多数是对原始天然林的采伐，消耗了我国主要江河发源地 3 000 多万 $hm^2$ 的原始森林。这些巨量的采伐，使得当初完整的原始天然林生态系统遭受到严重的破坏。

从第四次（1989 ~ 1993 年）全国森林资源清查结果来看，森林资源总量虽然有所增加，生长量大于消耗量，但与第三次（1984 ~ 1988 年）全国森林资源清查结果相比，用材林中成、过熟林蓄积量减少了约 2 亿 $m^3$，平均每年出现“赤字”为 5 473 万 $m^3$，成、过熟林面积减少了 1/3。我国重要木材生产基地东北、内蒙古林区的情况更为严重，可采伐的成熟林面积与新中国成立初期相比，减少了 66.3%，可采伐的成、过熟林蓄积量减少了 65%。到 1993 年，全国实际可采成、过熟林资源只剩下 14 亿 $m^3$ 左右。按每年 1.1 亿 $m^3$ 的消耗速度计算，目前已基本枯竭，而大量人工林中的中龄林将被提前采伐。由于长期以来抚育资金不足，大面积中、幼龄林不能及时抚育，林木生长较为缓慢，林分质量差，单位面积蓄积量低，森林面积下降的速度将更快，整个林业形势将更加严峻。

由于森林植被被严重破坏，雪线上升，林缘回退，森林蓄水能力越来越小，引发了严重的水土流失和水患。野生动植物栖息环境的恶化，导致生物多样性锐减。现有天然林，尤其是未经人为破坏的原始天然林，已完全退到了人迹罕至的偏远山区。

这种单一化的森林经营模式在经过一个比较长的时间积累后，逐渐形成了一种越来越强大的惯性：林业的发展、林区人民的生活、林农的生产都越来越多地依赖着木材生产，这种依赖的程度和速度明显地超过了森林本身的生长速度和生长量，使得森林资源破坏程度越来越严重,生态系统受到越来越严重的损害,并因此而引发了越来越多的、越来越严重的生态灾难。

我国是世界上生物多样性最丰富的国家之一,是世界八个作物起源中心之一,在世界生物多样性中占有重要的地位。随着天然林的大量消失,某些区域性生态系统急剧退化,自然灾害不断加剧,不仅破坏了物种栖息地,也加剧了物种的濒危和灭绝。

由于生态环境遭受自然和人为长期破坏的累积作用,我国林区的自然生态环境总体上已很脆弱,地区自然生态严重退化、恶化,且呈加剧趋势,已危及林区农牧民的生存和当地城镇和地方经济可持续发展。自然生态环境退化、恶化主要表现为以下几个方面。

1. 森林资源锐减,森林生态破坏严重

从20世纪50年代起长达40多年的大面积采伐,造成了森林资源的严重损失。由于缺乏及时和足够的营造林量,采育比例严重失调,森林年实际消耗量远大于生长量,造成森林覆盖率大幅度下降。如四川、云南两省第四次与第三次森林资源清查间隔期内,森林资源下降了7 186.3万$m^3$,年均减少1 432万$m^3$。在大渡河、雅砻江流域交通便利的地方,森林资源几乎枯竭。四川省道孚、白玉等地,森林覆盖率由新中国成立初期的43%下降到11%。在东北林区,黑龙江省森工局所属林区,1976~1986年,森林面积由715万$hm^2$下降到629 $hm^2$,平均每年减少8.5万$hm^2$,森林覆盖率由65.4%下降到57.3%,下降8.1个百分点,用材林中成、过熟林蓄积由5.7亿$m^3$猛降至2.3亿$m^3$。吉林省森工局所属林区,1975~1989年,森林面积由277.5万$hm^2$减少到258万$hm^2$,森林覆盖率由81.5%下降到74.5%,用材林中成、过熟林林分面积由150.3万$hm^2$锐减到52.8万$hm^2$,蓄积由3.03亿$m^3$减少到1.19亿$m^3$。大面积的过量砍伐,使得林区地表裸露严重,土地被侵蚀,大大降低了森林在蓄水保土、涵养水源、净化空气、保护生物多样性等方面的生态功能,加剧了自然灾害。

2. 大面积水土流失,土地资源被严重破坏

我国是世界上水土流失最严重的国家之一,水土流失面积大、分布广。1998年,我国有水土流失面积367万$km^2$,占整个国土面积的

38.2%。其中,水蚀面积179万$km^2$,风蚀188万$km^2$,水土流失的农耕地约4.9万$hm^2$,占耕地总面积的38%。20世纪80年代每年平均新增水土流失面积1.5万$km^2$,90年代平均每年新增1万$km^2$,流失的泥沙量超过了80年代。到2000年水土流失量在1998年的年流失50亿t的基础上增加20%~25%,形成三北地区、长江流域、珠江流域、淮河流域、沿海地区等几大水土流失区,成为这些地区可持续发展的严重障碍。据估计,长江上游流域水土流失面积从1957年的36.38万$km^2$上升到2001年的57.1万$km^2$,占流域总面积的50%左右。长江上游林区的水土流失地带主要集中于四川,尤其是两江一河(金沙江、雅砻江、大渡河)的高山峡谷区和川中丘陵地区。近年来,四川水土流失面积近20.5万$km^2$,约占全省总面积的41%;年土壤侵蚀总量9.5亿t,每平方千米年平均流失土壤4 754t;5°以上的坡耕地173.4万$hm^2$,每年土壤流失量约1.47万t,相当于每年减薄6.3mm厚的土层。大面积水土流失不仅破坏了土壤结构,减弱了土壤肥力,而且造成江河泥沙含量增多,河床升高,湖泊、水库淤塞,洪水泛滥,加大了自然灾害的发生频率和强度,给人民的生产、生活造成很大影响。

3. 生态系统严重破坏,生物多样性下降

人类活动使生态环境不断破坏和恶化,已成为我国最严重的环境问题之一。生态环境恶化主要表现在森林资源减少、草原退化、土壤荒漠化、水土流失、水质恶化、湖泊面积减少、自然灾害加剧等方面。森林是陆地生态系统的重要组成部分,是地球的"生命之肺"。我国属于世界上森林资源较少的国家之一,森林覆盖率只有世界平均水平的45%。现有原始森林主要分布在东北林区和西南林区;华东、华中及华南地区多为天然次生林和人工林;西北地区森林很少。近几年,虽然全国森林面积有所增加,但天然林和用材林中成、过熟林仍在减少。由于木材需求量不断增加,以及毁林开荒、森林火灾和森林病虫害频发等种种原因,我国森林生态系统受到严重威胁。我国每年因生态系统破坏造成农业、草原、森林和水资源等方面的经济损失达上千亿元。生态系统破坏的范围仍在扩大,程度仍在加剧,而且这种情况可能会长期存在,逐年加重。

由于森林采伐、荒地开垦、草原退化以及过度捕捞，大量动植物的生境逐渐减小或分解，种群数量减少甚至物种消失。我国的野生生物栖息地丧失率已达61%。据有关资料估计，我国野生动物约有4 000种处于濒危状态，占脊椎动物总数的7.7%。处于濒危状态的高等植物1 019种，占高等植物总数的3.4%。50多年来，约有200种植物灭绝。由于每个物种都是一个基因库，物种的迅速减少和生态系统的大规模破坏必将导致遗传多样性的急剧损失。我国长江上游干支流地区立体气候明显，物种资源丰富，高等植物种类约占全国总数的2/5，是我国植物类型丰富的地区，也是珍稀濒危植物种类较多的地区之一。仅四川省境内就有高等植物1 100多种，以及珙桐、苏铁等珍稀植物。该地区动物资源也十分丰富，有各种脊椎动物1 100多种，鸟、兽种类约占全国的5%，属国家级保护的珍稀动物，如大熊猫、金丝猴、白唇鹿数量居全国之首。由于长期的生态破坏和捕猎偷盗，该地区生物多样性受到严重破坏。据调查，目前林区约有5%的生物种类灭绝，有10%～20%的生物种类濒临灭绝。

4. 自然灾害暴发频繁，损失巨大

我国生态环境脆弱，是世界上自然灾害最频繁、最严重的国家之一。每年都有一些地区遭受多种自然灾害。这些灾害具有频次高、受灾面广、灾情重等特点。我国重大气象灾害，平均每年达25次之多，尤以洪涝、干旱为甚，且分布区域很广。我国有45%的国土属于干旱或半干旱地区，深受旱灾之苦。洪涝灾害的肆虐，给人民的生命财产及国家经济建设带来严重危害。特别是从20世纪80年代以来，洪涝灾害更有不断恶化趋势，我国长江、黄河、珠江、淮河等七大江河的水灾面积和成灾率都比20世纪60年代和70年代有所增加。1998年夏季我国发生的特大洪涝灾害，波及29个省(区、市)，造成受灾人口2.23亿人，死亡3 004人，农作物受灾面积0.21亿$hm^2$，直接经济损失达1 666亿元。

目前，一些地区生态环境恶化的趋势还没有得到有效遏制，生态环境破坏的范围在扩大，程度在加剧，危害在加重。其突出表现在以下方面：长江、黄河等大江大河源头的生态环境恶化呈加速趋势，沿江、沿海的重要湖泊、湿地日趋萎缩,特别是北方地区的江河断流、湖泊干涸、地下水位下降严重,加剧了洪涝灾害的危害和植被退化、土地沙化;草原地区的超载放牧、过度开垦和樵采,有林地、多林区的乱砍滥伐,致使林草植被遭到破坏,生态功能衰退,水土流失加剧;矿产资源的乱采滥挖,尤其是沿江、沿岸、沿坡的开发不当,导致崩塌、滑坡、泥石流、地面塌陷、沉降、海水倒灌等地质灾害频繁发生;全国野生动植物物种丰富区的面积不断减少,珍稀野生动植物栖息地环境恶化,珍贵药用野生植物数量锐减,生物资源总量下降;近岸海域污染严重,海洋渔业资源衰退,珊瑚礁、红树林遭到破坏,海岸侵蚀问题突出。

上述问题表明,我国生态环境状况正面临着严峻的形势。因此,调整林业经营思想和经营结构,保护我国仅存的天然林资源,使天然林群落的发展趋向于恢复到受破坏以前的原生群落类型,显得十分关键和迫切。

**(二)林区经济困境**

从我国 50 多年来的林业发展历史来看,林业经济的发展模式与天然林资源的利用模式存在着极大的相关性,森工企业的兴衰更是与天然林资源的利用方式和利用程度存在着极大的关联。

由于森林曾经被看成是“取之不尽、用之不竭”的大自然的恩赐,森林资源的使用当然就被认为是无偿的,国家对森工企业的投资方向基本以木材生产为中心,营林没有被列入国家计划。新中国成立以来,国家对林业实行低价调拨木材,木材价格以原木计价,只含木材的生产成本,不含森林资源培育成本和生态效益补偿费,木材价格很不合理。虽然进行了几次调价,但仍然没有按林价制度执行。如按调价前的标准计算,每生产销售 1$m^3$ 木材就要亏损至少 100 元。企业生产木材越多,亏损越大。

尽管我国很早就提出了以营林为基础的林业建设基本方针,但长期以来这个方针并没有得到森工企业的有效贯彻落实,重采轻育的问题一直没有得到解决。如 1988 年国家对吉林省森工企业投资总额为 8 806 万元,其中木材生产和木材加工达 7 491 万元,约占总投资的 85%,而营林项目几乎没有体现。从木材销售中提取的育林基金只能维持粗放的营林生产，难以使过伐的森林资源得到应有的补偿。营林投资一直不足，管理不善，使得森工企业更新造林粗放，中、幼龄林抚育和低质低效林改造不及时。新中国成立以来营造的人工林保存面积占有林地面积的比重很小，可供利用的人工林资源很少，造成了天然用材林中成、过熟林被过度消耗，并进而引发森林资源危机。

20 世纪 50 年代到 60 年代，我国开始大规模开采天然林、开发国有林区，并正式成立了森林工业管理局，重点是开发东北、内蒙古和西南林区。四川首先在森林集中的岷江上游开发，并相继开发大渡河林区。20 世纪 60 年代，由于国家大规模"三线"建设的需要，对金沙江、雅砻江林区进行全面开发，并将 2.3 万人迁往西南。20 世纪 70 年代到 80 年代初期，随着经济发展和社会进步，对木材的需求量也不断增加，新的森工局不断应运而生。到现在为止，国有林区有 135 个大型采运企业，并有木材加工、木材制浆造纸、林产化工、林业机械、建筑材料、电力工业、运输和多种经营等不同类型的企业 426 个，构成了相对独立的森工体系，拥有职工 150 万人。

我国国有森工企业主要分布在黑龙江、吉林、内蒙古等 9 个省（自治区）。截至 1996 年，国家对全国国有森工企业累计投资 155 亿元。这些企业上缴国家利税 170 多亿元，并为国家提供商品木材 10 多亿 $m^3$，完成更新造林 1 137 万 $hm^2$，培育人工林 418 万 $hm^2$。但由于受计划经济下长期形成的传统企业管理模式的影响，森工企业缺乏健全合理的机制，历史欠账多。截至 1997 年第三季度末，国有森工企业的亏损额增加到了 6.6 亿元。

国有林区一直是国家的木材生产基地和林副产品生产基地，新中国成立以来为国民经济发展和社会进步作出了重大贡献。尤其是东北、内蒙古林区，仅黑龙江省就长期承担着全国 1/4～1/3 的木材生产任务，1977 年更是达到了 1/2。国家长期计划下达的木材生产任务超过了森林资源的承受能力，如国家在开发东北国有林区时，基本是按照采掘业的做法，即不顾资源的更新能力大量砍伐森林，大木头挂帅，重取轻予。吉林省自 20 世纪 60 年代初以来，30 年中有 25 年过伐，1976～1989年连续计划内过伐超采森林资源 3 237 万 $m^3$，年均超采

231 万 $m^3$;黑龙江省国有森工林区 1976 ~ 1986 年森林总消耗量为 36 171万 $m^3$,超过生长量(18 438 万 $m^3$)的 96.2%,其中计划内消耗占 51%,略高于同期森林生长量,计划外消耗占 49%。计划外消耗主要有林区居民烧柴、企业生产自用发展多种经营原料,以及计划外超采、生产中的浪费和乱砍盗伐等。计划内过伐和计划外大量消耗是造成林区森林资源危机的主要原因。

与此同时,森工企业长期以来单一的木材经济导致其产业结构极不合理,产品种类单一,综合开发能力不强,市场竞争能力弱。在这种单一的、不合理的林区经济结构下,一旦森林资源跟不上,企业的生存和发展就随时会受到影响,森工企业很难摆脱因森林资源危机而经济效益越来越差的困难局面。目前,森工企业的经济效益主要来自木材产品,产值约占企业总产值的4/5。如黑龙江省大兴安岭林区 1994 年全局森工采运产值占总产值的 63.3%,林产工业产值占 16.2%,多种经营产值占 13.1%,营林产值占 7.4%。因此,调减木材产量对企业经济效益影响很大。同时,市场因素的各种难以避免的变化也很容易对国有林区的经济效益产生影响,这是产业结构单一的必然结果。

从 20 世纪 80 年代后期到 90 年代,大量无限制的采伐使得森林资源的“赤字”越来越严重,许多森工企业几乎无林可采。资源危机及其所引起的经济危困使得越来越多的森工企业走向十分困难的境地。

为了提升产业结构,近 10 年来国有林区也采取了一系列措施,包括自筹资金、组织考察、聘请专家和培训人才等,但林产工业仍然无法摆脱陷入全面亏损的困境,不是借助林产工业拉动林业生产,而是要依靠木材生产中的利润弥补林产工业的亏损。出现这种情况的原因是多方面的,其中最主要的原因是规模不经济及体制缺乏效率和创新。

林区的第一批林产工业企业,如小造纸厂、小人造板厂,是在 20 世纪 60 ~ 70 年代强调提高“三剩”利用率的大背景下发展起来的。由于当时实行计划经济体制,木材产品又严重短缺,企业规模不经济的缺陷并没有暴露。随着市场化改革的不断深化和木材产品短缺的不断缓解,规模不经济的先天不足逐渐凸显。林区的第二批林产工业企业是在 20 世纪 80 年代初期企业自主权不断扩大和价格实行双轨制的大背景下发展起来的。由于当时谁能得到计划体制外的木材加工权,谁就能得到制度租金,因此大量制度租金的存在使企业在配置资源时忽略了对规模经济的关注。随着改革的深化,制度租金逐渐消失,这批企业规模不经济、缺乏市场竞争力的先天不足也逐渐暴露出来。林区的第三批林产工业企业是在20世纪90年代初国内林产品市场尚未步入国际化轨道的大背景下筹划的,此时兴建的国有林产工业企业就规模经济和科技含量而言,在国内是完全有竞争力的。随着我国对外开放力度的不断扩大,这些企业确实受到进口林产品的冲击,但原有的管理机制缺乏应对市场的活力、两危局面不断加剧、各种原来的包袱逐渐加重等多种原因交错作用,造成了企业竞争力逐渐下降。

为了帮助森工企业走出困境,国家给予了许多优惠政策和经济扶持:从1986年起,国务院实施"调减林区木材产量、实行限额采伐"的制度,曾三次提高国家统配木材价格,从1986年的96元/$m^3$提高到1993年的281.5元/$m^3$;木材统配量从1986年的2 165万$m^3$降到1993年的550万$m^3$;减免原木产品税收,提高育林资金比例,增加森工企业多种经营贴息贷款等。但多年来所积累的经济和社会矛盾,以及这些矛盾所加剧的林区资源困境、经济发展困境和社会问题等,使得这些政策所形成的力量和效果极其微弱,加上森林质量越来越差,生产成本逐渐提高,经济效益逐渐下降,大部分企业处于重重困难之中。

在经过了长时期的过量采伐后,可采资源越来越少。由于成熟林面积、蓄积下降,森林质量也同时下降,森林生产力不高,后续资源跟不上。森林资源是森工企业扩大再生产的物质基础,森林资源的危机严重威胁着林业扩大再生产的能力。企业为了生存和发展不得不在有限的森林资源上再做文章。同时,企业因经济效益下降无法为营林积累必要的资金,就不能培育足够的后备资源,因而就容易陷入"越采越少,越少越采"的资源萎缩和林业再生产能力下降的恶性循环之中。林业市场能力的下降减少了对已经形成规模的木材加工企业的原料供应量,使得这些企业的生产设备闲置、人员安排困难,给林业经济发展和社会进步增加了不稳定因素,这又进一步加剧了对森林资源的破坏。

另外,由于可采资源的可及条件下降,作业条件越来越差,加上生产资料价格的不断上涨，导致木材生产成本成倍提高。如吉林森工企业20世纪50年代初每立方米木材采、集、运、储生产成本不到20元，到20世纪80年代末已达每立方米109元，提高了4倍多。资金利用率1957年为28%，1989年仅为8%。由于资金不足，加上国家投入不足，森工企业基础建设相应不足，造成了对已建林场的集中过伐，并给森林资源培育、设备更新、职工生活条件的改善造成很多欠账。这些欠账的形成，经常就在应用于生产的投入中支出。森工企业除正常的生产性支出以外，还需要办好文教、卫生、公检法等本应由国家和社会承办的事业，再加上逐年增多的离退休人员工资、福利等，使得非生产性支出过大。如1989年吉林省森工企业营业外支出达1.57亿元，约占销售利润的50%。越来越重的企业负担，严重束缚了企业自身的发展。

1995年，党的十四届五中全会强调必须加快经济增长方式的转变。此后，我国林业部门也采取了一些措施，但由于长期以来人们在思想观念上和认识上存在着偏差，导致行动上滞后，使得我国林业经济体制转变的步伐远远落后于其他部门。林业企业改革大多是对旧体制细枝末节的修改，涉及的大多是政府管理企业的具体形式，没有打破传统计划经济体制下政府直接控制林业企业的基本框架，粗放型的经济增长方式长期在我国林业经济中占据主导地位，林业经济增长缺乏活力。

长期以来，由于存在着严重的政企不分的问题，企业承担了部分政府的职能，而政府扮演了部分企业的角色。林业行政主管部门代替所属企业追逐经济利益，主管部门的领导以所属林业企业经济增长速度的快慢作为自身政绩大小的标志，从而使企业具有强烈的重数量、轻效益的倾向。这种倾向直接刺激了企业的扩张冲动，导致了林业经济的粗放型增长。由于政企不分，导致了企业办社会的局面。我国大多数国有林业企业，尤其是那些大中型森工企业，与其说是一个生产经营单位，不如说是一个小社会，几乎包括了一个人生、老、病、死各个阶段所需的社会机构，成为典型的企业社区单位。企业办社会，使作为林业生产经营主体的林业企业要承担本应由社会负责的诸如医疗、住房、教育等方面的服务，这对市场经济体制下的企业来说简直是不可思议的。

企业办社会,使厂长(经理)忙于应付日常的琐碎事务,难以集中精力去搞好企业的生产经营和促进科技进步,也使得林业企业有限的资金分散使用,无法集中必要的资金用于技术改造,从而难以提高投入要素的使用效率,这是导致我国林业经济粗放型增长方式的一个重要原因。由于政企不分,政府主管部门往往给予林业企业种种保护,无论企业多么缺乏市场竞争力,亏损多么大,政府有关部门总会想方设法使其得以延续,企业投资利用资源的预算约束总是软化,企业总会在资源上进行盲目扩张。正是这种传统体制下的软预算约束造成了各个林业企业之间争项目、争资金,各个企业都有强烈的膨胀欲望,从而导致了粗放型增长。也正是由于政企不分,政府对林业企业供、产、销各个环节都加以干预,企业缺乏生产经营的自主权,无法根据市场需求对日常生产经营活动加以调整,林业企业几乎成为行政机关的附属物,失去了追求经济效益的内在动力。

改革开放以来,我国国有林区以木材为主的林产品市场已初步形成,基本上解决了过去计划经济体制下形成的人为压低林产品价格的问题。在南方集体林区,从总体上来说,以木材为主的林产品市场已有所发展,市场已在一定程度上发挥作用,但其影响范围是局部的、有限的,与社会主义市场经济体制的内在要求相距甚远。而作为林业市场重要组成部分的林业生产要素市场,则无论是南方集体林区,还是北方国有林区,形势都不容乐观,林业生产要素市场还未真正形成。

**(三)适应林业可持续发展的需要**

我国森林资源绝对总量相对可观,有林地面积和森林蓄积分别列世界第 5 位和第 8 位。但相对于国土面积和人口拥有量却很少,我国森林覆盖率列世界第 111 位;人均拥有森林面积和蓄积分别列世界第 119 位和第 160 位。如此贫乏的森林资源,加之地理分布不均,整体功能不强,既难以满足占世界 22% 人口的生产和生活需要,也难以维护占世界 7% 国土生态环境的需要。

虽然最近几十年来我国一直在强调森林永续利用和林产品的持续产出,但天然林区,特别是最主要的东北和西南国有林区,实际上并没有摆脱“越采越穷、越穷越采”,以及可采成、过熟林资源越来越少的局面。一方面，天然林资源的急剧减少，造成了生态环境恶化，水土流失加剧、自然灾害频繁、濒危物种增多等一系列问题；另一方面，我国实行改革开发政策以来，实现了持续 20 多年的经济快速增长，居民的收入水平和需求结构都发生了很大的变化，其中最为显著的一个变化是越来越多的人希望享用质量更高的生态环境。为了解决这两种变化趋势之间的冲突，不可能对居民的需求置之不理，而只能从改善生态环境入手。

综观世界林业发展史，是从单效益林业向多效益林业转变的过程。这一过程既反映了人类社会生产力不断提高，林业自身地位和作用的转移，也是对人类社会取向的适应。在世界各国工业化的过程中，对木材的需求和林业的低经济效益，使林业变成工业化的附属产业，把森林资源视为廉价的生产资料，致使林业遭到了严重的破坏。直到以森林为主体的陆地生态环境不断恶化，对人类社会发展已构成了威胁，才使森林资源的生态效益越来越受到重视。20 世纪 70 年代，世界各国悄然兴起一场“林业的绿色革命”。尤其是北美和欧洲等林业先进国家，率先提出新的森林经营管理模式，如“新林业”、“近自然林业”、“可持续林业”等。这些新观念最显著的特点是把所有的森林资源视为一个不可分割的整体，不但生产林产品，更强调森林的生态效益和社会效益。因此，在林业生产实践中，主张把生产和保护融为一体，以真正满足社会对木材等林产品的需要，同时满足对生态环境和保护生物多样性的需要。这些理论正向以木材作为永续利用方向的传统林业提出挑战，预示着林业将发生一场新的革命。

世界环境与发展大会通过的《关于森林问题的原则声明》，充分肯定了森林在维护和改善生态环境中不可替代的重要作用。世界大多数国家及地区政府在“森林是各部门经济发展和维持所有生物所必不可少的”，“应认识到各种森林在地方、国家、区域和全球维护生态过程与平衡的重要作用，特别是包括在保护脆弱生态系统、水域和淡水资源方面的作用，森林作为生物多样性和生物资源的丰富仓库，以及用来生产生物技术产品的遗传物质和光合作用的来源”，“环境与发展应强调主权国家的权利和义务”上达成了共识，为森林可持续经营和林业可持续发展提供了国际政治的保证。

保护森林资源是实现全球森林合理经营的关键,维护森林资源价值的核心是其可持续性,可持续经营思想是一切森林经营战略的核心。世界环境与发展大会以来,国际上几个地区和国家集团先后采取了一些重大行动,制订了一批森林可持续经营的标准和指标方案,如《国际热带木材组织进程》、《赫尔辛基进程》、《蒙特利尔行动》、《亚马孙进程》等。无论发达国家,还是发展中国家,都在为实施森林可持续经营而努力。目前,凡被认为非持续经营下的林产品,都不得进入国家市场。国际贸易已迫使各国在近期内实施森林可持续经营。

## 二、实施天然林保护工程的重要性

大规模生态保护和建设的开始,不仅是我国可持续发展战略大规模实施的政府行动的展开,更是我国林业五大转变的发轫,标志着我国林业逐渐走上了可持续发展道路。

实施天保工程(即天然林保护工程)是党中央、国务院高瞻远瞩、总揽全局、面向新世纪作出的重大战略决策,意义十分重大:第一,实施天保工程是建设祖国秀美山川的一项战略性工程。第二,实施天保工程是根治江河水患、改善我国生态环境的重大举措。天然林是生态功能最完善、最强大的森林,对防治水土流失、遏制土地沙化、减轻自然灾害具有十分关键的作用。实施天保工程,减少森林资源消耗,大力营造新的森林,加快恢复林草植被,可从根本上改善我国特别是西部地区的生态环境,为国民经济持续健康发展和实施西部大开发奠定良好的生态基础。第三,实施天保工程是西部大开发中最经济、有效和快捷的生态保护与建设之路,对加快西部地区脱贫致富,实现全国的均衡协调发展具有战略意义。第四,实施天保工程对改善农业生产条件,促进农业可持续发展,实现粮食生产的良性循环具有重要作用。第五,中国经济要保持快速增长的势头,必须有更多的资源作为支撑。实施天保工程,就是增加森林资源,提高林产品的有效供给,满足国家建设和人民生活的需要,使林农职工生活不断改善。这对于优化农村产业结构,繁荣林区经济,实现农民增收、职工增收,推动区域经济协调发展,促进整个国民经济和社会进步,都具有十分重要的意义。

随着社会进步和现代文明的发展,森林问题已经成为一个国际性的问题。据联合国粮食与农业组织评估,全世界森林面积的减少主要发生在20世纪50年代以后,目前全球的原始森林80%已遭到破坏,剩下的原始森林不是支离破碎,就是残次退化,而且分布不均,难以支撑人类文明的大厦。森林面积的减少,直接导致了土地荒漠化、水土流失严重、水资源短缺、旱涝灾害频繁、野生动植物大量减少、温室效应加剧等一系列生态危机,构成了全球的战略性威胁。正因为如此,世界各国已普遍关注森林,把保护天然林作为可持续发展的重要战略。泰国在1988年南部地区暴发洪灾后,就决定从1989年1月起,在全国范围内停止天然林商业性采伐。随后斯里兰卡、印度、尼泊尔、新西兰、菲律宾、澳大利亚等许多国家或地区,也部分或全面停止了天然林采伐,保护天然林已成为当今世界的共识。我国宣布实施天保工程,国际社会十分关注,并给予了很高评价。实施好天保工程是一项长期而艰巨的任务,直接关系到中华民族生存与发展的长远大计。

随着我国经济的发展和社会的进步,人们对天然林重要作用的认识在不断全面和深化。我国的天然林资源有57%左右分布于大江大河源头和重要山脉核心地带等重点地区,在我国的生态系统中占有非常重要的地位。因此,保护天然林就是保护和促进我国的可持续发展。同时,由于这些地区大部分都是经济发展和社会进步水平比较低的地区,因此利用非市场性的、带有强制力的国家力量实施天然林保护,对调整这些地区的经济结构、提高地区经济的自我发展能力和地方居民自我生存能力具有很大的促进作用,是对公平和效率合理组合的一种追求。

我国69%的国土是山区,56%的人口分布在山区。山区拥有丰富的天然林资源,天然林蓄积量占全国的80%,天然林面积占全国的90%。可以认为,山区发展的潜力在山,希望在林。以积极保护和合理综合利用为原则、以天然林为依托对象,大力开展以林为主的山区综合开发,是促进山区经济发展,增加群众收入,加快山区脱贫致富进程,实现我国国民经济整体发展和社会进步目标的重要措施。

因此,实施天保工程,应以国家注入大量资金的形式引导林区调整产业结构,使这些地区逐步摆脱困境,并提高自我发展能力。同时,通过发展多种转产项目以促进富余人员就业、进行生态移民等多种手段,逐渐提高这些地区群众的生存能力和生活水平。天然林保护不仅对我国的生态保护和建设具有重要意义,而且对我国可持续发展所要求的公平与效率也具有重要的促进作用。

国有林区是我国林业的主体,既是国家主要的木材与林产品生产基地,又是维护自然生态平衡的重要生态屏障。由于长期以来忽视了林区重要的生态效能和社会效能及在可持续发展中的重要作用,违背林业的自然规律和经济规律,过度开采利用天然林资源,使林区资源、经济、人口、社会之间的矛盾日益突出,导致资源危机、经济危困、生态环境恶化,林业可持续发展的基础已遭到严重破坏。为此,实施天然林保护工程,大规模调减天然林采伐量,分流林区富余人员,发展替代产业,是利在当代、功在千秋的大工程。

现阶段在国有林区实施天然林保护工程主要有三大作用:第一,给国有林区走出困境带来了难得的机遇,在企业面临市场与资源保护双重压力的情况下,使国有林区看到了步入良性发展轨道的希望;第二,有利于优化全国林业布局,促进国有林区进行战略性调整,发展区域经济和主导产业;第三,给森工企业的深入改革带来了动力。天保工程实施过程中,国有森工企业应按照现代企业制度的要求,建立归属清晰、权责明确、保护严格、流转顺畅的现代产权制度,大力推进和催化国有森工企业的变革。

保护天然林至少可以获得一举两得的收益——保护我国的生态环境和促进国有林区朝现代林业方向发展。由于国有林区天然林可采资源的逐渐枯竭,国有林区的经济发展遇到困难,实施天保工程可以逐渐改变国有林区的单一型发展模式,在合理布局、优化结构、分类经营的前提下,引导国有林区朝多功能利用的现代林业方向发展,以摆脱对资源的过度依赖,并逐渐增强国有林区的自我发展能力。同时,实施天保工程可以改变不科学、不合理的资源利用方式,使生态环境脆弱区域的天然林资源得到有效保护,对遏制我国生态环境恶化的趋势、提高我国生态环境质量具有很大的作用。

## 三、实施天然林保护工程的理论基础

森林是陆地表面上十分重要而又非常复杂的一类生态系统，具有生产资源和发挥公益效能的双重性。天然林保护工程的核心任务是保护数量不多的天然林资源。对天然林应采取积极保护措施，为了更好地保护和管理好现有的天然林资源，加速后备森林资源的培育，实现林区社会的可持续发展，有必要深入了解和掌握有关的理论基础。

### （一）森林生态系统理论

森林生态系统是指在一定地段上，森林与环境构成的综合体。森林中的生物之间、生物与环境之间相互作用、相互影响、协同演化。系统就是由许多部分所组成的整体，所以系统的概念就是要强调整体，强调整体是由相互制约的各个部分所组成的（钱学森，1982）。

#### 1. 森林生态系统的整体性原理

森林生态系统是以木本植物为主题，由生物群落与环境共同组成的系统。该系统的生产者、消费者、分解者与环境等组成部分构成了一个密不可分的整体。这些组成成分之间是通过相互作用联系在一起的。在森林发育过程中，系统的整体性保证了森林的健康和稳定发展。

系统的整体性亦指系统大于部分。对于森林生态系统而言，森林的整体功能与效益大于任何组成部分的功能与效益，而且也不是各部分功能与效益的简单加和。

生态系统的整体性原理，是天然林保护以及大自然保护的重要理论基础。第一，森林中的生物与环境之间是相互影响的，要保护森林环境必须保护其生物组成部分，反之亦然。第二，生态系统中那些起主要作用的物种（如森林乔木层的优势种和建群种），是维持系统整体性的关键种，因此在管理和利用生态系统资源时必须注意保护这些物种。第三，生态系统中的生物之间是相互作用的，它们互为环境。特别是森林植物与动物之间的关系更是如此。要保护森林中的珍稀野生动物，只有保护好森林的建群树种种群，这样才能保护好它们的生存环境。温带针阔混交林中的建群种——红松，经过反复采伐和破坏，资源日益枯竭,致使与其相生相伴的东北虎几乎在这片家园中绝迹。第四,森林生态系统的生态平衡就是森林整体性的具体表现,生态失衡就是整体功能的失调。发育良好、未经破坏的天然林生态系统,无论是对系统内还是对系统间生态平衡的维护都是最佳的。

2. 森林生态系统的开放性原理

森林生态系统是一个开放的系统,它不断地与外界环境进行物质、能量、信息的交换。生态系统向环境系统开放,是其演化的前提,也是其得以生存的条件。生态系统的开放是指对环境的开放。然而,由下面要讨论的生态系统层次性理论可知,环境是相对的,因此这也意味着系统内部低层次向高层次的开放。

由于森林生态系统是开放的,其结构与功能的关系也就成为了现实的关系。结构决定功能,功能又反作用于结构。结构与功能是互相联系、互相制约的辩证关系。某一生态系统的功能体现在与其他生态系统的作用上。封闭系统是没有功能的。

森林生态系统开放性原理告诉我们,森林的各组成部分互为环境,在利用资源时必须注意它们之间的输入与输出关系。生态系统之间又互为环境,相互影响、相互制约。在利用与管理森林资源时,必须注意森林之间以及森林与其他生态系统之间的关系,维护区域生态平衡和稳定性。

3. 森林生态系统的稳定性原理

森林生态系统作为一个开放系统,在外界作用下具有一定的自我稳定能力,能够在一定范围内进行自我调节,从而保持和恢复原来的有序状态,以及原有的结构与功能,即稳定性。生态系统稳定性是一个十分复杂的问题。稳定性往往与复杂性联系在一起。

Elton(1958)注意到人类对于自然环境的破坏所带来的危险性。他指出,生态系统过于简化之后会变得不稳定,其结果会提高种群的不稳定性,致使种群灭绝。早期的理论研究结论是复杂系统较为稳定。但是,后来却提出了完全相反的结论。现在看来,矛盾结论的症结在于稳定性、复杂性都有不同的概念,并且对于描述系统的稳定性又有形形色色的参数或变量。

理论研究与争论可能是没有止境的,但是森林所拥有的稳定性特征却是不可否认的。在一定的采伐限额之内,森林自身通过自组织是可以逐步恢复到原有的稳定状态的。森林适宜的采伐量就是其生长量。如果采伐量过大或者进行大面积皆伐,就会使森林生态系统的结构彻底瓦解,恢复到原有的状态就很难甚至是不可能的。这时,森林也就失去了应有的功能及效益。

4. 森林生态系统的层次性原理

包括森林在内的任何一种系统都具有层次性,即反映有质的差异的系统等级或系统中的等级差异性,这是系统的一种特征。系统的层次性原理指的是,由于组成系统的诸要素的种种差异,包括结合方式上的差异,从而使系统组织在地位与作用、结构与功能上表现出等级秩序性,形成了具有质的差异的系统等级(魏宏森等,1995)。

生态系统的层次性特征在生态学上称为系统等级特征。生态系统是由诸多要素组成的,每一要素又是由低一级的要素组成的。就生态系统本身而论,它又是更高一级的组成要素。组成生物圈的各类、各等级的生态系统犹如套箱,系统与要素、高层次系统与低层次系统具有相对性。高层次系统与低层次系统之间的关系是整体与部分、系统与要素之间的关系。生态系统的不同层次,会发挥不同层次的系统功能。

地球上的生物圈可以说是最大的生态系统,是由多层生态系统为元素所组成的等级系统。在保护和利用生物圈生态系统时,必须充分注意其层次性,即等级性。系统层次性原理告诉我们,生态系统内部的各个组成部分是有层次的,每个层次都有其自身的功能;任何一个生态系统都是上一级生态系统的组成要素,因此要注意维持生态系统之间的联系性。

5. 森林生态系统的自组织原理

生态系统时时都处于自我运动、自发形成结构与自我演化之中。系统自组织表示系统的运动是自发的、不受外来干预而进行的。自发运动是以系统内因为基础、以系统的环境为条件,系统内部以及系统与环境交叉作用的结果。

一个开放系统,在内外两方面因素的复杂非线性相互作用下,内部要素的涨落可能得以放大，从而在系统中产生更大范围的更强烈影响，自发组织起来，使系统从无序到有序，从低级有序到高级有序，这就是系统的自组织理论。

对于认识系统的自组织，有一系列的理论，如一般系统论、控制论和信息论，以及耗散结构理论、协同论、超循环理论、突变论、混沌学和分形学等。沈小峰等(1993)通过对系统自组织理论研究总结出，充分开放是自组织演化的前提条件，非线性相互作用是自组织演化的内在动力，涨落成为系统自组织演化的原始成因，循环是系统自组织演化的自组织形式，相变和分叉体现了系统自组织演化方式的多样性，混沌和分形揭示了从简单到复杂系统自组织演化的图景。

了解系统自组织理论，对森林的经营与保护有什么指导意义呢？首先，森林生态系统是一个高度自组织的系统。在无强大外力干扰的情况下，森林会向着结构复杂、系统稳定的方向发展，即通过自组织由低级有序向着高级有序状态演化。森林的进展演替机制也就在于此。达到高度有序、稳定状态的生态系统，其生态效益、经济效益与社会效益都是最优的。其次，天然林在受到轻度干扰之后，系统会通过自组织逐渐恢复到高度有序状态。这是森林利用与恢复的理论基础，也是人工林培育的理论依据。

6. 森林景观生态学原则

按照系统的层次性原理，森林景观也是生态系统。但是，在生态学研究上，景观被理解为高于生态系统的一个组织水平。景观不同于生态系统之处在于，景观包括了高度异质的组成元素，如森林、农田、沼泽、河川等。研究景观的起源、形态与功能，属于景观生态学范畴。

景观是由景观元素组成的。景观元素包括：①与周围群落结构或组成具有明显区别的动植物群落，即斑块；②连接斑块的通道，即廊道；③斑块与廊道分布的基质。

景观上各种元素具有一定的空间分布模式，而且具有一定的关联性。景观元素之间始终具有能量、物质、信息及物种的流动与交换。

森林景观生态学原理在实践上的应用具有十分重要的指导意义。这一原理告诉我们，在区域经济发展与资源开发利用过程中，必须从全局与整体角度出发。对于森林生态系统的保护与利用,就要把森林与其他生态系统联系起来,千万不能孤立地对待森林问题。

7. 森林生态系统管理

这里概括地论述了生态系统特别是森林生态系统的基本原理及其在天然林保护与经营、资源利用与开发、区域资源管理等方面的应用。

实施天然林保护工程过程中,应如何对现有的天然林进行保护和管理呢? 综合前面的观点和理论基础,天然林保护工程应该采取"集水区经营,生态系统管理"的措施。只有这样,天然林才能得到有效的保护,资源才能得到快速的恢复,森林的质量才能得到不断的提高。

森林生态系统管理具有十分广泛的内涵,其主要有:①对森林建群种或共建种(乔木)的利用强度的确定,以不影响整个系统循环为宜;②森林木材资源的收获要与野生动物保护结合起来;③要经营好林中的倒木资源,保护某些消费者和分解者的栖息地与食物、能量来源;④提高木材和森林的利用率,以减少对木材需求量的压力;⑤经营与管理好灌木和地被层资源,因为它们在生态系统养分元素(特别是微量元素)循环中起到关键作用;⑥保护好生态系统的完整结构,维护系统的生物多样性与稳定性,最大限度地发挥森林的公益效能。

**(二)森林公益论**

森林生态系统具有独特的物种组成结构、时空组织结构、动态变化规律,以及对区域环境的巨大影响,因此在生物圈中所起到的作用是十分广泛的。森林除具有巨大的经济效益之外,还具有其他生态系统无法比拟的社会公益功能。

1. 森林公益性功能与机制

1)森林公益性功能

森林公益性功能是指森林对自然环境与人工环境的影响和改善功能。从森林的多效益观点看,森林资源可以划分为生产资源、环境资源和文化资源三类,而且每一类资源又都具有其特有的功效和作用(见表4-1)。

表 4-1　森林资源分类及其功效和作用

| 资源类型 | 功效 | 作用 |
|---|---|---|
| 生产资源 | 物质生产 | 提供木材、林产品、农产品 |
| 环境资源 | 涵养水源 | 蓄水、净化 |
| | 保护土壤 | 防止土壤侵蚀 |
| | 防灾减灾 | 防止山崩、水灾 |
| | 调节气候 | 温度、湿度及风的调节 |
| | 净化大气 | 吸收 $CO_2$、有毒气体，释放 $O_2$ |
| | 创造舒适生活环境 | 遮阴，防止与降低噪音 |
| 文化资源 | 研究与学习 | 探索自然、师法自然、修养身心 |
| | 艺术、宗教 | 提供艺术场所与题材或具有宗教价值 |
| | 森林旅游 | 提供森林户外活动与健康维持场所 |
| | 动物保护 | 提供野生动物生息与繁衍场所 |

自然环境保安与保育：森林对大自然环境的影响多种多样。自然界中的任何生态系统，几乎都受到森林的直接或间接的影响。森林对自然环境的功效包括保安和保育两类。保安包括保水、保土、防风、固沙等防灾保安作用。保育包括对野生动物、鱼类、珍稀生物的保护等功效。

人工环境保护与改善：人类生态系统包括都市、城镇、近郊、农田、公园、绿地等。森林对人类生态系统的影响，表现在防止与减低公害，以及改善和美化环境等方面。一方面，森林通过对日益加剧的污染与噪音的控制，发挥着防止与减低公害的功效；另一方面，森林通过对微气候的调节与小环境的改善，能够提高人类生存环境的质量。

2）森林公益性机制

森林生态系统是由生物群落与环境所组成的。生物组成按照其功能可以分为三种类型，即以绿色森林植物为主体的生产者、以绿色森林植物为食物的消费者、以枯死的植物材料为能量和物质源的小型消费者——分解者。

森林生态系统中的生物，通过食物关系形成了繁杂的食物链和食物网。这种链状与网状食物关系,维系了森林生态系统特殊的生物多样性特征。

按照森林生态系统的空间组成,可以将森林成分划分为三个部分,即地上部分、地下部分(根际)和土壤部分。森林地上部分由于具有复层组成结构,因此具有强大的生物量累积,形成了特有的小环境及形态各异的景观类型。森林植物的强大蒸腾作用和各个植物层对太阳辐射的再分配作用,是改善生态环境的基本机制。森林地下部分拥有十分发达的林木与其他植物的根系,是防止山崩、泥石流和水土流失的基础。森林土壤部分主要是指根际区以下的部分,由于该部分土壤渗透力和保水力的增加,以及对进入水的层层过滤,因此起到了防洪、抗旱、防止侵蚀与山崩和水质净化的作用。

从系统学角度讲,系统的整体功能大于其各个组成部分的功能。森林生态系统也是这样。森林的整体功能大于各部分功能的加和。森林对环境因子的作用远大于各个组成部分作用的简单加和。

2. 调节气候

1)太阳辐射的再分配与调控温度

太阳辐射是地球表面主要的能量来源,是包括人类在内的一切生物生存与发展的能量基础。另外,地球上的许多现象,如风、洋流、降雨等,都是受能量控制的。

森林是固定太阳能的重要场所。森林地上部分按照组成植物的高度可以划分为乔木层、灌木层和草本层三个层次,而每一个层次又可以划分为不同的亚层次。当太阳辐射光照射入森林时,由于森林各个层次的吸收、反射和截留作用,太阳辐射便发生了再分配的作用。充分郁闭的森林能够吸收和反射80% ~90%的太阳辐射,只有5%的太阳辐射到达林地表面。

气温的变化与太阳辐射有直接关系。森林对大气温度的影响可以归结为三种情况:①降低气温,由林冠对太阳光的遮阻所致,在炎热的夏季最为明显;②稳定气温,由于林木树冠遮阻阳光以及林内空气滞留,致使气温变化缓慢,可以使林内气温相对稳定;③增高气温,林木树冠吸收的辐射热不易对流与传导,使气温增高,这种现象在多风与寒冬季节比较明显。

2）调节湿度与影响降水

森林对空气湿度的影响，主要来源于森林的强大蒸腾作用，这是森林对空气湿度的直接影响。此外，由于森林具有遮阻阳光、降低风速和减少林地蒸发的作用，因而可使空气湿度增高并能够维持一定时间。

空气中的湿度随着日照、蒸散、气温的变化而发生变化。特别是森林通过降低空气温度，促使水蒸气饱和，进而会增加森林区域的降水量。凡是森林对日照、蒸散和气温的作用，都会影响到森林空气的湿度。

降水的形式多种多样，有液体形式的降雨，有气体形式的降雾，还有固体形式的降水，如雪、冰雹、霜、凇等。降水形式因地理位置及其时空特征而异。

森林对降水的影响是一个十分复杂的议题。有关森林能否增加降水的讨论，到目前为止，仍然颇有争议。概括地讲，森林增加水平降水的作用是非常明显的；但是，森林能否增加垂直降水，还是值得研究的一个课题。大气降水受多种因素控制，既涉及大气现象，又涉及下垫面的特性。另外，降水涉及的范围之广，不是森林局部作用所能影响的。

3. 森林理水作用

森林理水作用主要指降水到达林地之后，森林对各种径流的再分配作用，以及森林涵养水源、防止洪涝灾害的功效。

1）森林对水文循环的影响

水文循环是指水分在大气、地表及地下循环往复运动的过程。水文循环可以分为大循环和小循环两种类型。水文大循环包括水在陆地与海洋之间的运动，而小循环主要是指水分在陆地或者在海洋上的循环过程。

森林是陆地上下垫面最高的一类生态系统，因此对水文循环的作用也最大。森林对水文循环的作用主要表现在对小循环的影响上。概括地讲，森林对水分小循环的作用，主要包括对降水的层层截留、吸收、蒸散、渗透与渗漏。森林增加了降水进入林地土壤中的机会，同时也减少了水分从地表流出的机会。森林通过对水文循环的巨大影响，在理水过程中起到了消洪与补枯的作用。

2）森林涵养水源

天然林的复杂立体结构，能对降水层层截持，不但使降水发生再分配，而且减弱了降水对地面侵蚀的动能。我国主要天然林生态系统年林冠截流量平均值变动在 134 ~ 326mm，林冠截流率平均值变动于 11.4% ~34.4%，平均为 21.64%。天然林的枯枝落叶层可以吸收大量的降水，其持水量为本身重量的 4 倍，枯枝落叶层腐烂后，参与土壤团粒结构的形成，有效地增加了土壤的孔隙度，从而使森林土壤对降水有极强的吸收和渗透作用，能将地表径流转化为地下径流。天然林中有大量的动物群落和微生物群落活动，林木根系也具有强大的固土和穿透作用，能有效地增加土壤孔隙度和抗冲刷能力。森林土壤的稳渗速率一般都在 200mm/h 以上，比世界上最大的降雨速率 60mm/h 还要大得多（李育才等，1996）。在雨季，森林能在一定程度上减弱洪峰流量，延缓洪峰到来时间；在旱季，森林能增加枯水流量，缩短枯水期长度。多项研究表明，水土流失的加重与林草植被的破坏关系非常密切。

4. 森林防灾与减灾

气候的变化，自然灾害的增加，都和大气环流关系十分密切。但众多的实例证明，气候的变化，特别是地区性和小气候的变化以及与气候有关的自然灾害的增加，都与以森林为主的植被破坏关系甚大。灾害是由异常的自然和人为原因所造成的对人类的经济、生活与生命的危害。森林对各种异常现象导致的灾害，都有一定的防灾和减灾作用。

1）森林消洪与补枯

洪水的产生与自然条件和人为状况等多种因素（如降水量、集水区地形、河川地理位置以及植被状况等）有关。森林对洪水的减灾作用主要表现在水源地的森林。森林防洪作用主要有两个方面的原因：水源地森林在山地控制河川流量；河岸森林能够防止河岸冲刷和河水泛滥。森林在汛期具有蓄水功能，而在枯水期又会将储蓄的水分缓慢地释放到河川之中，增加枯水季节的径流量，起到了旱季补枯的作用。

2）森林防潮与抵御台风

森林覆盖率低，抗灾能力差，使我国富庶的沿海地区常受台风危害。海岸森林对台风与潮汐具有一定的减缓作用。1986 年的 9 号台风使广西 200 万人受灾，在缺乏红树林的海岸，海堤大多崩溃。

3）荒漠化防治

在干旱和半干旱区，森林植被破坏后土壤水分和养分条件恶化。大部分降水由于缺少森林的吸收和涵蓄作用，化为地表径流流失，并带走了径流区域的土壤养分，破坏了径流区内的土壤结构，降低了土壤的生产力。我国土地沙漠化扩大的主要原因是人为因素，自然成因仅占 5.5%。科学与实践证明，林网超过 10%、沙地植被盖度超过 0.3，沙暴的危害就会减少到最小限度。保护森林、扩大森林面积，能降低风沙强度和范围，从而有效遏制土地荒漠化。

5. 保健功能

森林除作为生产资源和公益资源之外，还是一种十分珍贵的健康资源。森林作为健康资源能够给游客提供不同种类及程度的保健功能。保健可解释为保持健康，利用森林所发挥的效能以达到肉体与精神的健康而增强活力，使人感到身心愉悦。

1）净化大气

天然林能有效地减缓温室效应。气候变暖主要是大气中温室气体（$CO_2$、甲烷、氧化亚氮等）的增加所致。陆地生态系统碳储量达 5 600 亿～8 300 亿 t，其中 90% 的碳存储于森林中。天然林是主要的氧源，在其光合作用中能释放出大量的氧气。全世界森林每年可释放氧气 555 亿 t，空气中 60% 的氧气是由森林植物产生的（李文华等，1996）。森林可以有效地吸收二氧化碳，降低光化学烟雾的浓度，减少臭氧层的耗损。

2）森林与人类健康

森林通过调节光照、温度、湿度等生态因子，以及改善与净化大气质量，创造了一个适宜人类户外活动与游憩的清新优美的大自然环境。森林环境对提高人类健康大有裨益。

森林具有物质生产性与环境性两个方面特征。森林的环境性对人类来讲，包括直接效益与间接效益。直接效益在于有益人类的身心健康，包括森林保健，提供休闲场所、森林美质、风景效果与社会教育等功能。间接效益是指森林对人类生存环境的保护作用。从这两个方面意义讲,森林既能够调节和提高人类的身心健康,又能够保护与创建人类生存与发展的生态环境。

森林健康学就是近些年发展起来的一门新兴学科分支,专门研究森林对人类的健康作用。森林对人类健康的自然疗法,实际上在医学史上已有2 000多年历史。例如,距今2 300多年前,希腊人就已利用森林环境作为医疗场所。德国实施森林健康疗法已有愈百年历史。

当今,人类正处于繁忙的信息社会。人们的生活节奏快、工作效率高、户外活动少、身心压力大,迫切需要身心健康调整与维护。毋庸置疑,由于森林具有独一无二的适宜性、无与伦比的美感与美质、不可替代的景观特征,为人类提供了理想的保健场所和优美的环境。

户外游憩包括郊外游憩、登山看景、露营野餐、狩猎垂钓、赏花观鸟、划船滑雪、考察研究等。从这些项目看,森林能够提供许多有益的户外游憩场所和机会。

森林浴是日本起用的一个名词,其构思和做法则源于德国的森林环境的自然健康疗法、前苏联的森林植物芬多精学说、法国的森林空气负离子学说和欧美的步行健身法。森林浴是指人们进入森林,跋山涉水,静思养神,全身沐浴森林中的精气与香气,以强健身心、培养活力(林文镇,1991)。

森林植物释放的芬多精等挥发物质,能够杀死空气中的细菌和病毒,控制人类的病原菌及其致病机会。森林空气中的负离子含量比较高,对人的健康大有裨益。人体在正常生理条件下需要700个/$cm^3$的负离子。一般都市空气中的负离子含量为30~70个/$cm^3$,而森林空气中负离子含量为1 000~2 000个/$cm^3$。

人们到森林中开展户外活动可以称为森林旅游,这是极具发展前景的项目。森林旅游是森林所提供的公益性效益和社会性效益。就其社会效益而言,森林旅游通过扩大客源和吸引游客,可以从旅游者身上获得收益。因此,实施天然林保护工程,通过有效地保护天然林,不仅可以提供开展森林旅游的优良场所,而且可以通过开展森林旅游活动所获得的经济效益,进一步促进和加强天然林保护工程的实施。

6. 森林与全球气候变化

近几十年来，由于人类进行工业、农业和林业生产活动所释放的$CO_2$、甲烷、氯氟烃及其他微量气体不断增加，大气成分结构发生了重大变化。科学家们普遍认为，如果当前的趋势继续下去，温室气体的增加将导致全球气候的明显变暖。预计到21世纪中期全球平均温度将上升3℃±1.5℃。这种全球性气候变暖对我们赖以生存的自然和社会系统具有重大的潜在影响。

我国大范围地区气温上升与全球气候变暖关系紧密。我国近年来连续冬暖，最明显的地区是华北、东北、西北，平均气温增高了0.3～1.0℃，这大大加速了华北、东北、西北地带干旱化的进展。地矿部1991年的一项研究表明，我国渤海地区目前海面呈持续上升的趋势，将出现侵蚀陆地、沿海农田盐碱化、自然生态失调的问题。

对动物和植物群落目前及过去的分布对比研究表明，动、植物群落对气候变化十分敏感。由于全球变暖，它们的分布区可能发生变化，群落中各物种可能以不同的迁移速率追寻最适的新环境或者可能灭绝。

全球变暖严重威胁着自然生态系统。如果21世纪中期全球平均温度上升3℃，这就意味着自然系统比过去10万年间发生的变化还要大。这一变暖速率超出物种适应能力，导致野生种群生境改变、缩小或消失，从而引起一些物种广泛的灭绝。全球变暖引起降水模式的改变，从而会更严重地对许多物种的存活造成影响。由于气候变暖，可能导致土壤化学状况发生改变，洋流及强风暴等要素出现几率发生变化，这些因子可能使自然生态系统变得不稳定。

随着全球变暖速度加快，植物和动物的固有关系可能会逐渐瓦解，这是由于不同物种对新的气候有不同反应造成的。物种可能以向较高海拔或较高纬度移动分布区的方式抵消全球迅速变暖的影响。全球气温提高3℃，分布区迁移幅度需要相应地向高海拔移动500m或向高纬度方向移动300km才能得到补偿（余道坚，1995）。

气候是人类赖以生存的条件。气候变暖是人类自身活动造成的灾难。为此，需要树立全球共同性的大气环境观念，提高国际间的合作，控制废气排放，减少化石燃料的使用，积极发展太阳能、风能、潮汐能、水能及核能的利用。同时，需要加强天然林保护、大力植树造林，通过增加植被，加强大自然净化和调节能力，降低空气中 $CO_2$ 的含量，从而抑制由于全球变暖给人类带来的灾难。

### （三）生物多样性保护理论

生物多样性是指一定范围内多种多样活的有机体有规律地结合在一起的总称。一个地区生物多样性的大小，是生物之间以及生物与环境之间复杂关系的综合体现，也是生物资源丰盛程度的重要标志。从人类的经济活动与资源消长关系讲，生物多样性也是衡量经济发展和客观规律符合程度的一把尺子。尽管目前人们对于生物多样性的理解和兴趣不同，但都把它看成是一种不可缺少的原始材料、资源和自然遗产。

#### 1. 生物多样性现状

地球上的生物资源相当丰富，而人类对于自然界中生物物种的认识可以说是十分有限的。地球上有 1 000 万 ~3 000 万种物种，但是只有近 140 万种物种被命名或被简单地描述过（见表 4-2）。

**表 4-2 目前已发现的生物物种的数量**

| 类别 | 数量（种） | 类别 | 数量（种） |
| --- | --- | --- | --- |
| 病毒 | 1 000 | 原生动物 | 30 800 |
| 原核生物 | 4 760 | 动物界 | 989 761 |
| 真菌 | 46 983 | 脊椎动物 | 43 853 |
| 藻类 | 26 900 | | |
| 植物界 | 248 428 | 总计 | 1 392 485 |

注：表中的统计数字摘自 Wilson（1988）。

根据生物的生存环境，可以把地球上的生物划分为水生生物和陆生生物两大类。森林是陆地上下垫面最高的生态系统，也是占主导地位的陆生生态系统。森林不仅拥有陆地生态系统中最多的物种，而且还通过对其他生态系统的关联作用而影响其他生态系统的生物组成结构及功能。在众多类型的森林生态系统中,人们普遍公认热带森林拥有的物种最丰富,对生物多样性的保护最为重要。

然而,由于各种人为与自然原因,导致生态系统退化,致使地球上生物物种急剧消失,生物多样性迅速下降。自6 500万年前恐龙消失以来,生物多样性的下降速度逐渐加快。特别是拥有地球陆地上生物种类最多的生物物种的热带雨林,其生态系统和物种的消失速度都是十分惊人的。热带雨林中的生物种类占地球上全部生物种类的50%以上。某一生物物种的灭绝是生态环境恶化所致,而且一种生物的灭绝还会引起食物链上其他物种的连锁式灭绝。在食物链上,地球上每消失一种植物,往往就有10~30种依附于这种植物的动物和微生物随之消失。

根据目前的研究与观察,地球上容易消失的生物物种包括:处于食物链上层的种群增殖速度较慢的大型稀有动物;地方特有种;发育缓慢的小规模种群的物种;生物依赖成员中的最大成员;缺乏散播和迁移能力的物种;具有群集巢居习性的物种;迁徙物种;依赖不可靠资源的物种;对干扰没有进化经历的物种。

未来地球上将有大量的物种消失。越来越多的人将会面临饥饿。物种的消失与生物多样性的下降,不仅给当代人的经济和生活造成巨大损失,而且还将会危及子孙后代的生存与发展。因此,全面地保护生物生存环境,系统地保护地球上的生物多样性,已是人类刻不容缓的责任和义务。

2. 生物多样性保护的意义

1)维护生态系统乃至地球正常运行的必要保证

生态系统是由处于不同层次营养级上的生物物种及其生态环境构成的统一体。其中,每种生物都起到其应有的作用,而且生物之间又是相互制约、相互依存、共同演化的。生态系统中的生物在能量和物质基础上,形成了食物网(链)。在这样的系统中,如果某些生物物种消失了,便会影响到其他生物物种的生存,最终会导致生态系统的崩溃,造成生态失衡。如果地球上的各类生态系统中的物种消失速度加剧,地球上的生物圈系统就不会正常地运行,人类的生存环境便会瓦解。

2) 寻找新基因,改良和培育新品种

人类目前对于地球上物种及其具有重要价值的基因的认识和利用程度还是相当低的。随着科学技术的飞速发展和人类认识水平的不断提高,对物种的利用也会不断扩大。保护好现有的生物多样性,对今后寻找新基因、改良和培育新品种十分必要。

3) 提供食品、医药和工农业产品

我们所需要的食物都是来自自然界野生生物物种的驯化。世界上许多最有经济价值的物种,并不一定是分布在物种多样性最丰富的地区。人类已经利用的众多植物中,只有20种左右的作物提供了大部分的粮食。中国已有5 000多种药用植物被记载,但真正被广泛利用的却还很少。

4) 满足子孙后代的需要

可持续发展和生物多样性保护的主要目的就是满足子孙后代对物种及生存环境的需要。我们现在保护物种多样性,就是旨在考虑人类的未来经济—社会—环境的持续发展。

5) 认识基因、物种与生态系统的辩证关系

实际上,我们对生态系统中物种之间的相互关系、生态过程及生态功能等的认识是十分有限的。生物多样性的保护,有利于人类对基因、物种与生态系统的辩证关系的逐步认识,最终达到对生态系统的调控。

6) 重大的经济效益

地球上的生物多样性,提供了人类的衣、食、住、行等方面的物质基础。在人类社会经济发展过程中,生物多样性具有重大的经济效益,而且随着人类认识和利用资源能力的提高,生物多样性的经济效益会越来越大。

3. 生物多样性的测度

对于一个地区物种多样性的表述,主要从物种的丰富度以及优势度和均匀度两个方面着手。在研究物种丰富度时,不同背景的人会考虑不同的分类单位。通常考虑的记测单位有物种总数、种以上分类单位的数量、种以下分类单位的数量、基因数量。物种的优势度和均匀度是各个物种在某一区域或生态系统中的地位与均匀状况的度量指标。

一般说来，生物系统无明显优势种、物种均匀性大，其物种多样性高。

一个地区的生物多样性是多维信息形成的现象，涉及多种组织层次，包括等位基因多样性、遗传多样性、多基因遗传多样性、物种多样性、斑块多样性、生境多样性、群落多样性、生态系统多样性、景观多样性和区域多样性等(Turner，1995)。尽管生物多样性可以在不同的组织水平和不同角度上研究与表述，但是，概括地讲，生物多样性可以归纳为遗传多样性、物种多样性、生态系统多样性和景观多样性等四个基本层次。不同组织水平上的生物多样性的测度及其测定方法都是不同的。

1）遗传多样性

遗传多样性是指种内不同群体之间或一个群体内不同个体的遗传变异的总和(施立明，1993)。遗传多样性的测定涉及专业性很强的技术和方法，并且测定成本相当昂贵。要把每个物种的遗传多样性都测定出来，在人力、物力和财力等方面都是困难的。因此，目前遗传多样性的测定只能限定于濒危物种或经济、生态效益较大的物种。

遗传多样性的测定，可以在种群、个体、组织和细胞以及分子水平等组织层次上进行，但是各层次上所采取的方法截然不同。种群内遗传变异性的测定方法有：①种群基因为多型的数目和百分比例；②每个多型基因的等位基因数；③每个个体中多型基因的数目和百分比例。

对遗传变异的测定方法，过去主要采取同功酶电泳技术，但受酶电泳和染色方法的限制。随着分子生物学方法和技术的飞速发展，遗传多样性的测定也产生了一个较大的飞跃。目前，测定遗传多样性最直接、最有效的方法就是直接分析和比较 DNA 碱基序列。DNA 碱基序列分析是检测遗传多样性最理想的方法，可以不依赖任何水平的表型而直接检测遗传变异，避免了根据表型形状推断基因型存在的问题，在未来遗传多样性检测中有巨大的应用前景(葛颂等，1994；胡志昂等，1994)。

2）物种多样性

物种多样性涉及一个物种的所有种群、异质种群或者单一的分离种群多样性的变化。种群监测包括常规的资源调查、野外调查统计及抽样调查方法。

物种多样性的监测包括形态、生理、行为、遗传、分布、生境和统计等内容。物种形态变化涉及形状、大小、颜色和外貌，是环境和遗传胁迫的敏感性监测指标，尤其是综合几个形态指标形成的复合指标。行为特征有物种择偶、繁育后代和种间竞争等活动方式的变化。遗传特征包括可变基因的比例和等位基因频率。物种生境（一般用生境适合性指数衡量）监测涉及生境的物理化学特性变化，栖息地的面积、形状，生境丧失或破碎状况，干扰强度与频率，外来种侵入和资源状况等。种群统计包括物种数量、生长、年龄结构、生殖特征。在异质种群监测中，还要考虑物种的空间特征，即分离的局部种群个数、物种在种群间的运动，以及种群在时空上的稳定性（刘世荣，1998）。

应用物种上述有关各方面的数据信息，可以进行种群生存力分析，以此来确定最小种群数量，从而估测维持最小生存种群所必需的适宜的生境面积。

3）*群落和生态系统多样性*

物种多样性的测度涉及数十个物种多样性指数。Whittaker（1972）根据多样性的应用目的和范畴，将多样性划分成三类，即 α 多样性、β 多样性和 γ 多样性，目前常用的是 α 多样性和 β 多样性指数。α 多样性是指群落内的多样性，β 多样性是指群落间的多样性。群落多样性和生态系统多样性的测定与监测，旨在揭示群落和生态系统的组成、结构、功能的多样性变化。

人们通常把多样性视为物种多样性，它是 Fisher 等（1943）首次提出的，是从一个生物群落范围内提出的关于物种组成特征方面的概念，表达了物种组成结构水平的多样化程度。

α 多样性的测定包括四种类型：①物种丰富度指数；②物种相对多度模型；③生态多样性指数（物种丰富度与相对多度综合指数）；④物种均匀度或优势度指数。

β 多样性是指沿着环境梯度的变化，物种之间的替代程度（Whittaker，1972）。β 多样性可以表明不同群落之间物种组成上的差异程度。不同群落或者两个环境点上共有种越少，β 多样性就越大（Magurran,1988)。β 多样性的精确测定,可以指示生境被物种分割的程度,可以比较不同地段上生物多样性与一个地区的群落多样性。β 多样性与 α 多样性一起构成了总体多样性或一定地段上的生物异质性。

4)景观或区域多样性

景观是由一组以相似方式重复出现的、相互作用的生态系统所组成的异质性陆地区域(Forman 等,1986)。景观生态学研究景观元素的空间分布格局、功能和动态。其中,景观异质性特征是其核心问题之一,而景观异质性与生物多样性密切相关。景观尺度上强调异质土地、植被利用方式的空间复杂性。

景观生物多样性监测侧重于各种生态系统的空间分布和功能动态变化。景观尺度上的监测涉及景观结构、景观功能和景观动态的时空变化。景观水平上的多样性监测主要采用不同时段上的卫片信息,利用地理信息系统分析空间数据,确定景观元素(如基质、廊道和斑块)的变化情况。景观尺度上的监测与地面监测有机结合,能够更好地掌握生物多样性的变化规律,更有效地制定生物多样性保护对策。

4. 天然林保护与生物多样性保护

1)生物多样性受威胁的主要原因

生物多样性保护和以往物种保护的意义是不同的。物种保护仅是针对濒临灭绝的物种本身的狭义保护,而生物多样性保护是对基因、物种、生境、生态系统等进行全面的保护,并着眼于地球或生物圈的保护。生物多样性保护的目的,就是在经济—社会—环境协调发展的基础上,科学地利用生物资源,使人类社会健康、持续地发展。

生物多样性和人类的活动休戚相关。随着人类经济活动的发展和人口数量的急剧增加,生物多样性受到的胁迫作用日益加剧,致使物种的灭绝速度不断提高。导致森林生物多样性变化的主要原因(也是物种灭绝或濒临灭绝的主要原因)包括:大面积的森林采伐、火烧和农垦;草地过度放牧和垦殖;生物资源的过分利用;工业化和城市化的飞速发展;外来物种的大量引进或侵入;无控制的旅游;环境污染;全球变暖;各种干扰的累加效应。

2）天然林保护与生物多样性保护

对地球上生物多样性的保护，可以采取多种方式。概括起来有：①就地保护；②迁地保护和离体保存；③建立生物多样性保护网络；④恢复和改善生态系统。

天然林资源的保护就是对生物多样性的就地保护，这是对生物多样性保护的最佳方法。在天然林资源保护过程中，通过恢复和改善森林生态系统环境，对濒危物种的保护起到十分重要的作用。另外，天然林资源的保护对生物多样性的迁地保护和离体保存，提供了极其重要的种质资源基础保障。

天然林生态系统是生物多样性最丰富的生态系统。森林的生物组成既包括高大的乔木，也包括矮小的灌木、地被植物，同时动物、昆虫、微生物等生物资源亦相当丰富。森林不仅蕴藏着大量的生物组成成分，而且更为重要的是，森林拥有各种生物生存与繁衍的生态环境。因此，天然林资源的保护是生物多样性保护的重要组成部分，也是相当有价值的保护途径。

陆地上森林同其他生态系统的关系不是相互独立的，而是相互作用和相互依存的。森林与草地、农田、水体等之间的关系就是如此。保护好现有的森林生态系统，对于保护和改善其他生态系统的质量至关重要。通过森林与其他生态系统之间依存关系的维护，能够实现共同维持和保护生物多样性的目的。

森林生物多样性与生态过程之间的相互关系的调控，是管理、规划及合理开发利用森林生物资源的基础。保护天然林资源并不是被动地封禁森林，而是要采取积极的保护和利用措施，在充分认识生物多样性与生态过程之间的相互关系的基础上，进行科学、有效的调节。生物资源的利用（包括森林采伐），实际上就是对于这些错综复杂关系的调控。在调控过程中，必须掌握调控的力度和方式，实现科学管理和合理利用。

生物多样性保护的目的是保护物种的生存。森林生态系统不是静止的，而是时刻处于动态变化之中。维持较高的生物多样性，是维持森林生态系统动态平衡的关键。

森林生态系统中小环境的变化,会使生物多样性瞬间增大。但是,小环境的变化对生物生存是有一定阈值的,超过这个阈值,原有的生态系统环境就不复存在了,因此也就不能正常地维持系统的生物多样性。特别是当郁闭的天然林经过强度干扰后,其生态环境就会发生急剧的变化,就会导致许多物种的消失。

在天然林生态系统中,不是所有的物种都会起到相同的生态作用。在众多的生物物种组成中,最值得保护的是生态系统中起关键作用的物种,即建群种或共建种。这些物种的消失,就会改变生态工程的正常运行,并会导致生态系统本身的更替。

**(四)林业可持续发展的理论**

1. 可持续发展

可持续发展是指满足当代人的需要,而又不危及后代人满足其自身需要的发展(Brundt Land,1987)。尽管可持续发展的思想已被广泛接受,但是目前尚没有一个特别科学和完整的概念。在 Brundt Land (1987)的报告中,尽管这一概念在意义表示的准确性问题上遭到批评,但是可持续发展作为一种理论、一种思想、一种理念、一种模式或一种途径而被广泛接受。可持续发展是建立在生态系统理论基础上的一种理念。

根据 Brundt Land(1987)这个定义,想要实现可持续发展则需要:①一个保证公民参与制定决策的系统;②一个建立在自我与持续基础上的能够创造剩余价值和技术知识的经济系统;③一个能够解决由不和谐发展而产生的紧张状态的社会系统;④一个遵守保护发展的生态基础合约的生产系统;⑤一个能够不断地寻求解决新问题的技术系统;⑥一个能够维护贸易和财政持续格局的国际系统;⑦一个灵活机动与自我调整的行政系统。

从思想实质看,可持续发展包括了三个方面的含义:①人类与自然界共同进化的思想;②世代伦理思想;③效率与公平目标的兼容(刘东辉,1995)。

经济与环境的协调发展是可持续发展思想的核心内涵之一。20 世纪 70 年代之前,人们普遍认为环境承载力是人口与经济发展的最后极限。但是,20 世纪 80 年代以来,开始强调经济增长与环境改善的互补作用。持续发展是力求寻找基于持续和扩大环境资源基础的替代发展战略与技术,它并不反对经济增长本身。经济发展问题与环境问题是密不可分的。发展需要消耗资源,而环境退化又会制约经济发展。因此,可持续发展是针对解决目前人类社会的经济、环境、资源协调发展而提出来的一种全新的思想和发展模式。这一概念具有十分广泛的本质含义,即公平性、可持续性、和谐性、需求性、高效性和协同性(张会儒,1997)。

经济可持续发展是可持续发展的基础。只有建立一个高度可持续发展的经济,才能够满足人类对物质文明和精神文明的不断需要,才能提高综合国力及人民的生活水平和质量,才能更好地保护和改善退化的生态环境,才能强有力地发展科技与教育事业。

资源与环境保护是可持续发展的必要条件。环境质量是人类生活质量的一个重要组成部分。人类的生存环境一旦遭到破坏,人类的生存机会就会受到威胁。没有人类也就谈不上可持续发展问题。为了现代人,也为了后代人的需求,今天的经济发展必须保护好生态环境,合理利用自然资源。

科技与教育是可持续发展的核心。就科技与教育两者关系而言,教育是基础,是为科技服务的,但科技反过来对教育的发展和教育水平的提高又起到推动作用。教育的主要任务是提高全民族文化素质和培养专门人才。科技在发展生产与经济过程中的作用所占的比重,目前已经达到 60% ~70% ,有的产业可能会更大一点(承继成,1995)。没有先进的科学技术,社会就难以进步,环境问题也不会得到根治,教育发展就会滞缓,经济就不会持续发展。

可持续发展的目标是要建设和创造一个可持续发展的社会、可持续发展的经济、可持续发展的后劲。评价可持续发展的标准是经济效益、社会效益、环境效益和科教效益。凡是符合这 4 个标准的,基本就属于可持续发展(承继成,1995)。

人类要达到可持续发展的目标,就要认识到:①经济发展不能对有限的自然资源和承载力造成进一步破坏;②人类未来的生活方式必须改变;③发展效益必须在时间上和空间上公平地分配。

可持续发展理论目前也有不少问题需要解决,如:①可持续性的概念不清,实践上不易操作,初始标准和指标不易确定;②可持续性具有时空性;③可持续性是动态的;④现实的资料和数据都是有限的。

2. 林业可持续发展标准和指标

美国提出的可持续林业的目标是保证森林生态系统的长期完整性,这不仅意味着森林生态潜力的持续,而且意味着我们及我们的社会所依赖的森林的基础产品和服务产出的持续(冯晓光等,1996)。在1993年提出的森林可持续报告中,为林业持续发展拟订了实施办法和管理要求。

要实现森林的可持续利用,就必须实行森林生态系统经营。森林生态系统经营和森林永续利用是两个不同的概念。森林永续利用的核心思想是:要求对一定规模的森林确定一个可以永续持续的采伐水平,即在皆伐作业基础上的法正林模式。森林生态系统经营则是把注意力集中在森林状态上,其目的包括保持土壤生产力、保护基因资源、保护物种多样性、保持景观结构和生态过程。从森林的永续利用到持续发展,是林业认识的飞跃。

美国在1993年6月提出,到2000年实现可持续森林管理。目前,美国正在致力于制订评价森林可持续发展的标准和指标。美国林务局可持续攻关组进一步强调,土地和资源的可持续管理,依赖于多种地理尺度上的生态系统生产力和生物多样性的保护。其提出生态系统管理的主要标准是:生物多样性维持;生态过程的活力;土壤、水和空气的生产力;提供持续的人类利用的能力。

加拿大提出的可持续森林经营有9个标准。其中生态效能包括5个标准,即生物多样性、土壤保持、水和空气的质量、森林生态系统的生产力和加拿大森林对全球生态系统的贡献,相应的指标包括代表性动物区系的种群水平、森林的总生物量和面积、森林总碳预算;社会经济效益包括4个标准,即森林提供持续经济效益的潜在能力,加拿大社会长期利用这些经济效益的能力,森林对加拿大人游憩和文化休闲的有效性,以及在森林经营中对个体、集体和外来人口的特殊考虑,用来描述这些标准的指标包括每采伐 $1m^3$ 木材生产产品的数量，用做建立公园、绿地和游憩地的面积，以森林工业为基础的本地人民的就业水平。

3. 森林可持续发展实施的影响因素

森林可持续发展实施的影响因素有：一是生产力。林地生产力是指多个树种或单个树种在特定条件下生存的能力。林地上森林生物量构成重要的营养库，收获取走的森林生物量代表森林一个轮伐期（生长周期）内林地养分元素的损失量。二是可再生能力。在采伐或其他的干扰下，森林生态系统的可再生性取决于干扰的类型和干扰的强度与频度，以及所在林地上物种的再生状态。三是物种和生态多样性。森林是地球上最丰富的遗传基因库，其中仅占全球地表面积 6% 的热带雨林就包含了全球所有动植物种数的 50% 以上。

林业可持续发展的原则及实施有 4 个方面，即保护效益原则及实施、顺应自然原则及实施、公益性原则及实施、节约利用原则及实施。

4. 天然林保护与可持续发展

可持续发展问题是与尺度紧密关联的。目前，有关可持续发展的思想主要集中在全球或生物圈这个大尺度上，这是十分必要的。但是，要在全球或生物圈尺度上规划和管理持续性，则是一件十分困难的事情。可持续的地球必须通过可持续的区域或景观来实现。因此，必须寻求最合适的规划和管理尺度。任何一个景观均有清晰的边界，并存在一种最佳的生态系统和土地利用的空间关联，从而使一个环境的可持续性达到最大。

要保障环境和资源的可持续发展，必须加速对水土流失地、荒漠化土地（沙化、盐碱化、贫瘠化土地）、废弃矿地或低产地的生态恢复。保护天然林，就是加速可持续发展的进程。这是因为，天然林保护的宗旨就是建设和改善生态环境。只有生态环境和资源达到了可持续性，人类社会和经济才能够走可持续发展的道路。

**（五）森林资源经济学理论**

森林资源是森林生态系统内一切被人所认识的可利用的资源的总称，包括森林、散生木（竹）、林地以及林内动物、植物、微生物、森林环境和森林景观等多种资源。森林资源经济学是研究森林资源与社会经济相互关系及其发展规律的新兴学科。

1. 森林资源经济系统及其特征

森林资源经济学是资源经济学的分支学科。森林资源经济系统分析是打开森林资源经济学科的钥匙。森林资源经济系统是由森林资源系统和经济系统，在特定的社会系统里，通过技术中介以及人类劳动过程所构成的物质循环、能量转化、价值增值和信息传递的结构单元。森林资源经济系统的最终目标是在林区社会(社区)，把物质、能量、价值和信息相互协调为一个投入产出良性循环的有机整体。森林资源经济系统具有以下一些特征。

1)耦合性

森林资源系统是通过能流和物流的转化、循环、增殖、积累过程与经济系统的价值、价格、利率、交换等要素耦合成的复合系统。这是一个开放系统，它与周围的自然—社会—经济系统有着物质、能量、价值和信息的传递与交换关系，并且成为控制其协调发展与良性循环的依据。

2)有序性

森林资源经济系统的有序性，本质上是森林资源系统的有序性与经济系统有序性的融合，其基础是森林资源的有序性。经济系统也遵循其自身的有序运动规律，不断地与森林资源系统进行频繁、复杂的物质、能量、信息等交换，以维持一定水平的社会经济系统的有序稳定。森林资源系统的有序与经济系统的有序，必须在林区社会的有序条件下，耦合为森林资源经济系统的有序特征。可见，这种有序性还表现为森林资源系统的深化与经济目标的人工导向协调。关键是人工导向的作用力一定要和森林资源系统相协调，绝不能超越森林资源经济阈值的限度；否则，人工导向不仅不能引起系统协调有序性的发展，而且会导致系统的逆向演替。

3)目的性

人们追求森林资源经济系统的稳定协调发展，必须掌握明确的目的，控制系统的发展趋向，以便采取相应对策，促进系统目标的实现。研究森林资源经济系统的目的，就是要保证森林资源经济系统充分发挥其生态、经济和社会综合效益。森林资源经济系统及其子系统都有各自的目标，但必须服从于系统整体目标，它们相互协调，有机联系，共同构成一个整体目标集。

4）优化性

优化是指在一定条件下，利用最有效的方法和手段，以最小的代价，促使系统实现最理想的目标。例如，优化现有的森林资源经济系统，必须从现实森林生态系统的特点和我国社会主义初级阶段的实际出发，科学地运用各种行之有效的方法手段，以现实可能的最少的消耗去实现现实可能的最好的目标。

2. 森林资源经济系统分类

森林资源经济系统是森林资源系统与林区社会经济系统组成的耦合系统。它以森林资源系统为基础，以社会经济系统为主导，在耦合系统中输入人的活劳动及物化劳动，加强物质循环和能量转化，输出为人类需求的多种效益。因此，森林资源经济系统类型划分形式多样，按林业经营分类，可划分为公益性和商品性两种类型。从森林资源经济系统演替情况来看，基本上分为以下三种类型。

1）原始型森林资源经济系统

这种类型是生产力发展水平比较低的条件下的产物。森林资源系统与经济系统结合成比较简单的复合结构，它主要存在于自然经济和半自然经济条件下的农业和手工业经济中。经济系统对森林资源系统的作用一般不会超过其承载力，因此基本上不出现森林资源要素短缺现象，人与自然低水平同步发展。

2）掠夺型森林资源经济系统

这种类型主要出现在以化石能源利用为主的工业化发展时期，人类对木材和林产品的需求增多，大量采伐造成森林资源过量消耗，这种单纯追求木材的目标，破坏了森林三大效益的统一。突出地表现为以掠夺森林资源为代价，换取暂时的经济增长，当资源出现危机时，就会制约经济增长，进而造成整个人类社会的危机。

3）协调型森林资源经济系统

这种类型主要发生在生态文明反思时期。其明显特点是人类将森林资源置于整个区域自然—社会—经济耦合系统中把握其定位，将高科技成果扩散渗透到森林资源经济系统，从而实现高效、高产、优质、低耗。该类型是多层次互相协同发展的森林资源经济系统。森林资源经济系统逐步进入多目标发展轨迹，成为社会进步和精神文明建设的重要组成部分。人们为了满足多种效益，采用科学的经济技术手段，来干预森林资源系统中营养循环和维持平衡的机制，以获得高转化率和高产量。这种干预引起森林资源系统向更加有序的结构演化，从而生产出比纯自然状态循环多得多的森林资源产品。较多的物质产品输入社会经济系统后，又会引起经济有序关系的一系列变化。

## 四、天然林保护工程的建设目标与内容

天然林保护工程以从根本上遏制生态环境恶化，保护生物多样性，促进社会、经济的可持续发展为宗旨；以对天然林的重新分类和区划，调整森林资源经营方向，促进天然林资源的保护、培育和发展为措施；以维护和改善生态环境，满足社会和国民经济发展对林产品的需求为根本目的。对划入生态公益林的森林实行严格保护，坚决停止采伐，对划入一般生态公益林的森林，大幅度调减森林采伐量；加大森林资源保护力度，大力开展营造林建设；加强多资源综合开发利用，调整和优化林区经济结构；以改革为动力，用新思路、新办法，广辟就业门路，妥善分流安置富余人员，解决职工生活问题；进一步发挥森林的生态屏障作用，保障国民经济和社会的可持续发展。

### （一）工程目标

天然林资源保护工程的目标分为近期目标、中期目标和远期目标。

1. 近期目标（到2000年）

以调减天然林木材产量、加强生态公益林建设与保护、妥善安置和分流富余人员为主要实施内容。全面停止长江、黄河上中游地区划定的生态公益林的森林采伐。调减东北、内蒙古国有林区天然林资源的采伐量，严格控制木材消耗，杜绝超限额采伐。通过森林管护、造林和转产项目建设，安置因木材减产形成的富余人员，将离退休人员纳入省级养老保险社会统筹。使现有天然林资源初步得到保护和恢复，缓解

生态环境恶化趋势。

该目标已基本实现。

2. 中期目标(到 2010 年)

以生态公益林建设与保护、建设转产项目、培育后备资源、提高木材供给能力、恢复和发展经济为主要内容。基本实现木材生产由以采伐天然林为主向经营利用人工林方向的转变,人口、环境、资源之间的矛盾基本得到缓解。

3. 远期目标(到 2050 年)

天然林资源得到根本恢复,基本实现木材生产以利用人工林为主,林区建立起比较完备的林业生态体系、发达的林业产业体系和繁荣的生态文化体系,充分发挥林业在国民经济和社会发展中的重要作用。

**(二)工程重点**

根据工程实施坚持突出重点的原则,在工程范围内也应确定重点实施地区。目前确定的工程重点是国有林区和江河源头及生态脆弱地区,主要是分布于东北、西北、西南地区归国家所有的成片天然林林区。

我国国有林区经营面积约 4 133 万 $hm^2$,占全国林业用地的 15.5%;活立木蓄积 27.1 亿 $m^3$,占全国活立木蓄积的 25.8%。在人烟稀少的原始林区,森工企业在开发建设生存性设施和进行木材生产的同时,也进行了生活性和社会性设施的建设,现已形成有 500 万人口,包括公检法、文化教育、医疗卫生、邮政通信、道路、商粮供销等社会管理和服务体系及基础设施齐全的林区社会。国有林区无论在历史上,还是在今天乃至将来,都为国家的经济建设和人民生活发挥着其他林区、其他行业难以取代的作用。

据全国第五次森林资源连续清查(1994 ~ 1998 年)资料统计,我国森林资源仍然以东北、西南国有林区为主体。仅黑龙江、吉林、内蒙古、四川、云南 5 省(自治区)森林面积、蓄积就分别占全国森林面积的 41.27%、蓄积的 52.44%;在天然林面积和蓄积中 5 省(自治区)分别占 51.8% 和近 62%。国有林区在历史上承担了 50% 以上的全国木材供应任务,已累计为国家提供了 10 亿多 $m^3$ 木材,并为社会提供了多种多样的林副产品。森林资源开发利用和培育为社会每年提供了大约

100万个就业机会。

国有林区的天然林资源集中分布于我国大江大河的源头、大型水库周围和主要山脉核心地带，在蓄水保土、稳定河床、调节流量、保护水源、保土防蚀、减少江河泥沙淤积等方面发挥着重要作用。

丰富多彩的森林生态系统孕育了区系复杂的动植物资源，并为野生动植物提供了得天独厚的生存环境，为生物多样性保护提供了良好的生态环境。

国有林区多处边陲，有众多的民族聚居，这些地区较为荒僻，社会经济发展极为缓慢。林区的开发建设，使林区社会逐步繁荣，经济逐步发展，并带动相关事业的发展，确立了国有林区在国民经济和社会发展中基础产业的地位。

**（三）工程内容**

1. 森林分类

以现代林业理论、林业分工论、可持续发展理论为指导，结合社会对森林的生态和经济的不同需求，以及森林多种功能主导利用方向的不同，按照自然条件、地理位置、山系、山脉特征将林业用地划分为生态公益林和商品林两类。其中，生态公益林又根据保护程度的不同将其划分为重点保护的生态公益林（简称重点公益林）和一般保护的生态公益林（简称一般国有林），并分别按照各自特点和规律确定其经营管理体制和发展模式，以充分发挥森林的多种功效。

1）重点公益林

将大江大河源头、干流、一级支流及生态环境脆弱的二级支流中的第一层山脊以内的范围，大型水库、湖泊周围和高山陡坡、山脉顶脊部位及破坏容易恢复难的森林定为重点公益林，主要包括以水源涵养林和水土保持林等为主的防护林及以国防林、母树林、种子园和风景林为主的特种用途林。对重点公益林区实行禁伐，禁止对所有天然林及人工林的采伐。实行重点投入，集中治理区域内的水土流失，加快治理速度，优先安排坡耕地的还林建设，以封山育林为主，人工造林、人工促进天然更新多种方式相结合，加快宜林地的造林绿化进程。重点国有林管护要根据森林生态系统自身的生物学特性和在维持生态平衡中的作用,建立森林生态系统管护区,采取有效措施保持生态公益林系统的自然性和完整性。积极恢复和保护现有天然林资源,强化森林生态系统自身的调节能力,努力扩大生态公益林的防护能力,充分发挥其在自然环境中的平衡作用,不断减少自然灾害的危害,促进生态系统和生活环境的良性循环,以确保国土的长治久安和水利枢纽工程的长期效能。

2)一般公益林

集生态需求与持续经营利用于一体的生态公益林划定为一般公益林,实施一般性保护。根据可采资源状况,进行适度的经营择伐及抚育采伐,以促进林木生长及提高林分质量。一般公益林管护要采取生物资源管护试验区的管理方式,坚持因地制宜、用地养地、丰富物种、综合治理、稳产高效的建设方针,在加强森林资源保护管理的同时,积极开发利用,实现林业经济社会和生态环境的可持续发展。

3)商品林

将地势较平缓、立地条件较好,森林采伐后对生态环境不产生重大影响的地区划定为商品林经营区。采取集约经营的方式,以较少的土地和较短的周期,定向培育具有适度规模的以工业原料林为主的速生丰产用材林和经济林等,能实现森林资源接续,增加木材供给,提供市场所需林产品,培植新的林业经济增长点,使天然林资源切实得到保护。商品林主要包括珍贵大径级原材料、工业纤维林、常规用材林、树脂两用林、商品竹林,以生产果品、木本粮油、饮料、调料、香料、化工原料、木本药材和木本粮食等为主的经济林,以及生产木质热能原料和生活燃料的能源林。

2. 生态公益林建设

我国西南、西北、东北、内蒙古等重点国有林区和海南省林区的天然林资源,集中分布于大江大河的源头和重要山脉的核心地带,占我国天然林资源总量的33%左右。这些森林是长江、黄河、澜沧江、松花江等大江大河的发源地,是三江平原、松嫩平原两大粮仓和呼伦贝尔草原牧业基地的天然屏障,是三峡水利枢纽工程等水利设施的天然蓄水库,是祁连山、阿尔泰山、天山地区农牧业生产和人民生活用水的源泉,是我国野生动植物繁衍栖息的重要场所和生物多样性保护的重要基因库,由此构成了我国生态公益林重点保护体系。该体系建设的重点是保护区域内的天然林资源,同时加强营造林工程建设,积极营造水源涵养林和水土保持林,增加林草植被,以涵养水源、固土保肥,减轻水土流失、泥沙淤积,降低自然灾害的危害程度。

3. 商品林建设

重点地区实施天然林资源保护工程之后,对木材产量进行了大幅度调减,致使木材供需缺口扩大,木材供给的结构矛盾加剧。通过高强度集约经营、定向培育、基地化建设、规模化生产,发展以速生丰产用材林、工业原料林及珍贵大径级用材林等为主的商品林基地建设,特别是提高现有中、幼龄林的集约经营强度,为重点地区长期发挥木材生产基地的作用奠定基础,从根本上解决木材供需矛盾;通过提高森林资源利用率和木材综合利用率,加快以人工林、“三剩物”及“次、小、薪”材等为原料的林产工业建设,推广使用林产品替代物和适度开发海外资源,减轻对森林资源利用的压力,使工程区的森林尽快恢复和发展。

4. 转产项目建设

天然林资源保护工程的实施,将在短期内影响到局部地区的财政收入和群众生活水平。因此,培育新的经济增长点,提高当地群众收入,是实施天然林资源保护工程的重要内容,以及确保天然林资源保护工程成功的关键。转产项目建设是天然林资源保护工程的重要一环,是妥善分流和安置好富余职工的有效途径,能解决林区人口对森林资源的过分依赖,直接关系到林区经济的可持续发展和社会的稳定。目前,林区现有的产业项目普遍存在着布局重复、结构雷同、经济规模偏小、技术含量低、所有制单一等问题。因此,调整产业结构与布局,对现有企业进行改组与改造,增加科技含量,盘活不良资产是转产项目建设的当务之急。

5. 人员分流

木材产量的大幅度调减,将导致大量的富余职工需要分流和转产安置,因此做好林区再就业服务是天然林资源保护工程顺利实施的关键。人员分流安置工作的好坏直接关系到天然林资源保护工程的成败。一是森林管护、营造林建设吸纳和安置富余人员。森林管护分流人员主要从事林政资源管理、林业公安、森林保护等工作；营造林建设分流人员主要从事种苗生产、人工造林、抚育间伐、林分改造、未成林造林的补植、经济林栽培等森林资源培育工作。二是建立转产项目，提供就业机会。三是建立多种经济成分并存的林区多种经营项目。通过多形式、多层次的再就业培训，提高下岗人员的综合竞争能力和自信心。四是一次性安置。按照自愿、公正、公开和稳妥的原则，制定一次性安置方案，落实安置资金，通过法律公证，解除职工与企业的劳动关系。五是妥善做好离退休职工养老保险社会统筹工作。通过大力发展社会保险业，为下岗职工提供最低社会保障收入和医疗等保障，解决下岗职工的后顾之忧。

## 第二节　河南省天然林保护工程的主要建设内容

### 一、工程范围

根据河南省水系和现有天然林资源的分布特点，以及易受破坏的生态脆弱地区改善生态环境的迫切需要，河南天然林保护工程的实施范围包括黄河一级支流洛河、伊河的源头及两侧，大中型水库（包括小浪底水库、三门峡水库、陆浑水库）集水面和主要山脉顶脊及其他易破坏、难恢复的地段。涉及三门峡市的湖滨区、卢氏县、灵宝市、陕县、渑池县、义马市，洛阳市的嵩县、栾川县、新安县、洛宁县、宜阳县、孟津县、伊川县、洛阳郊区和济源市，共15个县（市、区）及范围内的26个国有林场等（见图4-1）。

### 二、主要目标

通过工程的实施，使河南省黄河上中游地区的88.69万$hm^2$森林得到切实保护，减少森林资源消耗量95.5万$m^3$，相应调减商品材产量21.9万$m^3$。到2010年预期新增森林面积15.75万$hm^2$，森林覆盖率由目前的34.1%提高到40.3%，增加6.2个百分点。森林生态系统全面形成后，基本上改善工程区域的生态环境，为推进农业种植结构和农

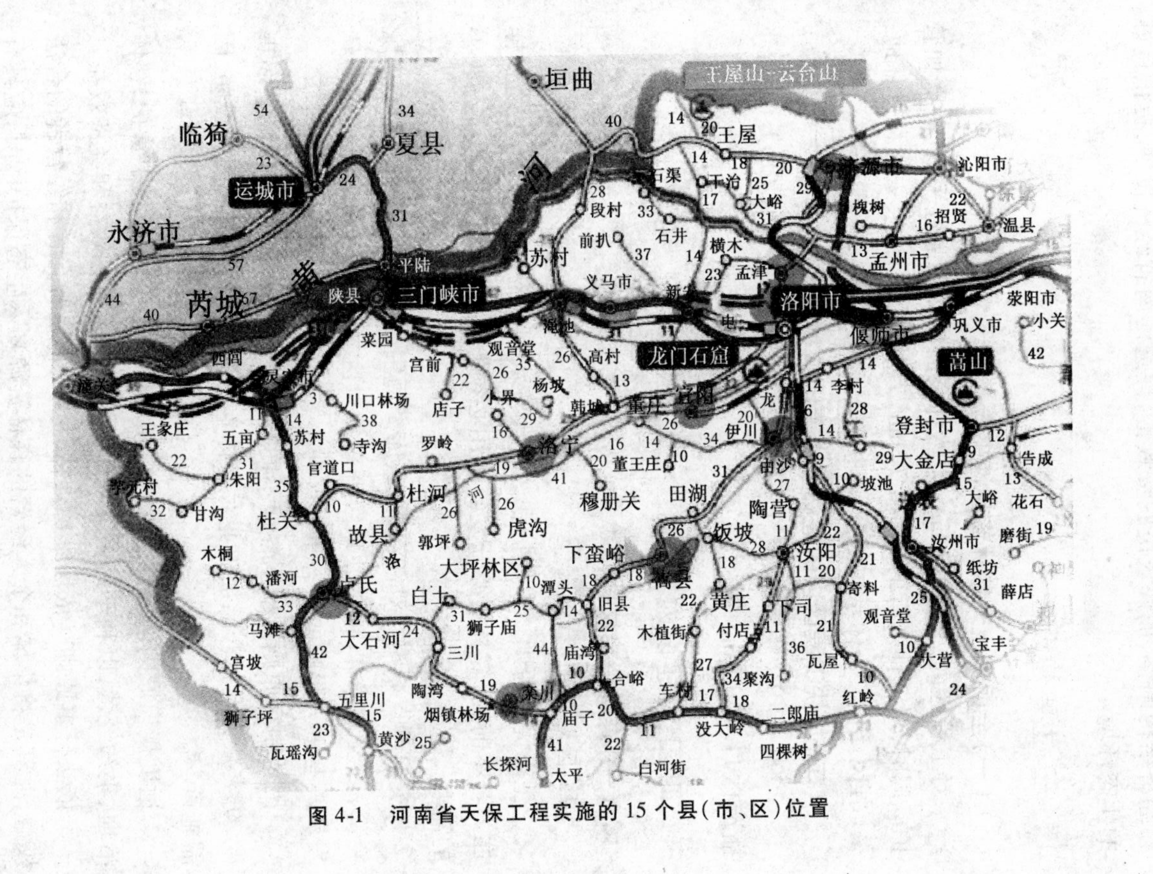


图 4-1　河南省天保工程实施的 15 个县(市、区)位置

村经济结构调整，加快农民脱贫致富，促进河南省经济发展，提供良好的生态环境。

## 三、主要建设任务

### （一）全面停止天然林商品性采伐

对工程区内 29.23 万 $hm^2$ 天然林全面停止商品性采伐，并严加管护。同时，对其他现有的 58.16 万 $hm^2$ 森林、灌木林地、未成林造林地，采取封山堵卡、个体承包等形式进行全面有效管护。

### （二）加快工程区内的宜林荒山荒地造林种草

2000～2010 年造林 15.75 万 $hm^2$，其中封山育林 4.28 万 $hm^2$，飞播造林 11.47 万 $hm^2$。

## 四、工程建设内容

### （一）森林分类区划

1. 区划原则

生态优先原则。以保护和改善大江大河生态环境、保护生物多样性为基本前提，森林资源开发与利用必须服从于环境保护和生态改善的需要。

突出重点原则。对江河源头、库湖周围、水系干流两侧及主要山脉脊部，以及天然林、地带性顶级群落等对区域环境、经济和社会可持续发展具有重大影响的生态重点区和生态脆弱区进行重点区划。

因地制宜原则。根据各地不同自然条件和特点，生态环境脆弱程度，防灾减灾及林产品加工业对森林生态系统的不同需求因害设防、因需施策。

适度规模原则。同类别森林应相对集中连片，便于集中管护、整体治理、集约经营，以利于最大限度地发挥森林的生态效益和经济效益。

依法行事原则。依法维护森林、林木、林地所有者和经营者的合法权益，尤其是将集体和个人经营的森林资源划入生态保护区时，应具有相应的保障措施。

2. 区划结果

根据天然林资源保护工程的总体要求，依据林业用地所处的地理位置、林木起源、立地条件等因子的不同，将林业用地划分为三个类型：重点生态保护区、一般生态保护区和商品林经营区。各类型区划标准严格按照《国家林业局关于印发全国重点天然林保护工程区森林分类区划技术规则的通知》（林资发[1999]218号）要求执行。工程区林业用地面积131.94万$hm^2$，共区划界定生态保护区111.71万$hm^2$，占工程区林业用地面积的84.67%；商品林经营区面积20.23万$hm^2$，占工程区林业用地面积的15.33%。在生态保护区中，区划界定重点生态保护区103.55万$hm^2$，占工程区林业用地面积的78.48%，占生态保护区面积的92.69%；一般生态保护区面积8.16万$hm^2$，占工程区林业用地面积的6.18%，占生态保护区面积的7.31%。详见表4-3。

表4-3　天然林保护工程区森林分类区划统计

| 单位 | 林业用地面积（万$hm^2$） | 生态保护区 | | | | 商品林经营区 | |
|---|---|---|---|---|---|---|---|
| | | 重点生态保护区 | | 一般生态保护区 | | | |
| | | 面积（万$hm^2$） | 占林业用地面积（%） | 面积（万$hm^2$） | 占林业用地面积（%） | 面积（万$hm^2$） | 占林业用地面积（%） |
| 合计 | 131.94 | 103.55 | 78.48 | 8.16 | 6.18 | 20.23 | 15.33 |
| 洛阳 | 64.74 | 50.46 | 77.94 | 5.09 | 7.86 | 9.19 | 14.20 |
| 三门峡 | 57.93 | 45.03 | 77.73 | 3.07 | 5.30 | 9.83 | 16.97 |
| 济源 | 9.27 | 8.06 | 86.95 | | | 1.21 | 13.05 |

3. 经营措施

对重点生态保护区，严禁任何形式的采伐活动，保护好现有森林植被；对一般生态保护区，严格控制采伐方式，只能进行低强度的择伐和抚育采伐；对商品林经营区，严格按照国务院下达的森林采伐限额和木材生产年度计划，实行凭证采伐。

**（二）全面停止天然林商品性采伐**

工程区的天然林资源主要分布在洛阳市的栾川县、嵩县、洛宁县、宜阳县，三门峡市的卢氏县、灵宝县、陕县和济源境内海拔 1 000m 以上的陡坡山地，位于黄河支流涧河、洛河、伊河、沁河和漭河的上游，担负着涵养水源、保持水土、保护生态的重任。

由于长期不合理的采伐利用，工程区天然林林分质量低，林龄结构不合理，幼、中龄林所占比例大，近、成、过熟林少，林地质量不断下降，使得天然林涵养水源、保持水土的功能大大降低。

2000 年工程区森林资源消耗量由 1997 年的 122.4 万 $m^3$ 调减到 26.9 万 $m^3$，调减 95.5 万 $m^3$，调减幅度 78%；工程区商品材产量由 1997 年的 28 万 $m^3$ 调减到 6.1 万 $m^3$，调减 21.9 万 $m^3$，调减幅度 78.2%。从 2001 年起，严格执行《国务院批转国家林业局关于各省、自治区、直辖市“十五”期间年森林采伐限额审核意见报告的通知》(国发[2001]661 号)和《河南省人民政府批转省林业厅关于严格执行“十五”期间年森林采伐限额报告的通知》(豫政[2001]19 号)下达的年度木材生产计划，加强采伐限额管理，加大采伐、运输执法力度。

**(三)森林管护**

1. 管护类型

根据工程区内森林资源分布及地理环境特点，对不同区域和地段，主要采取两种方法进行森林管护。

封山设卡：对交通不便、人员稀少的远山区的林地封山设卡管护，建立精干的森林专业管护队伍。这一方法主要用在国有林区。每卡 2～3人，工程区共设卡 273 个。

承包管护：对交通较为便利、人口稠密、林农交错的近山区的林地，划分森林管护责任区，实行个人和家庭承包管护。这一方法主要用在集体林区，工程区共划分责任区 1 648 个。

2. 管护机制

对群众(国有职工或农民)愿意无偿承包管护，又可以进行林下资源开发利用的，可发包给群众个人管护，国家不再投入资金；对群众不愿无偿承包的，根据资源状况、行政区划划分责任区，由县政府聘任专职或兼职护林员进行管护。为确保森林资源管护成效，森林资源管护实行合同制(集体林和个体林)和目标责任制(国有林)。工程区各县林业主管部门与护林员签订管护合同或目标责任合同,用合同或协议方式确定管护人员的责任和义务,明确管护者的权益,实行责、权、利挂钩的管护经营责任制,充分调动林区干部群众保护森林资源的积极性,确保各项森林管护措施落到实处。

**(四)公益林建设**

为保证宜林荒山荒地造林种草的成效,提高造林成活率和保存率,根据适地适树的原则,依据气候条件和地貌类型特征,参照《河南省立地分类与造林典型设计》的立地分类系统、立地质量评价指标,将工程区立地类型划为三个类型区,即太行山立地类型区、黄土丘陵类型区、伏牛山北坡类型区。结合各区的立地条件和树种的生物学特性,确定适宜的造林方式、林种及主要造林树种。

工程区现有宜林地 37.30 万 $hm^2$,其中国有 1.77 万 $hm^2$,集体 35.53 万 $hm^2$。依照上述分区和确定的公益林建设要求,结合工程区各地的实际情况和国家下达的建设任务,确定 2000~2010 年的公益林建设任务为 15.75 万 $hm^2$,其中封山育林 4.28 万 $hm^2$,飞播造林 11.47 万 $hm^2$。

按建设期分,第一期(2000~2005 年)造林 8.59 万 $hm^2$,其中封山育林 2.33 万 $hm^2$,飞播造林 6.26 万 $hm^2$(其中,2000 年封山育林 0.73 万 $hm^2$,飞播造林 0.15 万 $hm^2$)。第二期(2005~2010 年)造林 7.16 万 $hm^2$,其中封山育林 1.95 万 $hm^2$,飞播造林 5.21 万 $hm^2$。

封山育林:根据宜林地的立地条件和封育主要目的的不同,封育类型划分为乔木型和乔灌型两种。封育方式为全封,封育年限一般为 5 年,若达不到预期目的,封育年限可适当延长。对封山育林地采取设置固定标牌和界桩、书写封禁要求、设专职或兼职护林员进行管护等封禁措施,以及补植补造、平茬复壮、培育管理、人工促进天然更新等育林措施。

飞播造林:根据工程区宜林荒山荒地的立地条件和气候条件,飞播期一般在每年的 5 月下旬至 7 月上旬,造林树种为油松、侧柏、椿树等。播前要对种子进行包衣处理,播后在当年 10 月进行成苗调查,有苗样方频度小于 50% 的不合格播区要进行人工补植,有苗样方频度大于 50% 的合格播区要封禁5年，严加管护，禁止开垦、放牧、割草、砍柴、挖药等人为活动。对不适宜进行飞播的小块宜林地，要进行人工撒播造林。

**（五）富余人员分流与安置**

由于天然林停止商品性采伐，人工林暂停采伐，工程区国有林业企事业单位现有在职职工中，按照国家天然林保护工程政策，将有富余职工4 179人。妥善分流和安置富余职工是工程顺利实施的关键，根据国家天然林保护工程有关政策，结合工程区各地的实际，富余人员分流和安置主要采取以下几种途径：

一是转向森林资源管护。对远山区的林地建立专业管护队伍进行封山管护，对近山区的林地实行个体承包管护。通过森林管护可安置森工企业（含国有林场、国有苗圃）富余人员276人。

二是转向公益林建设和林下资源开发。通过引导工程区富余人员转向种苗生产供应、公益林建设、发展林下养殖业和种植业、利用森林资源开展森林旅游业等方式，可安置森工企业富余人员510人。其中转向公益林建设106人，种苗生产供应113人，开发林下资源和森林旅游等291人。

三是与企业解除劳动合同，领取一次性安置费后自谋职业。按照财政部、国家林业局《关于做好森工企业下岗职工一次性安置工作的通知》（财农[2000]83号）精神，对自愿自谋出路的职工，按不高于森工企业所在地企业职工上年平均工资收入的3倍，发放一次性安置费，通过法律公证，解除与企业的劳动关系，不再享受失业保险。这种途径可分流森工企业富余人员3 149人。

四是进入企业再就业服务中心。按照《中共中央、国务院关于切实做好国有企业下岗职工基本生活保障和再就业工作的通知》（中发[1998]10号）文件规定，对进入再就业中心的职工，要与再就业中心签订基本生活保障和再就业协议，协议期限最长不超过3年，在3年内由再就业中心发放基本生活保障费和代缴医疗、养老、失业三项社会保险费用，下岗职工基本生活保障标准参照企业所在地省会城市国有企业下岗职工基本生活保障标准确定。对在再就业中心协议期满仍未实现再就业的下岗职工，要解除或终止劳动合同，由企业支付经济补偿金或生活补助费，并按国家有关规定享受失业保险待遇直至纳入最低生活保障范畴。这种途径可分流森工企业富余人员 244 人。

**（六）职工基本养老保险社会统筹**

工程区森工企业现有离退休职工 969 人。目前，大多数单位已纳入地方养老保险社会统筹，只有少数单位未纳入地方养老保险社会统筹。按照国家有关规定，应尽快将森工企业养老保险纳入所在地的社会统筹，实行省级管理。对离退休人员基本养老金实行社会化发放，退休人员由社区管理，暂无条件纳入社区管理的地方，由森工企业退休职工专门机构负责管理。为了保证森工企业按时足额缴纳基本养老保险费，对实行天然林资源保护工程后，由于天然林停伐和木材减产，造成森工企业缴费能力下降产生的缴费缺口，采取中央和地方财政补助的方式予以解决。即对从事森林管护、社会公共事业及下岗分流的职工，企业承担的基本养老费，由中央和地方财政给予补助，并纳入工程实施方案的资金总量中。

**（七）工程配套基础设施建设**

1. 种苗工程

天保工程总需苗量 1 605 万株，加上 30% 的保险系数，共需苗木 2 087万株，年均需苗 190 万株，现有国有苗圃和国有林场苗圃年总产苗量，以及种子基地产种量基本能满足造林的需要。但如考虑工程区实施退耕还林工程种苗的需求，则工程区现有种苗（种子）产量远不能满足工程建设的需要。

根据上述分析，种苗工程建设，一方面应对现有种苗生产基地进行改造，加强种苗基础设施建设，如灌溉配套设施建设（打井、修渠、建立小型水窖等）、苗圃交通设施建设（修路）、现代的育苗设施（全光喷雾扦插育苗设施、组培育苗设施、脱毒育苗设施等）建设、种苗监督检验设施建设等；另一方面应根据林业生态工程建设的总体布局，充分考虑其他工程对优质种苗的需要，对现有林木种苗生产基地进行改扩建，并实施丰产工程措施，提高种苗生产能力，同时对邻界市县的种苗基地进行改扩建，并从长远观点出发适当新建部分林木种苗生产基地，确保生态工程造林的需要，提高林业生产力。

2. 森林防火工程

森林防火工程主要包括通信、瞭望监测、扑救指挥和预测预报4个方面。

通信系统建设包括:改建和新建有线通信线路300km,购置传真机30台、计算机39台、卫星监测图像处理设备11台、超短波电台71台、对讲机400台、GPS接收机40部、火场信息传输设备10套,重点市县配备卫星电话12台。

瞭望监测系统建设包括:建造瞭望台40座、火情监测站40座,森林防火纠察队配备巡逻摩托车80辆。

扑救指挥系统建设包括:组建专业森林消防队20支,新建物资储备库18个,购置风力灭火机500台、油锯200台、扑火工具21 000把,更新和配置森林消防指挥车8辆、运输车7辆。

预测预报系统建设包括:新建气象站20座、入山检查站50处。

3. 科技支撑体系

科技支撑体系包括:建立健全工程区科技推广机构,强化各级技术、管理人员和林农技术培训,建立不同类型的科技示范(试验)区,大力推广现有的先进实用技术和科技成果,加强科技攻关研究,解决急需的关键技术。

### 五、投入总估算与资金渠道

从2000年到2010年工程总投资66 845万元,其中:中央预算内基本建设投资20 009万元,中央财政专项资金46 836万元。总投资中,中央补助53 539.2万元,地方配套13 305.8万元。

## 第三节　河南省天然林保护工程的实施情况

### 一、木材产量调减计划执行到位

减少森林资源消耗量是实施天然林保护工程的重要环节,工程实施后,工程区全面停止天然林商品性采伐和人工林暂停采伐,工程区年均商品材产量1.92万$m^3$，与工程实施前年商品材产量28万$m^3$相比，减少了93.1%。比实施方案规划的减幅78.2%多调减了14.9个百分点。河南天保工程木材调减年度执行情况见表4-4。同时，对辖区内所有木材交易市场和木材加工厂进行全面清理整顿，共取缔有固定交易场所的大中型木材交易市场21个，关闭各类小型木材加工厂584个。

**表4-4　河南天保工程木材调减年度执行情况**　（单位：$m^3$）

| 类别 | 2000年 | 2001年 | 2002年 | 2003年 | 2004年 | 2005年 | 合计 |
|---|---|---|---|---|---|---|---|
| 当年木材调减量 | 263 508 | 263 662 | 256 597 | 256 183 | 214 802 | 216 824 | 1 471 576 |
| 当年木材产量 | 30 637 | 12 759 | 19 824 | 20 236 | 72 378 | 66 106 | 221 940 |
| 其中：限伐区木材产量 | 1 870 | 621 | 3 323 | 3 776 | 5 133 | 11 325 | 26 048 |
| 商品林区木材产量 | 7 075 | 150 | 1 800 | 2 000 | 40 113 | 38 252 | 89 390 |
| 农民自用材产量 | 21 692 | 11 988 | 14 701 | 14 460 | 27 132 | 16 529 | 106 502 |

## 二、森林资源管护效果明显

为保护好工程区内现有的88.70万$hm^2$森林资源，工程区建立了县、乡、责任区三级森林资源管护网络，设立管护站、卡273个，划分管护责任区1 648个，聘请了3 891名专、兼职护林员，将天保工程各项管理措施切实落实到了实处，有效地保护了森林资源（见表4-5）。

**表4-5　河南天保工程区森林管护情况**

| 市区 | 森林资源管护区（个） | 森林资源管护站（卡）个数（个） | 专、兼职管护人员（人） | 保护面积（万$hm^2$） |
|---|---|---|---|---|
| 洛阳市 | 1 163 | 156 | 1 977 | 45.06 |
| 三门峡市 | 407 | 107 | 1 660 | 36.40 |
| 济源市 | 78 | 10 | 254 | 7.24 |
| 合计 | 1 648 | 273 | 3 891 | 88.70 |

## 三、公益林建设按计划圆满完成

河南省天保工程区 2000～2005 年共封山育林 6.09 万 $hm^2$、飞播造林 2.48 万 $hm^2$。各年度公益林建设情况见表 4-6。

**表 4-6 河南天保工程区年度公益林建设情况**

（单位：$hm^2$）

| 市区 | 飞播造林 | | | | 封山育林 | | | | | | |
|---|---|---|---|---|---|---|---|---|---|---|---|
| | 2000 年 | 2001 年 | 2002 年 | 合计 | 2000 年 | 2001 年 | 2002 年 | 2003 年 | 2004 年 | 2005 年 | 合计 |
| 洛阳市 | 0.00 | 0.59 | 0.62 | 1.21 | 0.16 | 0.20 | 0.20 | 0.91 | 0.73 | 0.71 | 2.91 |
| 三门峡市 | 0.15 | 0.56 | 0.29 | 1.00 | 0.38 | 0.19 | 0.19 | 0.71 | 0.67 | 0.62 | 2.76 |
| 济源市 | 0.00 | 0.14 | 0.13 | 0.27 | 0.19 | 0.00 | 0.00 | 0.13 | 0.03 | 0.07 | 0.42 |
| 合计 | 0.15 | 1.29 | 1.04 | 2.48 | 0.73 | 0.39 | 0.39 | 1.75 | 1.43 | 1.40 | 6.09 |

## 四、富余人员分流、安置合理

工程规划确定的富余人员大部分得到安置，主要安置去向为一次性安置，占总数的 52.1%。职工养老保险逐步落实，但依然面临巨大的就业压力，在岗和离退休职工 98.9% 参加了养老保险；工程区各实施单位充分利用国家实施天保工程给予的优惠政策，通过采取发展森林旅游、培育林木种苗、鼓励富余人员参与营林管护建设、一次性安置等措施，到 2005 年底，共妥善分流安置森工企业富余职工 4 725 人，为实施方案规划 4 179 人的 113.07%，其中转向森林管护 549 人，转向公益林建设 72 人，一次性安置 2 176 人，转向种苗、第三产业（森林旅游）1 928 人。同时，大多数在职职工参加了养老社会统筹，所有离退休人员基本养老金能按时足额发放，保证了林区的社会稳定。

**表 4-7 工程实施区富余人员分流情况** （单位：人）

| 市区 | 一次性安置 | 转公益林建设 | 转森林管护 | 其他安置 | 合计 |
|---|---|---|---|---|---|
| 洛阳市 | 1 295 | 49 | 299 | 1 185 | 2 828 |
| 三门峡市 | 795 | 0 | 183 | 593 | 1 571 |
| 济源市 | 86 | 23 | 67 | 150 | 326 |
| 合计 | 2 176 | 72 | 549 | 1 928 | 4 725 |

## 五、政社性人员落实情况

河南省天保工程区共落实政社性人员653名,其中公安591名、教育13名、卫生49名(见表4-8)。

表4-8　河南天保工程区社会统筹人员落实情况

| 市区 | 教育 | 卫生 | 公安 | 合计 |
|---|---|---|---|---|
| 洛阳市 | 6 | 24 | 286 | 316 |
| 三门峡市 | 6 | 15 | 240 | 261 |
| 济源市 | 1 | 10 | 65 | 76 |
| 合计 | 13 | 49 | 591 | 653 |

## 六、科技支撑和后续产业建设

天保工程实施以来,项目区的部分国有林场转变单一的营林模式,以繁育良种壮苗为主导产业,走出了困境。种苗是林业生产的物质基础,对林业建设速度和质量起着至关重要的作用。河南省天保工程区按照天保工程的实施方案,加大了对现有苗圃地改造的力度,依托国有林业场圃建立骨干苗圃和良种采种基地,已建成母树林336.00hm$^2$,种子园130.66hm$^2$,采种基地416.20hm$^2$,苗圃728.13hm$^2$(见表4-9),为林业重点工程提供了充足的良种壮苗,对新品种的引种、培育,优良品种的推广起到了积极的示范作用,提高了林业重点工程建设质量,拓宽了林场职工的就业和收入渠道,取得了较大的成效。

表4-9　河南天保工程基础设施建设年度完成情况

| 项目 | 单位 | 2000年 | 2001年 | 2002年 | 2003年 | 2004年 | 2005年 | 合计 |
|---|---|---|---|---|---|---|---|---|
| 1. 森林防火项目 | | | | | | | | |
| 其中:瞭望台、检查站 | 个 | 1 | 17 | 12 | 116 | 7 | | 153 |
| 道路 | km | | | 82 | 65 | 5 | | 152 |
| 隔离带 | km | 19 | | 97 | 205 | 40 | | 361 |

续表 4-9

| 项目 | 单位 | 2000 年 | 2001 年 | 2002 年 | 2003 年 | 2004 年 | 2005 年 | 合计 |
|---|---|---|---|---|---|---|---|---|
| 设备 | 个、套 | 516 | 4 239 | 1 266 | 6 095 | 373 | | 12 489 |
| 车辆 | 辆 | | 2 | 2 | 28 | | 1 | 33 |
| 其他 | 座 | 5 | 8 | 4 | 11 | | | 28 |
| 2. 种苗基础设施项目 | | | | | | | | |
| 其中:母树林 | hm² | | 149.33 | 120.00 | 66.67 | | | 336.00 |
| 种子园 | hm² | | 34.00 | 63.33 | 33.33 | | | 130.66 |
| 采种基地 | hm² | | 160.87 | 95.33 | 80.00 | 80.00 | | 416.20 |
| 苗圃 | hm² | 13.6 | 561.20 | 72.53 | 53.60 | 13.60 | 13.60 | 728.13 |
| 苗圃喷灌设施 | 套 | | 14 | 9 | 1 | | 1 | 25 |
| 其他 | hm² | | 268.40 | 162.80 | | | | 431.20 |
| 3. 科技支撑项目 | | | | | | | | |
| 其中:技术示范林 | hm² | | 103.33 | 86.67 | 180.00 | | | 370.00 |
| 技术推广林 | hm² | | 10.00 | | | | | 10.00 |
| 技术繁育苗圃 | hm² | | 2.00 | | | | | 2.00 |
| 其他 | hm² | 1.00 | 0.80 | 0.67 | 70.87 | 0.60 | 0.53 | 74.47 |

## 七、工程资金划拨及时、使用规范

河南省天保工程资金的拨付能及时足额到位,资金使用都能严格按照国家的规定执行,天保工程投入和使用具体情况见表 4-10。

表 4-10　河南天保工程资金投入和使用情况　（单位:万元）

| 市区 | 天保工程投入 | | | 资金使用情况 | | |
|---|---|---|---|---|---|---|
| | 财政专项资金 | 国债资金 | 总投入 | 财政专项投资 | 国债资金 | 完成投资 |
| 洛阳市 | 14 022 | 4 157 | 18 179 | 10 698.8 | 3 671.3 | 14 370.1 |
| 三门峡市 | 10 620 | 3 536 | 14 156 | 9 233.2 | 2 944.2 | 12 177.4 |
| 济源市 | 2 089 | 787 | 2 876 | 1 879 | 787 | 2 666 |
| 其他 | | 2 812 | 2 812 | | 2 812 | 2 812 |
| 合计 | 26 731 | 11 292 | 38 023 | 21 811 | 10 214.5 | 32 025.5 |

## 八、工程管理和运行情况

### （一）加强管理队伍的建设

一是森林公安队伍建设，全省天保工程实施区新增森林公安局21个，补充森林公安民警292人；二是林政稽查队伍建设，主要是通过职能转变，加强了管理职能，由过去查挡木材转向森林资源保护的全面稽查；三是森林管护队伍建设，通过增加管护站点和人员，强化管护职能，确保森林资源安全。选拔聘用了3 968人作为天保工程管护人员。

### （二）全面落实管护责任制

省、市、县、局、场、职工层层签订承包管护责任书。林场与乡（镇）、营林区与村签订管护合同。如洛阳市实施天保工程后，将全市天保工程划分森林资源管护责任区1 163个，实现森林资源管护责任制。设立森林资源管护站、卡156个，建立了县、乡、责任区三级天保工程森林资源管护网络。

### （三）设置管理机构，停止天然林商品性采伐

根据党中央、国务院关于全面停止长江上游、黄河上中游天然林采伐，全力搞好生态建设的指示精神，河南省委、省政府高度重视，积极贯彻，多次召开会议进行专题研究，及时作出了《关于停止国有天然林采伐的决定》，并于2000年在全省范围内全面停止了天然林采伐，启动实施了河南省国有天然林资源保护工程，成立了由主管省长任组长，主管秘书长以及计委、农委、林业、财政、公安、经贸、人事、劳动、监察、审计、工商、国土、地税、人行等14个部门主要负责同志为成员的省国有天然林资源保护工程建设领导小组，并在省林业厅设立了办公室。

### （四）舆论支持，社会关注

河南省天保工程实施前后，集中组织宣传，大造舆论声势，广泛发动，召开了全省停止国有天然林采伐新闻发布会和广播电视动员大会，张贴了30 000多张宣传告示。天保工程实施单位制作了大量的宣传碑、牌、横幅、标语。同时，省、地、县各级新闻机构报道天保工程实施中涌现出的先进人物和事迹，监督破坏森林资源安全的违法犯罪行为，为工程顺利实施创造了良好的社会和舆论环境，形成了全社会爱林护林的氛围。

# 第四节　河南省天然林保护工程阶段性成效评价

河南省天保工程实施几年来，已初步显现出改善工程区生态环境的效果，有力地推动了林区、农村产业结构调整，促进了地方经济的发展，对林业发展产生了深刻的影响。受到保护的珍稀濒危野生动植物资源的生存环境大为改善，极大地保护和丰富了生物多样性，对于改善该区域的生态环境起着举足轻重的作用。因此，该工程具有十分显著的生态效益、社会效益和经济效益。

## 一、生态效益分析评价

### （一）森林面积扩大，森林覆盖率提高

河南省在生态公益林建设方面采取了多林种、多树种，针阔结合、乔灌结合的方法。因地制宜，宜乔则乔，宜灌则灌，宜草则草，使天保工程区森林植被大面积增加。据对洛阳市 8 个天保工程县（区）统计，森林面积由天保工程实施前的 35.71 万 $hm^2$ 增加到目前的 47.11 万 $hm^2$，年增长率约为 5 %；森林蓄积量由 884 万 $m^3$ 提高到 1 220 万 $m^3$，年增加量 56 万 $m^3$。天保工程区森林结构有了显著的提高。这种森林面积和质量的变化带来了显著的环境效益，有效遏制了水土流失，减少了洪水、滑坡等自然灾害。随着森林植被的迅速恢复和增加，工程区地下水增加，一些干涸的水源和泉眼又开始出现了水流。一些干旱燥热的地区小气候得到改善，空气湿度和降雨量明显增加。河南省天保工程区森林资源变化情况见表 4-11，森林面积变化见图 4-2，三门峡市森林覆盖率变化见图 4-3。

**表 4-11　河南省天保工程区森林资源变化情况**

（单位：万 $hm^2$）

| 类别 | 1999 年 | 2000 年 | 2001 年 | 2002 年 | 2003 年 | 2004 年 | 2005 年 |
|---|---|---|---|---|---|---|---|
| 1. 林业用地面积 | 137.55 | 138.44 | 140.48 | 141.77 | 143.55 | 144.06 | 146.55 |
| 2. 有林地面积 | 68.16 | 78.08 | 78.99 | 81.48 | 83.85 | 94.02 | 96.11 |
| 其中：天然林 | 42.65 | 46.38 | 46.38 | 46.39 | 46.40 | 53.07 | 53.07 |
| 人工林 | 25.51 | 31.70 | 32.61 | 35.09 | 37.45 | 40.95 | 43.04 |

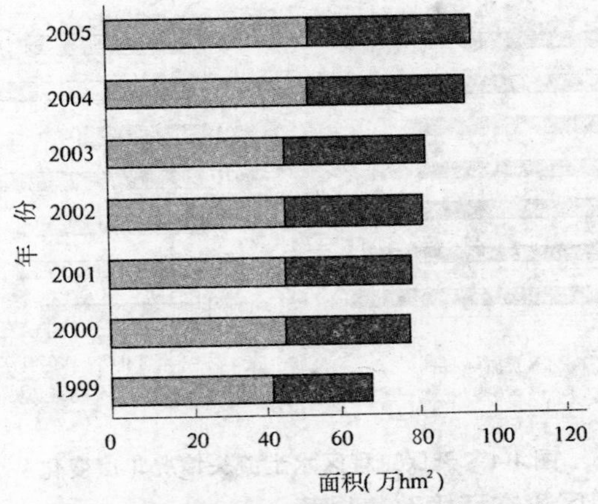


注:浅色为天然林面积,浅色加深色为森林面积。

图 4-2　河南省天保工程区森林面积变化

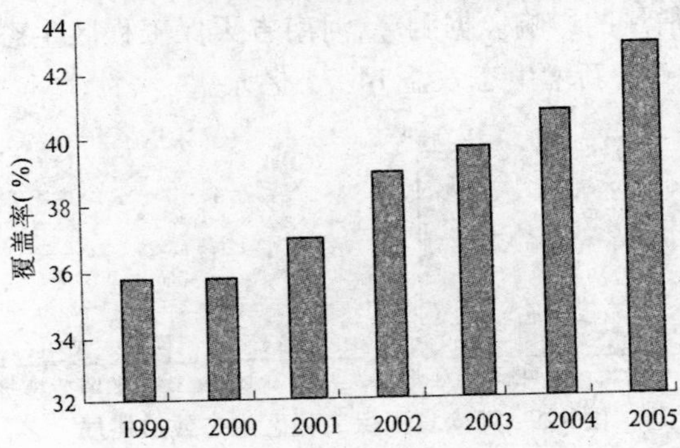


图 4-3　三门峡市森林覆盖率变化

## (二)水土流失面积减少

与实施前比较,项目区的水土流失面积减少 81.07 万 $hm^2$(2005 年与 1999 年比较),水土流失治理面积达到 70.67 万 $hm^2$,天保工程的实施使项目区的涵养水源能力不断加强,水土流失得到基本控制,江河水体泥沙含量大大降低,每年进入黄河的泥沙量大幅度减少,对保障三门峡、小浪底等国家大型水利枢纽工程长期发挥效用,具有不可替代的作用,为从根本上解决黄河断流问题作出重要贡献(见图 4-4)。

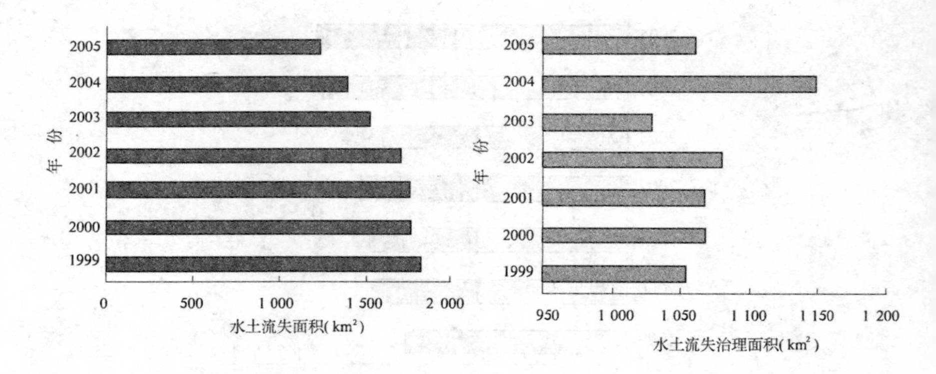


图4-4　天保工程区水土流失情况年度变化

## (三)工程区生态环境改善显著

天保工程的实施对生物多样性、水源涵养、治理水土流失等环境效益产生不可估量的影响。据测算,河南省天保工程区生态效益约为80亿元(见图4-5),新增生态效益14.75亿元。

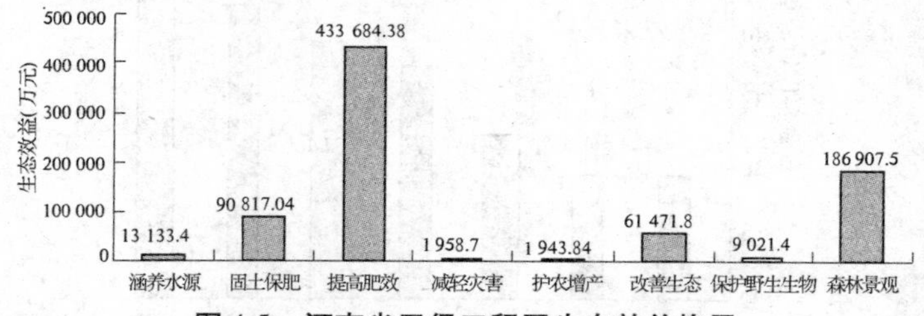


图4-5　河南省天保工程区生态效益格局

### 1. 涵养水源效益

项目区新增有林地面积15.75万$hm^2$,可增加森林土壤储水量为763.23万t,每年涵养水源效益增加值为328.19万元。

### 2. 固土保肥效益

新增加的森林所具有的固土保肥效益:固土效益为435.79万元;保肥效益为16 802.76万元,两者合计为17 238.55万元。

### 3. 提高土壤肥力的效益

项目区内新增林地每年土壤有机质含量比无林地增加10.4 $t/hm^2$,水解氮增加33.7$kg/hm^2$,可得效益共计759.62万元。

4. 减轻水、旱灾的效益

项目区年森林涵养水源量为12.15亿$m^3$，每年的防洪效益为6 075万元。工程实施后将使项目区森林覆盖率提高6.21%，可多降雨43.5mm，增加降水总量3.2亿$m^3$，项目区每年减免旱灾与调节径流总效益为11 195万元。

5. 改善小气候与庇护农田的效益

项目区耕地面积为42.67万$hm^2$，每年增产效益为1 143.96万元。

6. 改善生活环境效益

项目区新造林成林地每年改善生活环境效益为11 652.53万元。

7. 森林野生生物保护效益

该效益新增加价值为8 255.05万元。

8. 森林景观效益

天然林得到全面保护后，森林景观效益更加显著。实施天然林保护工程后，由于新增造林地而增加的森林生态效益总值可达到79 458.30万元。

9. 直接经济效益

项目区15.75万$hm^2$新造林成林后，增加活立木总蓄积313.03万$m^3$，产值46 955.16万元。同时，产业结构和产品结构得到调整和优化，经济危困局面得到缓解，以消耗天然林资源为主和“独木”支撑的经济格局将得到根本性改变。

10. 净化空气的效益

根据植物光合作用，每制造1g干物质可释放出1.39~1.42g氧气。天保工程区6年(2000~2005年)来共增加森林蓄积7 137 848$m^3$(每立方米按0.8t计)，氧气按1元/kg计，净化空气效益5年净增571 027.84万元，平均每年11 420.56万元。

**(四)局部地区环境改善明显**

生物多样性增加，野生动物栖息地得到有效保护，森林生态系统得到有效恢复，通过停止采伐，加强保护，造管并举，工程区部分地方生态恶化的状况得到有效遏制，并呈现明显的好转趋势。比如，洛宁县通过实施天保工程，降水量和水土流失面积都发生了显著的变化，生态环境的改善提高了农业的产量。洛宁县天保工程实施前后各年份降水量、水土流失面积和农业增收结果见图 4-6。

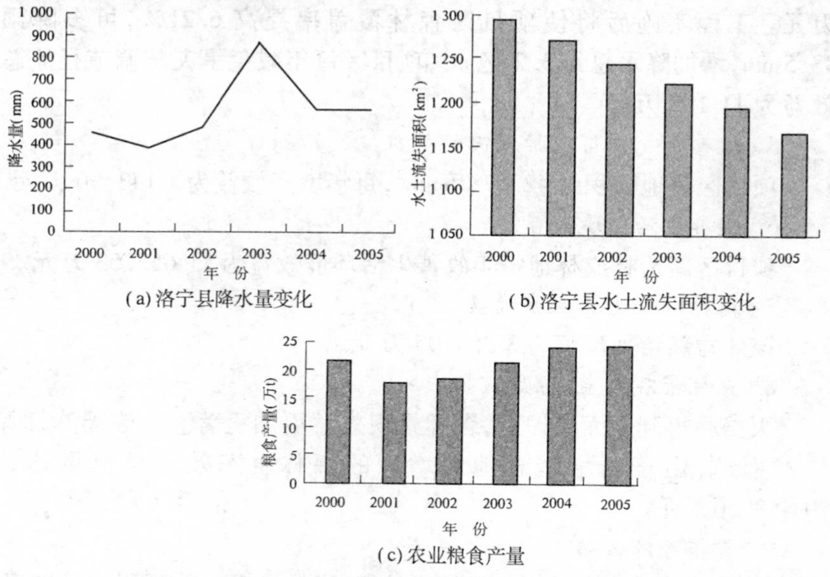

(a) 洛宁县降水量变化

(b) 洛宁县水土流失面积变化

(c) 农业粮食产量

**图 4-6　洛宁县天保工程实施前后降水量、水土流失面积、粮食产量变化**

## 二、经济影响分析评价

### (一)工程区产业结构得到调整,后续产业持续性增强

工程区经济结构渐趋合理,各地充分利用林区丰富的自然资源,调整产业结构,使工程区经济逐步从以采伐和加工木材为主向发展森林旅游、制药和森林食品加工及养殖等方面转移,并呈现出良好的态势;第三产业得到长足的发展,第二产业结构也发生较大变化,木材架构及木、竹、藤等制品所占比例由 1999 年的 61.88% 下降到 2003 年的 24.39%。非木质林产品加工制造业和其他加工业所占比重逐年加大。

### (二)工程区经济结构得到调整

实施天保工程后,项目区经济结构有了显著的变化。河南天保工程区项目实施前后经济指标比较见表 4-12。

表 4-12　河南天保工程区项目实施前后经济指标比较

| 经济指标 | 1999 年 | 2000 年 | 2001 年 | 2002 年 | 2003 年 | 2004 年 | 2005 年 |
|---|---|---|---|---|---|---|---|
| 1. 国内生产总值(现价)(万元) | 3 276 085 | 3 381 150 | 3 719 293 | 4 412 583 | 5 057 076 | 6 304 135 | 8 051 707 |
| 2. 地方财政收入(万元) | 124 169 | 148 073 | 160 795 | 147 858 | 175 298 | 249 536 | 380 783 |
| 3. 各项税收总额(万元) | 111 931 | 119 768 | 138 144 | 151 457 | 156 779 | 204 254 | 273 956 |
| 4. 地方财政支出(万元) | 160 656 | 208 022 | 252 717 | 320 966 | 348 857 | 451 659 | 642 890 |
| 6. 林业建设总投资(万元) | 5 579 | 14 276 | 16 662 | 20 662 | 27 042 | 25 035 | 26 755 |
| 7. 林业企业个数(个) | 1 207 | 1 196 | 714 | 926 | 794 | 810 | 827 |
| 8. 林业企业总人数(人) | 12 387 | 11 322 | 9 385 | 9 734 | 9 166 | 9 492 | 8 574 |
| 9. 林业企业总产值(万元) | 33 761 | 33 532 | 29 581 | 34 480 | 60 702 | 73 240 | 69 119 |

### (三)第三产业成为天保工程区新的经济增长点

实施天保工程后,项目区的群众抓住发展林业、改善生态环境的契机,利用资源和景观优势积极发展第三产业,使工程区内以生态旅游为代表的第三产业开展得有声有色,经济效益年年提高。尤其是2004 年以后森林旅游收入显著增长。2005 年森林旅游收入近 9 亿元(见表 4-13)。

表 4-13　河南省天保工程区森林旅游收入年度变化　(单位:万元)

| 类别 | 2000 年 | 2001 年 | 2002 年 | 2003 年 | 2004 年 | 2005 年 |
|---|---|---|---|---|---|---|
| 直接收入 | 4 575 | 6 545 | 7 687 | 8 654 | 9 058 | 8 573 |
| 综合收入 | 11 255 | 12 930 | 11 969 | 13 993 | 65 885 | 89 052 |

### (四)企业所有制结构进一步得到优化

据调查,河南省天保工程项目区以木材加工为主的林业企业个数在实施天保工程的 6 年间呈下降趋势(见图 4-7),6 年间企业减少了 380 个,减少幅度为 31.5%;而林业企业的效益呈增长趋势(见图 4-8),2005 年达到 69 119 万元,比工程实施前的 1999 年增长 104.7%;企业职工的人数也由工程实施前的 12 387 人减少到 2005 年的 8 574 人,6 年间减少 3 813人(见图 4-9);企业人均工资水平表现出快速增长趋势(见图 4-10)。

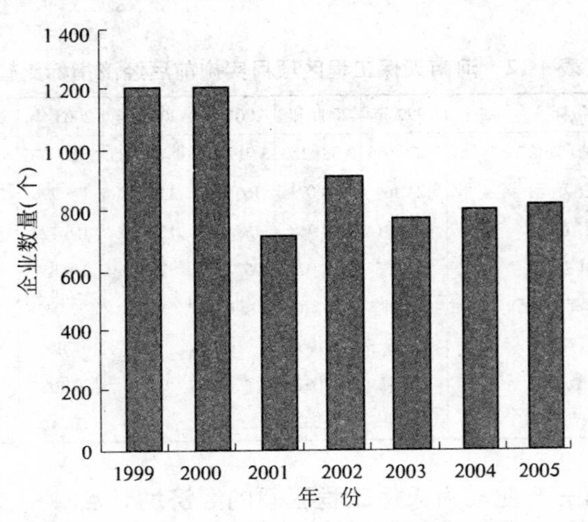


图 4-7　天保工程区林业企业数量年度变化

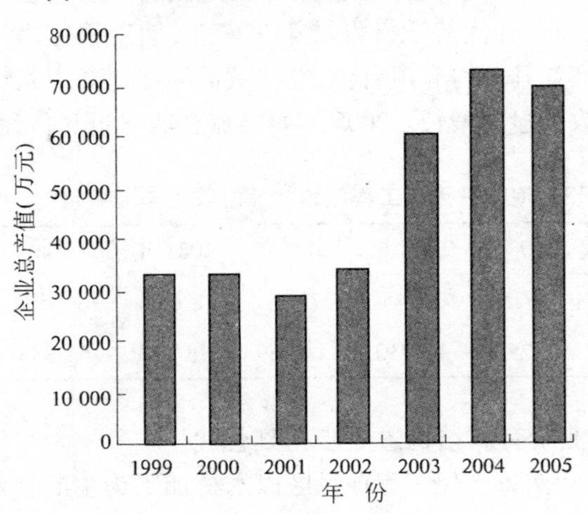


图 4-8　工程区林业企业总产值年度变化

## (五)农民收入明显提高

河南省天保工程区内,农民的收入逐年增长(见图 4-11),与工程实施前的 1999 年(人均 2 259 元)相比,2005 年农民人均收入高达 4 963元,6 年间增长 2 704 元,增长率 119.7%。而人均林业收入变化相对较小,说明工程区农民收入来源对林业的依赖越来越小。

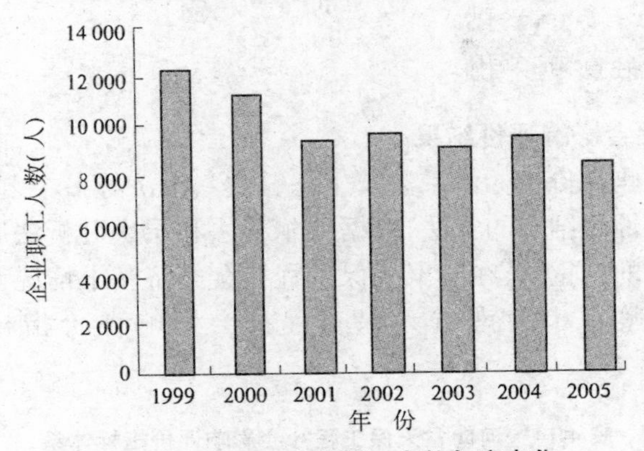


图 4-9　工程区企业职工人数年度变化

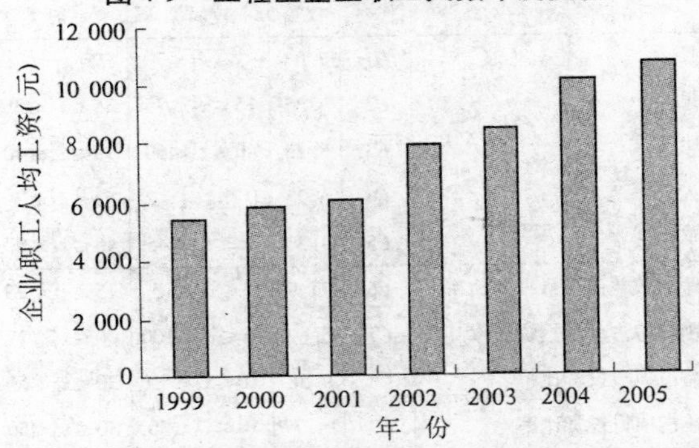


图 4-10　天保工程区企业职工人均工资年度变化

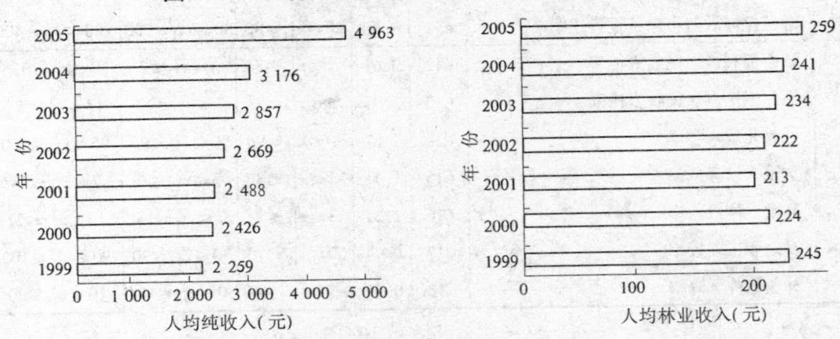


图 4-11　项目区农民经济收入年度变化

## 三、社会影响评价

### (一)社会影响评价结果

社会影响评价指标体系涉及生态、社会、经济等多个复杂因素,采用定量与定性相结合的方法,根据特尔斐法和层次分析法所确定的各个评价指标的权重值,在国家天保工程社会经济基本情况调查表的基础上,统计整理出河南省天保工程社会影响评价指标体系(见表4-14)。

**表4-14 河南省天保工程社会影响评价指标体系** (%)

| 指标 | | 代号 | 权重 | 较弱类 | 一般类 | 较强类 |
|---|---|---|---|---|---|---|
| 社会经济 | 林业产值增长率 | $C1$ | 7.03 | $2\leq x_1^1\leq 7$ | $7\leq x_1^2\leq 12$ | $12\leq x_1^3\leq 17$ |
| | 社会就业效果 | $C2$ | 4.35 | $15\leq x_2^1\leq 25$ | $25\leq x_2^2\leq 35$ | $35\leq x_2^3\leq 45$ |
| | 对社会分配影响 | $C3$ | 8.25 | $40\leq x_3^1\leq 60$ | $15\leq x_3^2\leq 40$ | $5\leq x_3^3\leq 15$ |
| | 科技开发投入 | $C4$ | 6.23 | $0.5\leq x_4^1\leq 2$ | $2\leq x_4^2\leq 7$ | $7\leq x_4^3\leq 15$ |
| | 人民生活水平增长率 | $C5$ | 7.31 | $25\leq x_5^1\leq 45$ | $45\leq x_5^2\leq 80$ | $80\leq x_5^3\leq 120$ |
| 生态环境 | 野生动植物保护效益占项目投资比率 | $C6$ | 11.7 | $5\leq x_6^1\leq 15$ | $15\leq x_6^2\leq 25$ | $25\leq x_6^3\leq 35$ |
| | 林地资源利用效益占项目投资比率 | $C7$ | 5.62 | $75\leq x_7^1\leq 100$ | $100\leq x_7^2\leq 125$ | $125\leq x_7^3\leq 150$ |
| | 净化水质效益占项目投资比率 | $C8$ | 9.58 | $10\leq x_8^1\leq 30$ | $30\leq x_8^2\leq 50$ | $50\leq x_8^3\leq 70$ |
| | 保持水土效益占项目投资比率 | $C9$ | 14.77 | $10\leq x_9^1\leq 30$ | $30\leq x_9^2\leq 50$ | $50\leq x_9^3\leq 70$ |
| | 净化空气效益占项目投资比率 | $C10$ | 6.64 | $50\leq x_{10}^1\leq 75$ | $75\leq x_{10}^2\leq 500$ | $500\leq x_{10}^3\leq 1\ 000$ |
| | 游憩保健效益占项目投资比率 | $C11$ | 4.60 | $20\leq x_{11}^1\leq 80$ | $80\leq x_{11}^2\leq 200$ | $200\leq x_{11}^3\leq 400$ |
| 其他社会因素 | 社会福利占国民收入比率 | $C12$ | 3.61 | $1\leq x_{12}^1\leq 3$ | $3\leq x_{12}^2\leq 7$ | $7\leq x_{12}^3\leq 13$ |
| | 医疗卫生占居民收入比率 | $C13$ | 2.95 | $3\leq x_{13}^1\leq 7$ | $7\leq x_{13}^2\leq 13$ | $13\leq x_{13}^3\leq 27$ |
| | 适龄儿童入学率 | $C14$ | 2.87 | $80\leq x_{14}^1\leq 90$ | $90\leq x_{14}^2\leq 95$ | $95\leq x_{14}^3\leq 100$ |
| | 贫困人口降低率 | $C15$ | 1.41 | $1\leq x_{15}^1\leq 3$ | $3\leq x_{15}^2\leq 7$ | $7\leq x_{15}^3\leq 13$ |
| | 基础设施投入率 | $C16$ | 1.37 | $3\leq x_{16}^1\leq 7$ | $7\leq x_{16}^2\leq 13$ | $13\leq x_{16}^3\leq 27$ |
| | 富余职工安置率 | $C17$ | 0.94 | $50\leq x_{17}^1\leq 70$ | $70\leq x_{17}^2\leq 90$ | $90\leq x_{17}^3\leq 100$ |
| | 林业案件下降率 | $C18$ | 0.79 | $-20\leq x_{18}^1\leq 0$ | $0\leq x_{18}^2\leq 10$ | $10\leq x_{18}^3\leq 30$ |

根据河南省三个市天保工程的上报数据,整理计算出2000~2005年河南省天保工程社会影响评价指标实现值,见表4-15。

表 4-15　2000 ~ 2005 年河南省天保工程社会影响评价指标实现值

| 代号 | C1 | C2 | C3 | C4 | C5 | C6 | C7 | C8 | C9 |
|---|---|---|---|---|---|---|---|---|---|
| 实现值 | 15.83 | 22.5 | 25 | 0.95 | 120 | 21.7 | 123.5 | 40.6 | 45.3 |
| 代号 | C10 | C11 | C12 | C13 | C14 | C15 | C16 | C17 | C18 |
| 实现值 | 1 501.8 | 209 | 2.37 | 6.2 | 94 | 1.12 | 5.78 | 100 | 17 |

按照表 4-15 给出的分指标灰类，三角白化权函数的一般形式如图 4-12所示，其中 $x_j^0, x_j^1, \cdots, x_j^5$ 为延拓值，对于 $j$ 指标的一个观测值 $x$，可由式(4-1)计算出其灰类 $k(k=1,2,3)$ 的白化权函数 $f_j^k(x)$。

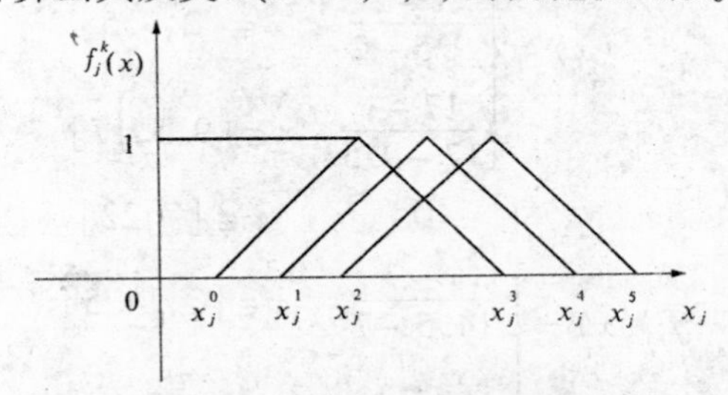


图 4-12　三角白化权函数延拓值

$$f_j^k(x)=\begin{cases}0 & x\notin[x_j^{k-1},x_j^{k+2}]\\ \dfrac{x-x_j^{k-1}}{\lambda_j^k-x_j^{k-1}} & x\in[x_j^{k-1},\lambda_j^k]\\ \dfrac{x_j^{k+2}-x}{x_j^{k+2}-\lambda_j^k} & x\in[\lambda_j^k,x_j^{k+2}]\end{cases}\tag{4-1}$$

当 $j=1$ 时，林业产值增长率分指标数域延拓至 $x_1^0=0$ 和 $x_1^5=22$，$x_1^1$、$x_1^2$、$x_1^3$、$x_1^4$ 分别取为“较弱”、“一般”、“较强”三个灰类的域值，即 $x_1^1=2, x_1^2=7, x_1^3=12, x_1^4=17$。

$\lambda_1^k$ 取为 $x_1^k$ 与 $x_1^{k+1}$ 的均值，即

$$\lambda_1^1=\frac{1}{2}(x_1^1+x_1^2)=\frac{1}{2}(2+7)=4.5$$

$$\lambda_1^2=\frac{1}{2}(x_1^2+x_1^3)=9.5$$

$$\lambda_1^3 = \frac{1}{2}(x_1^3 + x_1^4) = 14.5$$

将上述具体数值代入式(4-1),可得 $j=1$ 时的白化权函数:

$$f_1^1(x) = \begin{cases} 0 & x \notin [0.5, 12] \\ \dfrac{x-0.5}{4.5-0.5} & x \in [0.5, 4.5] \\ \dfrac{12-x}{12-4.5} & x \in [4.5, 12] \end{cases} \tag{4-2}$$

$$f_1^2(x) = \begin{cases} 0 & x \notin [2, 17] \\ \dfrac{x-2}{9.5-2} & x \in [2, 9.5] \\ \dfrac{17-x}{17-9.5} & x \in [9.5, 17] \end{cases} \tag{4-3}$$

$$f_1^3(x) = \begin{cases} 0 & x \notin [7, 22] \\ \dfrac{x-7}{14.5-7} & x \in [7, 14.5] \\ \dfrac{22-x}{22-14.5} & x \in [14.5, 22] \end{cases} \tag{4-4}$$

将河南天保工程社会影响评价指标体系的林业产值增长率 $C1 = 15.83$ 分别代入式(4-2)~式(4-4),可以计算出河南省关于林业产值增长率这一分指标对“较弱”、“一般”、“较强”三个灰类的白化权函数值分别为:

$$f_1^1(15.83) = 0, f_1^2(15.83) = 0.16, f_1^3(15.83) = 0.82$$

从所得结果可以看出,就林业产值增长率而言,河南省天保工程效益显著。

全部分指标取数域延拓值及其关于三个不同灰类的白化权函数值分别如表 4-16 和表 4-17 所示。

根据式(4-5)可以计算出河南天保工程社会影响评价指标体系关于灰类 $k(k=1,2,3)$ 的综合聚类系数 $\sigma_{hn}^k$:

$$\sigma_{hn}^k = \sum_{j=1}^{m} f_j^k(x_{ij}) \cdot \eta_j \tag{4-5}$$

表 4-16　分指标取数域延拓值

| 代号 | C1 | C2 | C3 | C4 | C5 | C6 | C7 | C8 | C9 |
|---|---|---|---|---|---|---|---|---|---|
| $x_j^0$ | 0.5 | 5 | 85 | 0.5 | 10 | 0.5 | 50 | 0.5 | 0.5 |
| $x_j^5$ | 22 | 55 | 0 | 12 | 170 | 50 | 175 | 90 | 90 |
| 代号 | C10 | C11 | C12 | C13 | C14 | C15 | C16 | C17 | C18 |
| $x_j^0$ | 100 | 10 | 0.5 | 1 | 75 | 0.5 | 1 | 30 | -30 |
| $x_j^5$ | 1 800 | 550 | 17 | 37 | 100 | 17 | 37 | 100 | 40 |

表 4-17　分指标白化权函数值

| 代号 | C1 | C2 | C3 | C4 | C5 | C6 | C7 | C8 | C9 |
|---|---|---|---|---|---|---|---|---|---|
| $f_j^1(x)$ | 0 | 0.83 | 0.29 | 0.71 | 0 | 0.22 | 0.04 | 0.38 | 0.19 |
| $f_j^2(x)$ | 0.16 | 0.50 | 0.73 | 0.11 | 0.17 | 0.89 | 0.71 | 0.98 | 0.82 |
| $f_j^3(x)$ | 0.82 | 0 | 0.50 | 0 | 0.83 | 0.45 | 0.63 | 0.31 | 0.51 |
| 代号 | C10 | C11 | C12 | C13 | C14 | C15 | C16 | C17 | C18 |
| $f_j^1(x)$ | 0 | 0 | 0.93 | 0.97 | 0.10 | 0.41 | 0.90 | 0 | 0 |
| $f_j^2(x)$ | 0.09 | 0.73 | 0.34 | 0.46 | 0.80 | 0.03 | 0.40 | 0.05 | 0.52 |
| $f_j^3(x)$ | 0.56 | 0.59 | 0 | 0 | 0.47 | 0 | 0 | 0.20 | 0.85 |

其中$f_j^k(x_{ij})$为对象$i$在指标$j$下属于灰类$k$的白化权函数，$\eta_j$为指标$j$在综合聚类中的权重。

$$\sigma_{hn}^1 = \sum_{j=1}^{18} f_j^1(x_{ij}) \cdot \eta_j = 27.99$$

$$\sigma_{hn}^2 = \sum_{j=1}^{18} f_j^2(x_{ij}) \cdot \eta_j = 57.04$$

$$\sigma_{hn}^3 = \sum_{j=1}^{18} f_j^3(x_{ij}) \cdot \eta_j = 43.91$$

由$\max\limits_{1\leqslant k\leqslant 3}\{\sigma_{hn}^k\} = 57.04 = \sigma_{hn}^2$，可以认为河南省天保工程社会影响效益仍属于“一般”灰类；但$\sigma_{hn}^3 = 43.91$，与$\sigma_{hn}^2$较接近，说明河南省天保工程社会影响效益已开始由“一般”向“较强”过渡。

由表4-17可以看出,影响河南省天保工程社会影响效益的主要因素是$C2$、$C4$、$C12$、$C13$、$C15$、$C16$等,即社会就业效果、科技开发投入、社会福利、医疗卫生、贫困人口降低率以及基础设施投入率等带有人均性质的指标和高新技术产业投入指标等。

(二)社会影响评价结果分析

天然林保护工程是一项社会系统工程,涉及面广、政策性强、工作难度大,是一项利国利民的"天字号"工程,是一项任重道远的艰巨任务,时间跨度近半个世纪。而河南省实施天保工程的6年以来,已经取得了阶段性的成就。与此同时,林业项目的特点也决定了河南省天保工程社会影响效益不可能一蹴而就。河南省是全国第一人口大省,高新技术基础相对薄弱,天然林保护项目位于偏远落后的山区,经济比较落后,地方财政困难,基础设施较差,贫困人口比例较大。因此,影响河南省天保工程社会效益的因素主要有以下几个方面:

(1)实行天保工程以来,彻底打破了长期以来形成的林业以采伐利用森林为主的格局,开始向保护、培育和利用森林并重转变。林业发生了根本性的转变,由过去的以木材生产为主转变为以生态建设为主,森工企业将不同程度地放弃经营性采伐森林的任务,面临一次艰难的转型。同时,受木材减产的影响,林业产业总值和企业增加值在一定时期内呈下降趋势。

(2)调减木材产量后富余人员的大幅度增加,使人口与就业的矛盾尖锐。天保工程实施后企业出现数量可观的特困群体,河南省全面停止采伐后,与之相关的生产人员、经销人员以及部分管理人员走上了下岗、失业之路。随着天保工程的逐步深入,职工的就业结构发生了历史性的根本变化,大批富余职工由原来的岗位走向了森林管护、造林、育苗、种植、养殖和林区外的产业开发,一部分职工得到了一次性有偿妥善安置。但是林业工人长期工作在林业战线,生产技能单一,突然丢掉自己熟悉的工作,一时无所适从,不知所措。对于出现的大量富余人员,由于年龄、技术和资金以及政策等原因,这部分人员的稳定问题十分重要。尽管国家和地方政府出台了一系列保障林业富余职工的生活保障政策,但是由于天然林保护工程的实施,国有林业企业及国有林场富余职工太多,有些人情况比较特殊,需要特别扶持,对此国家和地方政府应出台职工生活和生产安置后续政策,以促进天然林资源的可持续经营。

(3)天然林的禁伐和严格的封山禁牧,降低了森林对农民的生存供给,使其经济行为、生产活动和生活需要与林地剥离,经济效益大幅度滑坡,收入相应减少,出现天保工程县返贫问题,有些林场甚至职工的工资拿不到原来的一半,使得社会福利、医疗卫生等指标受到影响。天保工程实施前依靠木材生产收入而维持的森林抚育、林区道路养护、管护站点建设、森林病虫害防治、防火通信设施维修,以及供电、供水等,因木材停伐减产,资金来源中断或严重不足,不仅需要加强的得不到加强,而且原有的一些基础设施因年久失修正在逐渐失去作用,使得基础设施指标受到较大影响。伴随着林区替代产业的发展,这些状况将逐渐得到改善。

# 第五章 天然林资源保护与经营管理

## 第一节 生态公益林建设

生态公益林是以涵养水源、保持水土、调节气候、防风固沙、改善生态环境、发挥公益效能为主要目的的森林。生态环境脆弱、地位重要地区的绝大多数森林均属于此类型。根据《天然林资源保护工程河南省实施方案》,河南省天然林资源保护工程区内生态公益林面积为103.55万$hm^2$,占工程区林业用地面积的78.48%。这样大规模的森林类型,是天然林资源得到根本恢复的保证,也是天然林资源保护工程所应重点保护的森林类型。

林业的发展趋势是自然生态林业,越接近自然培育方式,森林资源的恢复和发展就越快越好。其目的就是要充分利用自然资源,采用合理的培育措施,以最大限度地提高单位面积产量,改善林分结构,保持生态效益,增加经济效益,恢复和重建高效平稳的森林生态系统。利用天然林形成的林隙优化配置及封山育林优化林分结构,使低价值生态林复壮及功能提高,也是应用近自然林业理论建设生态公益林的重要措施。

### 一、生态恢复技术

森林是人类重要的环境资源和物质资源。由于历史的原因,森林遭到了严重的破坏。被称为林业的三道防线之一的原始林已经被破坏,第二道防线的次生林也承受着沉重的压力,人们正在努力建造第三道防线——人工林。在森林资源危机及其所引发的生态环境恶化的现实面前,人们意识到保护自然、维持环境与开发资源两方面必须兼顾,否则人类将难以生存,社会也不可能持续发展。因此,用生态学原理与技术促进森林的恢复、扩大资源受到广泛的重视。世界各地对森林的经营相继提出了“森林永续利用”、“近自然林业”、“新林业”、“生态林业”等生态恢复的原理与技术。我国对林业经营技术及思想的研究也取得了较大成就,其中“栽针保阔—动态经营体系”这一生态恢复技术研究取得了明显成效,对河南省天然林资源的恢复与扩大也具有较强的借鉴意义。

栽针保阔—动态经营体系是通过对当地现有的天然次生林实行全面综合经营的途径,借以达到多快好省、永续经营天然次生林的目的。其主要论点和措施以“阔叶红松林”为例,可概括如下:

(1)阔叶红松林是东北东部山地的地带性顶级类型。在植被的长期演化中,由于原生群落中红松优势度的丧失,次生群落重组过程尽管极其复杂,但共性问题是造成次生群落各组成树种的种群大发生。总体上,可以认为这些种的潜在生态位在一定程度上得以表现,而阔叶红松林顶级是协同进化的产物。深入研究这种关系并予以充分利用,是恢复与扩展阔叶红松林,使群落更趋合理的重要根据。

(2)大面积原始红松林在强烈的人为破坏(采伐、火烧、开垦等)作用下,在次生裸地上发生强烈的植被趋同和分异现象。破坏性的人为趋同和人为分异是对原始阔叶红松林的否定,也是对其稳定性的破坏;而“栽针保阔”是积极的人为干预,可促进自然趋同,缩短自然演替进程,是对次生林的否定,也是对其群落稳定性的增强,是以较快的速度重建生产力更高的群落结构。

(3)从层次结构的角度来看,目前这些针叶树处在林分下层(多数居于演替层和更新层),故能增加林分的层次多样性指数及林分生产力。当针叶树长至上层林冠时,次生硬阔叶树种仍可伴生其中,林分层次多样性指数可能有所下降,但优势层种的多样性指数会增加。在这些栽植的针叶树成为优势层后,林分层次多样性又会增加,群落发生了质的变化,其标志是:恢复了顶级群落的生活型结构、多样性指数和层次结构,最后形成经过人为调整的针阔混交林。上述群落结构的形成过程,对于栽植的针叶树种而言,完全符合其自然发展过程。它们是在较为稳定的森林环境中生长发育起来的,故可克服人工纯林干形不良、早期结实、易染病虫害、生物量中枝叶所占比重过大以及对林地的不利影响等弊端。另外,对天然林的阔叶树种,因已度过萌生起源的阶段,而转变为实生起源,天然更新能力逐步加强,寿命增加,由于林分稳定,可长期伴生于经人为调整的针阔混交林之中,且大径材多,有很高的经济价值。

(4)在天然林中要从总体上控制人为干扰的强度,保证各类林分的适度镶嵌,以满足保留母树和天然下种的要求。然后施以抚育间伐、抚育改造及营造小面积速生丰产的人工林等经营活动,并在不同立地条件下人工栽植各种针叶树种,发挥自然潜力和人工经营森林两方面的积极性。其中,"栽针保阔—动态经营体系"是恢复和提高天然林质量的核心。

(5)人工纯林的林间关系简单,在树种选择、栽植技术、抚育管理直至采伐利用上均较简便易行,特别是在发展速生树种上更应充分利用。上述原则在空间上的扩大包含小面积(如 $5hm^2$ 以内)的块状或带状纯林,对这些岛状分布的人工红松林采取积极的保护措施,以这些人工林为中心,逐步扩大红松种群的面积是可行的,也是既经济又有效地恢复红松种群的途径之一。

(6)填补空白生态位,减少重叠生态位。进行林分更新、土壤立地条件、病虫害等方面的调查后,根据调查林分的不同结果,采取"先造后抚"的技术措施,即根据林隙所提供的空白生态位,因林因地制宜,栽植人工更新层,以填补空白生态位,达到生态化和优化的目的。在林隙中栽植人工更新层之前,必须采取割灌整地清除灌丛,为新栽幼林成活、成林成材打下良好的基础。在幼林生长受到影响时,应不断伐掉抑制生长的上层阔叶树,并抚育一部分阔叶树,使人工更新层和天然更新层、演替层均衡协调发展,成为统一体。

(7)对天然林和人工林不同的演替或林分发育阶段,在栽针的同时实行留阔、引阔和选阔,并实行连续的主动择优和再组织过程,最终形成结构合理、稳定高产的针阔混交林。

发生阶段:是次生林的先锋期,包括采伐迹地在内的各类次生裸地。受生态选择所支配，R 对策种占优势。此时的经营原则为栽针留阔，保留一切阔叶树，以利于森林群落环境的迅速形成；也可进行小面积皆伐，人工栽植落叶松等针叶先锋树种，以及进行小面积的农林轮作和应用各种农业技术，充分发挥 R 对策种迅速占领裸地，成林、成材的优势，实现复层套种的效益。

过渡阶段：群落环境基本形成。主要受生物选择所支配，种间相互竞争与适应受各种群的生态适应对策所制约。中间类型的对策种逐渐进入群落。在缺乏珍贵阔叶树种种源的地段需实行引阔。特别是人工针叶纯林形成高郁闭时，应通过行状或带状间伐引进珍贵阔叶树，而在自然状态下，许多珍贵树种则不引自来。

演替阶段：群落中各种种群进入激烈竞争时期，"群落生态选择"占支配地位。有的群落已成为复层林（可能上层仍以软阔叶树种占优势），重要原则在于选阔，通过间伐保留珍贵阔叶树种，增强其选择适应能力，同时为针叶树迅速进入上层林冠创造条件。

上述措施的显著特点是：充分体现了树种与环境之间、树种与树种之间相互适应的原则，灵活运用了各种采伐方式和更新方式。把栽针保阔途径及留阔、引阔、选阔的方式分别落实在不同群落演替阶段和类型中，体现了人为积极干预与自然潜力的紧密结合，因而能够实现低投入、高产出。

栽针保阔—动态经营体系强调尊重和充分运用自然规律，其目的不在于追求顶级类型形式上的恢复，而是力求充分揭示和利用其内在的天然生产潜力。这种生产潜力包括：在区系发生过程中与该地区环境间形成的协调平衡关系；在种间关系和群落结构过程中各种有利于提高生物生产力的因素；不同生态对策种对不同环境和不同演替阶段所具备的相应的功能。这些生产力均可通过针对不同群落类型不同演替阶段的具体措施，实行连续的主动择优和再组织过程来得到实现与发挥。可以预见，随着对森林生态系统结构、功能和动态研究的日益深入及对其内在生产潜力的不断揭示，本经营体系必将更趋完美。

## 二、封山育林技术

封山育林是一种少花钱多办事、不花钱也办事的卓越政策。有的林学家称之为"实行封山育林的林业政策,是我国林业史上的一大成就"(陈大柯,1993)。正是由于采取了这个政策,一些支离破碎的林地得以恢复起来,受到保护,成为今天可以见到的具有发展前途的大面积次生林。

### (一)封山育林的作用和意义

封山育林,是在排除或减少人为活动的影响下,利用树木自然繁殖能力恢复森林的措施。封山育林是恢复森林的重要途径之一,大多用于森林环境适宜,但山势陡峭,或深山、远山等交通不便、劳动力缺乏或进行其他经营措施资金不足的地区。

从自然条件看,封山育林有广泛的适应性。根据生态学原理,"封山"可以"育林",是符合森林更新和演替规律的。封山育林摆脱了人为对植被的继续干扰和破坏,将荒山、疏林、灌丛置于自然演替的环境中,让它沿着自身发展的规律发展,在发展中改善自己的生存条件,在条件改善的前提下聚集更多的更高级的个体,从而达到植被恢复的目的。

封山育林所形成的是一个具有自然保护性质的森林生态系统。在这一系统中,物种丰富,营养梯级高,能量流动和物质循环过程复杂且完善,多物种之间既相互制约,又相互依赖,可有效地防止病虫害的发生。

通过封山育林所积累的枯枝落叶层腐烂后,可形成腐殖质,参与土壤颗粒结构的形成,从而可以有效地增加土壤的孔隙度,提高土壤的透水和持水能力,进而提高水源涵养和水土保持作用。

封山育林可适当进行多种经营,提供部分用材、薪材、林副产品,确保农、林、牧、副、渔业等的全面发展。

### (二)封山育林的基础

#### 1. 发挥森林天然更新的能力

森林遭受破坏后,原有林地可能残存一些稀疏林木或根、茎,以及原有森林群落的土壤条件仍在一定程度上被留存,在适宜的条件下,便可繁衍成新的森林植被。这种顽强的天然更新能力,主要来源于以下两种更新方式。

(1)天然有性更新。残林迹地和荒山荒地上留存的一些树木,或附近不远处保留有原森林群落中的某些树种的母树,每年都能结实。种子靠风力、重力和动物传播,若遇到适宜的环境条件,就能发芽、生根,生长成各种幼苗、幼树。

(2)天然无性更新。荒山、荒地留有许多具有萌芽能力树种的残根、残桩,可以萌发成根蘖或萌条,长成树丛。

2. 合理使用生态对策

在更新缺乏的地段,要施以人工更新或人工促进更新。具有更新种源和可萌发的伐桩,以及一定数量的幼苗、幼树,是依靠天然更新自然恢复成林的先决条件,而改造后封禁是依靠自然力恢复成林的可靠保证,二者缺一不可。在种源、可供萌芽更新的伐桩缺乏的地段,应及时补播、补植一些针叶树种,使其形成混交林,使林分稳定生长;对更新幼树密集生长的地段,应进行抚育间伐,促进幼树旺盛生长。

3. 遵循森林群落演替的规律

封山育林的整个过程与树木的侵移、定居、竞争等方面存在着紧密的联系,其最终结果是形成森林群落。开始形成的森林群落,结构简单,稳定性差,随着时间的推移群落逐渐由简单向复杂阶段不断地发展着,构成森林群落的演替。因此,封山育林是符合森林群落演替规律的。从某种意义上说,封山育林比人工造林可能会取得更为理想的技术经济效果。

**(三)封山育林应具备的条件**

(1)具备乔木和灌木更新潜力的地段。

(2)人为破坏和人为不利影响严重的地段。

(3)岩石裸露、悬崖陡壁、难以造林的地段。

(4)防止水土流失的地段。

对于符合上述条件的地段进行封育,禁止或减少人为活动的干扰,如采矿、放牧等,给森林以休养生息的时间,使其在自然繁殖或自然更新的前提下自然恢复成林。

1. 无林地和疏林地封育条件

凡具备下列条件之一的宜林地、无立木林地和疏林地，均可实施封山育林。

(1) 每公顷有具备天然下种能力且分布较均匀的针叶母树 30 株以上或阔叶母树 60 株以上；如同时有针叶母树和阔叶母树，则按针叶母树数除以 2 加上阔叶母树数除以 4 之和，如大于或等于 1 则符合条件。

(2) 每公顷有分布较均匀的针叶树幼苗 900 株以上或阔叶树幼苗 600 株以上；如同时有针阔幼苗或者母树与幼苗，则按比例计算确定是否达到标准，计算方式同(1)项。

(3) 每公顷有分布较均匀的针叶树幼树 600 株以上或阔叶树幼苗 450 株以上；如同时有针阔幼树或者母树与幼树，则按比例计算确定是否达到标准，计算方式同(1)项。

(4) 每公顷有分布较均匀的萌蘖能力强的乔木根株 600 个以上或灌木丛 750 个以上。

(5) 分布有国家重点保护Ⅰ、Ⅱ级树种和省级重点保护树种的地块。

2. 有林地和灌木林地封育条件

(1) 郁闭度 $<0.50$ 的低质、低效林地。

(2) 有望培育成乔木林的灌木林地。

**(四) 封山育林的方法和步骤**

1. 抓好全面规划

封山育林是一项大规模的长期绿化任务，要有一个目标明确而又切实可行的规划。规划是山区广大群众前进的目标，山区未来美好的前途，会极大地鼓舞大家封山育林的积极性。规划的指导思想，应本着从促进农业生产出发，做到农、林、牧、副全面发展。因此，在考虑和规划封山育林的地点时，要结合当地农田水利建设和防洪固土工程，区分轻重缓急，选择水土流失严重、急需保持水土和涵养水源的地方及有母树分布会很快还林的地区等，列为封山育林的重点地区，应优先予以封禁。

2. 加强领导，强化政府行为

封山育林是一项社会性、公益性较强的系统工程，是加快绿化国土的重要措施和手段之一。由于当前个别领导受急功近利的短期政绩效益思想影响,对封山育林工作缺少足够的认识,对封山育林工作重视不够,使本来成本低、效益高的育林方法得不到及时推广应用。所以,应强化政府行为,把封山育林工作摆上位置,纳入日程,建立领导任期目标责任制,调动其抓封山育林工作的积极性。

3. 加大资金投入,保证工程的顺利实施

各级政府应充分认识封山育林工作的重要性,要广泛筹集建设资金,加大资金的投入,按规划任务、时间、年限落实项目资金责任制,保证封山育林工程建设顺利实施。为了调动封山育林的积极性,在经济上应有补贴,并妥善解决封山育林与群众砍柴、割草、放牧之间的矛盾。

4. 实施分类经营,采取不同的封禁方法

(1)长期封。人烟稀少、距离居民点较远的山林,封禁后不会影响群众的生活需要,且封山效果明显,则可以实行长期封禁。

(2)轮流封。山少人多、距离居民点又近的山林,为满足群众樵、牧的需要,可以分区轮流封禁。

(3)活封。如果山林面积小,宜采取活封(半封)的办法,封树不封草。

(4)季节封。为解决群众当前生活困难,发展山区副业生产,增加群众收入,便于群众按季节采集药材、山野菜,割青饲料和绿肥等,可实行季节性封禁。

此外,为了关心群众的生活,还需留有放牧地、草场等。牧场地点最好选择在山腰以下较平缓、牧草生长旺盛和靠近水源的地方。

5. 坚持依法治林,为封山育林提供有力保障

严格执行《中华人民共和国森林法》及有关法律和法规,解决好国有、集体、个人山林所有权和经营权,以免封山后引起林权纠纷。严厉打击破坏森林资源的违法犯罪行为,为开展封山育林创造良好的氛围。

6. 封山必须与育林相结合

现在,封山育林工作只是单一地、粗放地对山林进行区域看护,在封山育林区内很少对林木进行人工抚育、树种改良,造成了森林资源增长缓慢、林分质量不高的后果。因此,要广泛地组织动员社会力量,综

合治理封山育林地，提高林地的经济效益，克服以往粗放经营的缺陷，对一些目的树种少、天然更新有困难的地方，实行采、改、造相结合的办法，进行疏林补植、残林改造、人工更新造林，使封山林地的树种结构日趋合理。

## 三、天然次生林经营

次生林是原始林受到外部作用的破坏后，经过一系列的植物群落次生演替而形成的森林。在河南省天然林资源保护工程区内103.55万$hm^2$生态公益林中，有林地面积61.77万$hm^2$，其中天然次生林有28.29万$hm^2$，占有林地面积的45.80%。天然次生林主要分布于豫西及豫西南的伏牛山、太行山等大山区，处于主要河流的源头，生态区位相当重要，是全省生态公益林的重要组成部分，其在涵养水源、保持水土、抵御自然灾害、维护生态平衡、保护生物多样性和珍稀野生动植物等方面具有不可替代的作用。对天然次生林进行经营管理，有效发挥其涵养水源、保持水土及其他生态功能，是天然林资源保护工程建设任务的重要组成部分。

### （一）次生林的特性

次生林从外貌上看杂乱无章，但它是森林演替的结果，有其特有的植物群落特征。

#### 1. 次生林的复杂多样性

天然林被破坏后，由于环境因子的巨变，各种森林植物也随之发生了变化，树种出现了一系列的演替。原始天然林中耐阴的、适应性弱的植物逐渐消失，取而代之的是喜光的、适应性强的树种。如果人为继续破坏，就会变成灌木林，甚至荒草地。如不再破坏，一些先锋植物就会侵入和生长，生态条件逐步得以改善，为一些中庸树种或耐阴树种的生长创造了条件。一些中庸、耐阴树种便逐步侵入，最终向顶级群落演替。

由于原始林受破坏的程度和演替情况多不一样，因而形成了次生林的复杂多样性。其主要表现在：面积零星分散、小片分布较多；疏密不均，密度适中的较少；幼、中龄林和小径木多，蓄积量少，出材量少；实生的较少，萌蘖的较多；同一林地上，因多次萌芽分蘖，尖削度大，端直的不多；无论是混交林还是纯林，以异龄林居多；多数树种组成复杂，林冠层不整齐，大小不等，林相比较复杂；林地空间较多，特别是阳坡，有的多为荒山秃岭。

2. 次生林的不稳定性

次生林不稳定性的外因，主要是人类对森林的破坏和干扰作用；内因则是被破坏林分通过多代树种更替过程，最终形成稳定的顶级森林群落。次生林种间的不断竞争和演替变化，便决定了其不稳定的特性。

3. 次生林的旱化性

次生林的旱化性是指原始林被破坏后，随着环境的变化，特别是土壤的干旱特征的发展，耐旱植物种类相继出现，甚至旱生性植被取代了原始林植被。旱化过程使林地腐殖质减少，土壤湿度减小，林地生产力降低。

4. 次生林的速生性

速生性是次生林的一个优点。由于组成次生林的树种多为喜光树种，在幼、壮龄阶段比耐阴树种生长快；萌生林的初期生长也较快。我国华北、西北各地的山地油松林、栓皮栎林、麻栎林等类型的次生林，生长迅速、干形良好、经济价值高，采伐更新也较容易。

5. 次生林分布的镶嵌性

次生林是人类生产活动扰动的结果，它往往表现出与其他植被类型和土地类型镶嵌性分布的现象。初期形成的次生林，其镶嵌性并不强。随着交通道路的建设，毁林开荒的扩大，次生林被割裂得越来越分散。一般来说，距居民点和交通道路越近，其镶嵌性越大；反之，则越小。

总的来看，次生林的缺点是多数林相不好，林分质量不高；优点是大多分布在海拔相对较低、植物生长期长、土壤深厚湿润、适于森林恢复的山区。次生林比原始天然林区有较优越的社会条件，比荒山地区有更优越的自然条件，只要利用好次生林的基础和有利条件，采取科学的经营技术措施去克服它的各种缺点，就会取得事半功倍的效果。

**（二）河南省次生林的类型**

1. 乔木萌芽型

该类型次生林一般在采伐迹地和火烧迹地上，经过人为封山育林后而形成，目前大都郁闭成林。该类林分往往混杂有非目的树种和杂灌，林中一些珍贵树种受到非目的的低价值树种、藤本植物的压抑，同时也有一些一根多干簇生木，如加上人为的经营管理，即可达到我们所期望的林分。

2. 稀疏林木、灌丛林

该类型次生林在整个河南省次生林中占有很大的比重。这类次生林为生长不良的稀疏乔木，郁闭度只有 0.2 左右。太行山、伏牛山两山系的乔木树种，一般多以壳斗科为主，其余为杨柳科和少数的松科树种；灌木为石棒子、映山红、胡枝子等。大别山、桐柏山两大山系的乔木树种中，主要是针叶树种（如马尾松、黄山松、油松）占优势，其中混杂有阔叶树，如栎类、椴、槭和常绿树种青冈；灌木有胡枝子、白绢梅、映山红等。

3. 灌木丛型

灌木丛型次生林在河南省主要分布在浅山区及人口分布集中、密度大的地方。该类型次生林多为森林遭破坏后，乔木树种短时期未能恢复，而由一些灌木如胡枝子、石棒子等萌生所形成。

该类次生林属于低产次生林，为改造对象。

4. 残存的过、成熟林

这类林分主要分布在河南省四大山系的栾川、嵩县、卢氏、灵宝、宜阳、陕县、洛宁、鲁山、西峡、淅川、内乡、南召、信阳、辛县、罗山、商城、桐柏、济源、辉县、林州等高山、深山县（市）区域内。其中伏牛山境内所占比重最大，太行山为最少。

这些成熟、过熟森林为河南省宝贵的森林资源。

**（三）次生林的综合经营技术**

经营次生林的目的，在于有效地保护和完善其森林生态系统，扩大森林资源，提高林分质量，合理利用森林资源，充分发挥并提高其生态效益与经济效益。根据次生林的特性，针对其不同类型的特点、立地条件、土地类型和林分状况等,拟订经营方案。由于次生林的复杂多变及不稳定性,对次生林很难实施单一措施经营,只有采取综合培育技术,实行综合培育法,才能取得较好的效果。

综合培育法是根据次生林演替动态和有关特性,划分其经营类型,再按类型确定主要培育技术措施及辅助技术措施。综合培育法主要包括抚育间伐、林分改造、主伐更新和封禁培育等措施,这些措施既是独立的、最基本的经营措施之一,又是彼此配合、互相联系、不可分割的整体。具体到一个地段来说,按照林分类型,一般以一种措施为主,结合其他措施,使其互为补充,互相配合,灵活运用,融为一体。综合培育法适应次生林多样性的特点,能够实现变疏林为密林、变灌木林为乔灌混交林、变萌生林为实生林、变劣质林为优质林的目的。目前有些次生林经营单位,通过综合培育措施培育次生林,已经取得了明显的生态效益和经济效益。如甘肃小陇山林业试验林场,通过综合培育措施改造疏林地,平均蓄积量由 $16.9m^3/hm^2$ 增加到 $49.5m^3/hm^2$。

综合培育法是就经营次生林的整体措施而言的。一般情况下,凡是破坏较轻,通过封育已恢复成林并有培育前途的林分,应以抚育间伐为主;疏林、灌丛等经济价值低、无培育前途的林分,应以改造为主;成、过熟林木较多,生长率低的林分,以及成、过熟林下有优良树种幼树、幼苗的林分,以主伐更新为主。

1. 抚育间伐

对次生林进行抚育间伐,就是要通过控制林木的质量,来改变整个森林生态系统的循环过程及其速度,使其朝着有利于人类的方向发展。抚育间伐的目的,是调节林分结构,改善林分环境,使林木能获得一定的营养和光照条件,促进林木生长,提高林分的生物产量,发挥森林的涵养水源、保持水土等多种生态效益。同时,还可以获得一定数量的木材。合理的抚育间伐,可提高林分抗性,使整个森林生态系统形成良性循环。

1)抚育间伐的方法与对象

(1)抚育间伐方法。通常有透光伐和疏伐。前者为透光抚育,后者为生长抚育。透光抚育主要是在林木株间有目的地割灌、割蔓和除草，或在杂木林中伐掉一部分非目的树种，以改善目的树种的光照与营养条件。生长抚育主要是对林木伐劣保优，人为稀疏，促进优良林木的生长，增加林分的生长率、生物量和蓄积量。生长抚育对纯林主要采用下层抚育法，对下层林冠中目的树种较多的复层林采用上层抚育法，对杂木林采用综合抚育法。

对于划为水源涵养林的次生林，主要目的是改善林分结构与卫生状况，增强森林的防护效能与林分的稳定性。抚育间伐一般只进行卫生伐。

(2)抚育间伐的对象。主要包括：优势树种或目的树种生长良好，林分郁闭度在0.7以上的幼、中龄林；林分下层珍贵幼树较多，而且分布均匀的林分；林分改造后，需要对目的树种进行透光抚育的林分；遭受病、虫、火等灾害，急需进行卫生伐的林分。

2)抚育间伐应注意的问题

抚育间伐应注意以下关键性技术问题：

(1)合理确定间伐木。间伐木的确定，既要考虑有利于当前主要树种的成长，又要考虑次生林的演替规律，一般是根据抚育方法来确定间伐木。总的原则是保留目的树种和优势树种，伐劣留优，伐密留稀。

(2)确定抚育间伐的起始年龄。一般在林分出现明显分化时，开始间伐，宜早不宜晚。

(3)确定抚育间伐的强度与间隔期。应按照“强度大、次数少，强度小、次数多”的原则确定，间伐强度不应超过间隔期的生长量，强度一般为20%～30%，间隔期5～6年。生长速度快，强度大，间隔期短；生长速度慢，强度小，间隔期长。

(4)有特种经济价值的林分，如集中成片的漆树、栓皮栎、核桃楸等，应按经济林的经营要求及立地条件，先确定培育林分的密度，伐除非目的树种和无培养前途的树种，留下相应密度的目的树种。

(5)水源涵养林。主要是进行卫生伐，伐去病腐木、严重虫害（树干害虫）木、过密处的林木和影响保留木生长的上层林木等。尽量保留涵养水源、保持水土、改良土壤效能好的乔灌木，使其形成乔灌草多层次、多树种的混交林。

(6)抚育间伐的季节。一般全年都可进行,但以冬、春树木休眠期为好。

(7)保证抚育间伐质量。经标准地试点后确定实施方案,固定专人掌握间伐作业,做到"按号砍留,伐者全除,留者均匀,不伤下木,残物清净",为培育保留林木创造良好的生长发育环境。

2. 次生林的林分改造

次生林的林分改造,是次生林经营的重要内容。改造的对象是劣质或低价值林分,目的是调整树种组成与林分结构,增大林分密度,提高林分的生物产量、质量和经济价值。改造过程中必须注意保护森林生态环境,充分发挥林地的生产力以及原有林木的生产潜力,特别是保留好有培育前途的林木,以及可天然下种更新的目的树种。对于划为水源涵养林的次生林,应尽量使保留林木形成良好的混交林。次生林的林分改造必须严格掌握尺度,不能对有培育前途的林分进行改造。

1)林分改造的对象

次生林林分改造的对象,应根据国家有关标准确定,一般包括:①多代萌生、无培育前途的低价值灌丛;②郁闭度在0.2以下,无培育价值的疏林地;③经过多次破坏性采伐,天然更新不良的残败林;④生长衰退、无培育前途的多代萌生林,速生树种栽种龄林阶段年生长量低于$2m^3/hm^2$与中慢生树种低于$1m^3/hm^2$的低产林;⑤由经济价值低劣树种组成的用材林;⑥遭受严重火灾及病虫危害的残败林分。

2)林分改造的方法

林分改造一般以局部砍除下木和稀疏上层无培育前途的林木为主。在针阔混交林适生地带,尽可能把有条件的林分诱导为针阔混交林。划为水源涵养林的次生林,禁止采取全面清除植被的方法。在坡度平缓、水土流失轻微的地方,可适当考虑全面清除后实施人工造林。具体方法应根据各地林分状况与经济条件确定。对于有可能天然更新为较好林分的地段,或劳动力紧张而良木较多的低产林,也可采取封山育林方法,而不急于改造。只要按照森林自然演替的客观规律,选择正确的林分改造方法,都能形成生产力高的稳定林分,取得良好效果。

(1)全部伐除,人工造林。对于林相残败、生长极差、无培养前途的林分，伐除全部林木（目的树种的幼树保留），然后在采伐迹地上重新实施人工造林，目的在于彻底改变树种组成和整个林分状况。根据改造面积大小，可分为全面改造和块状改造。全面改造的最大面积一般不超过 $10hm^2$；块状改造的面积应控制在 $5hm^2$ 以下，呈品字形排列，块间应保持适当距离，待改造区新造幼林开始郁闭时，再改造保留区。山区以块状改造为好。此方法一般适用于地势平坦或植被恢复快，不易引起水土流失的地方；在水源区和坡度较大，易发生水土流失的地区，禁止采用此法。

（2）清理活地被物，进行林冠下造林。先清除稀疏林冠下的灌木、杂草，然后进行整地，在林冠下采用植苗或播种的方法进行人工造林，一般适用于郁闭度低的次生疏林的改造。林冠下造林，森林环境变化较小，苗木易成活，杂草与萌芽条受抑制，可以减少幼林抚育次数。但必须注意适时适伐上层林木，以利于幼树的生长。一般喜光树种造林后一旦生长稳定，就应伐去上层林冠。在阴坡或阴冷条件下，林冠下造林不宜选用喜光树种。清除灌木、杂草的强度及整地方法和规格，与植苗或播种选用的树种密切相关。此外，还应考虑树种不同年龄阶段的生态学特性。

（3）抚育间伐，插空造林。该法适用于林分郁闭度较大，但其组成有一半以上为经济价值低下树种，目的树种不占优势或处于被压状态下的中、幼龄次生林；也适用于屡遭人畜破坏或自然灾害破坏，造成林相残破、树种多样、疏密不均，但尚有一定优良目的树种的劣质低产林分；还适用于主要树种呈群团分布，平均郁闭度在 0.5 以下的林分。实施时，首先对林分进行抚育间伐，伐去压制目的树种生长的次要树种，以及弯曲多叉、病虫害严重、生长衰退、无生长潜力和无培育前途的林木；然后在小面积林窗、林中空地内，人工栽植适宜的目的树种。有些林分本身呈群团状分布，其中有的群团系多代萌生，生长过早衰退，则可进行群团采伐、群团造林；有些林分分布不均匀，有许多林中空地，则应在群团内进行抚育间伐，在林中空地补植目的树种。造林树种的选择，应考虑林分立地条件、林窗和林中空地的大小。林中空地小时，可选用中性或耐阴树种；林中空地大（大于 3 倍树高）时，选用喜光树种。

在阔叶次生林中,宜选用针叶树种,使其形成复层异龄针阔混交林。在立地条件差的次生林中,应注意采用土壤改良树种,以提高地力。

(4)带状改造。该法主要应用于立地条件较好,但由非目的树种形成的次生林。改造的方法是在被改造的林地上,间隔一定距离,呈带状伐除带上的全部乔灌木,然后于秋季或春季整地造林。待幼苗在林墙(保留带)的庇护下成长起来后,根据幼树对环境的需要,逐渐将保留带上的林木全部伐除,最终形成针阔混交林或针叶纯林。此法在生产中广泛应用,它能保持一定的森林环境,减轻霜冻危害,造成侧方遮阴,发挥边行效应,施工容易,便于机械化作业。带状改造与带宽、造林树种、坡向、坡度等有密切关系。采伐带宽,光照条件充足,气温变化大,萌条、杂草生长就较旺盛,适宜栽植喜光树种;反之,采伐带窄(一般在5m以内),适宜栽植中性或耐阴树种。采伐带上最好选择适合于该立地条件的针、阔叶混交树种,以便形成带状针阔混交林。在山区坡度较大的阳坡和采伐后容易发生水土流失的情况下,采伐带的宽度应小些;反之,宽度应大些。采伐带在坡度陡、有水土流失的地区,一般采用沿等高线布设的横山带,但有作业不便的缺点。因此,在地形较为平缓、水土流失轻微的地区,可采用顺坡布设(顺坡带)。

(5)封山育林,育改结合。该法最明显的特点是用工省、成本低、收效快、应用面广、综合效益较高,在许多地区是一种行之有效的方法。我国现有的大部分经济价值较高的次生林,都是经过封山育林发展起来的。经过封山育林,不仅扩大了次生林的面积,提高了次生林质量,而且在改造残、疏次生林方面,也起到了良好的作用。

3)诱导培育针阔混交林

在针阔混交林适生地带,由于次生林中有良好的伴生阔叶树种,有天然下种或有较强的萌芽更新能力,因此应通过林分改造,尽可能诱导培育为针阔混交林,这对于划为水源涵养林的次生林是十分重要的。这也是根据多数阔叶次生林的特点,为促进次生林进展演替,变劣质低功能林为优质高功能林而采取的一种极为重要的改造方法。诱导培育针阔混交林的具体方法主要是:

(1)择伐林冠下栽植针叶树。在改造异龄复层阔叶次生林时,通过择伐作业，保留中、小径木和优良幼树，清除杂草、灌木后，在林间隙地种植耐阴针叶树，逐步诱导成针阔混交林。

(2)团、块状栽植针叶树。对阔叶次生林采伐迹地，不立即进行人工造林，而是待更新阔叶树出现后，再在没有更新苗木和没有目的树种的地方，除去杂草、灌木和非目的树种，然后呈团、块状栽植针叶树，使其形成团、块状针阔混交林。

(3)人工营造针叶树与天然更新阔叶树相结合。这种方法适用于有一定天然更新能力的皆伐迹地。当种植的针叶树成活、天然阔叶幼苗成长起来后，在幼林抚育时，有目的地保留生长良好的针阔叶树种与可增加土壤肥力的灌木，使其形成针阔混交林。

3. 次生林的采伐更新

次生林的采伐更新属于经营性质，它与森林主伐的区别在于不能采伐全部成、过熟木，要保留一部分，以解决森林更新问题和维持森林的防护作用。次生林采伐更新，主要是针对坡度在45°以下的成、过熟林分，以及各类林分中的成、过熟木。为了提高林分质量，并保证主要树种的恢复与生长，有时也可能会采伐小部分未成熟的林木。实践说明，对次生林的采伐更新，必须贯彻以营林为基础的方针，只有在确保更新的基础上进行采伐利用，才能达到预期目的。

一般次生林区的成、过熟林，多分布于偏远的高山，多为程度不等的复层异龄林，具有树种组成复杂、卫生状况不良、林下更新情况不一等特点。因此，次生林采伐更新的规划，必须从实际出发，分别采用相应的方式方法。一种情况是在次生林经营任务不大、目的树种少、更新情况不良的地区，宜采用小面积皆伐（尽可能不用此方法，以免造成水土流失）、带状皆伐或渐伐方式，并以人工更新为主，人工更新与天然更新相结合的方法；另一种情况是在次生林经营任务大、有一定数量的目的树种、更新情况较好的地区，应以择伐促进天然更新为主。对各种采伐迹地，凡有良好天然更新效果的，都应充分利用；当更新幼苗不足时，应进行人工促进天然更新或人工更新。

对于水源区，或坡度较大，容易引起水土流失、滑坡以及土层浅薄不易恢复森林的地区的次生林，应严禁采用皆伐、小面积皆伐，或可能导致功能剧烈下降的采伐作业法。应采用单株择伐法，或只进行卫生伐，并注意保护幼苗、幼树。对于天然更新条件好的地区，采用二次渐伐是一种较好的方法，即第一次伐去50%～60%的林木，以促进天然更新，或在天然更新不良时，辅以人工更新；待幼林形成后，伐去剩余的全部林木。

## 第二节　商品林的培育与经营

在天然林禁止商品性采伐的政策要求下，人工商品林的培育和经营是天然林保护工程顺利实施的重要保证，是短期内提供大量木材和林产品、满足国民经济发展和人民生活需要的重要措施，对有效保护天然林资源具有重大意义。

### 一、树木的优良种质资源选育与扩繁

在天然林保护工程实施过程中，人工造林是必不可少的内容。根据各地气候特征和经济建设需求，确定好适宜树种，并在此基础上进行种内群体和个体选择，对所选树种的优良群体和个体采用合适的繁殖方式扩大繁殖，应用于生产。

#### （一）树木的选择育种方式

树木的选择育种方式，因后代的利用和鉴定情况不同，可分为混合选择和单株选择；因选择树种繁殖方式的不同，可分为无性系选择、家系选择和家系内选择。

1. 混合选择

根据一定的标准，从混杂的群体中按表现类型淘汰一批低劣的个体，或挑选一批符合要求的优良个体，并对选出来的个体混合采种、采条，混合繁殖，统称混合选择。其特点是在性状遗传力高，种群混杂，遗传品质差别大的情况下，能获得较好的育种结果。缺点是造成子代与亲代的谱系关系不清，无法进行子代、家系的再选择。

2. 单株选择

凡是对选入个体，分别采种、单独繁殖、单独鉴定的选择，即谱系清

楚的选择，都属于单株选择。在树木选择中，常用的单株选择又可分为优树选择、家系选择、家系内选择和配合选择。

3. 无性系选择

无性系是指由一株树木用无性方式繁殖出来的个体总称。对繁殖成无性系的最初那株树，通常称为无性系原株。由它繁殖出来的个体称为无性系植株。

无性系选择是从普通种群中，或从人工或天然杂交种群中挑选优良的单株用无性方式繁殖成若干无性系，对无性系进行比较鉴定，选择出优良无性系。

无性系选择的特点是可以把优良的性状全部保存下来，增益显著，且栽培管理条件比较一致，易于管理。缺点是对病虫害的天然预防机制减弱。因此，最好将几个树种几个无性系混栽。

4. 种源选择

种源选择是对来自不同地区的种子或苗木等繁殖材料进行造林对比试验，从中选择出优良的种源，应用于生产。种源选择也是群体选择，因此是林木选育程序中的重要一环，选择效果显著。

它的特点是增加木材产量，提高木材品质，增加抗性，提高林分的保存率。

**（二）优良树种的繁育方式**

树木优树群体和个体被选择确定后，可立即扩大繁殖，推广应用于生产。繁殖方式可分为有性繁殖和无性繁殖。

1. 有性繁殖

有性繁殖主要是通过种子园、优良母树林等进行良种生产，也可从优树或优势木上采种应用于生产。

1）种子园

种子园是由经过选择确定表现优良的无性系或家系组成的人工林，其经营的目的在于改良种子的遗传品质，确保种子的稳产和高产。因此，种子园必须实行集约经营，使之能持续地生产大量种子。

种子园的种类繁多，依繁殖方式可分为无性系种子园或实生种子园；依是否经过子代试验，可分为普通种子园或改良种子园；依树种亲缘关系不同,可分为杂交种子园或产地种子园。

2)母树林

母树林是种子遗传品质经过一定改良的专供采种的林分,又称种子生产区,它是林木良种繁育的重要形式之一。

母树林的建立技术简单,成本低、投产早、见效快,容易尽快满足当前对种子的急需,而且能使种子的遗传品质得到一定程度的改良。但与种子园相比,母树林林木遗传改良的程度低。

2. 无性繁殖

树木的组织或器官,在适当的条件下,通过它的分化作用,再生完整植株的过程为无性繁殖,也叫营养繁殖。无性繁殖主要通过扦插、压条、分株、嫁接和组织培养等方式进行。无性繁殖不经过减数分裂和染色体重组,所以能保持繁殖体原有的优良特性,同时,在常规的无性繁殖中还能继续繁殖体的发育阶段。由于它具有这些特点,在林木育种中广泛用做保存和繁殖优良个体的手段,如用于建立收集圃、采穗圃和种子园以及无性系造林等。

## 二、人工林集约经营

培育商品林,尤其是工业用材林,要以市场为导向,以向社会提供木材和其他林产品,追求最大经济效益为主要目标,建立新的产业,高投入、高产出,实行集约经营和规模化经营。

### (一)理论依据

1. 林分生长与自然成熟

林分随着时间的推移,种群内部机体发生生理变化,营养生长与生殖生长交替进行,表现出林分生长的各不同阶段即幼龄林、中龄林、近熟林、成熟林、过熟林。而每个阶段的时间长短因树种而异,这些生理成熟的过程与所在环境密切相关。培育商品林就是要运用规律,调控环境,抑制发育,促进生长,增加木材产量。

2. 林木分化与自然稀疏

任何一个林分的群体郁闭之后,随着林龄的不断增加,林木个体的不断增大,所需营养空间也随着扩大,因此产生了林木之间为争夺营养空间的竞争，导致林木分化，表现出林木生长上的分异。当然这种分化在林分未郁闭前就已发生。这是苗木质量、个体遗传、栽植技术、所处立地条件差异的结果，营养竞争开始，使这种分化更为激烈。当林木之间分化到一定程度时，处于生长劣势的被压木，在光补偿点以下，逐渐枯死，使林木株数减少，于是发生了稀疏过程。

随着林木生长、体积增大，又开始新的分化，当到一定程度又产生新的稀疏，这样分化—稀疏—分化—稀疏直到每株林木有足够营养空间，分化停止，林分处于稳定状态。由此看出，分化是稀疏的原因，稀疏是分化的结果，这是林分普遍存在的自然稀疏规律。不同造林密度，不同立地条件，不同造林树种均对自然稀疏规律有显著影响。

3. 林分的演替

人工林和天然林一样，随着时间的推移，也逐渐发生生态演替过程，当主林层疏开时，光照增多，促使喜光杂草和幼苗发生，逐渐产生演替。这是个漫长的过程，是自然选择的结果。

**(二)抚育间伐**

森林通过自然稀疏调节后的森林密度，是森林在该立地条件下，在该发育期中的最大密度，而不是最适密度。在森林中保留下来的个体，可能最适合该立地条件，但树种的经济价值可能较低或本身存在严重缺陷，可能造成非目的树种占优势的后果。因此，自然稀疏不能代替人工抚育间伐。

1. 抚育间伐的概念及目的

抚育间伐又称森林抚育采伐，是在幼林郁闭之后至森林主伐前的一个龄级止，为了给留存木创造良好的生长发育条件，根据林分中林木分化状况，采伐部分林木的森林抚育措施。抚育间伐的目的在于通过间伐既可培育速生、丰产、优质的森林，使其更符合国民经济的要求，又可获得一部分木材，实现早期利用木材的目的。

2. 抚育间伐的种类

1)透光抚育(或称透光伐)

透光抚育在幼龄林中进行。在混交林中，透光伐以调整林分组成为主要任务。混交幼龄林通常由天然更新形成，在林分郁闭后，林木竞争激烈，林内光照缺乏，目的树种常为非目的树种所压抑，因此必须实施透光抚育，伐去压抑目的树种的非目的树种、灌木、藤条，保证目的树种正常生长，使其在林分中占有尽可能高的比重。在纯林内，透光伐的任务是伐去过密的质量较差的林木。

2）生长抚育（或称疏伐、生长伐）

生长抚育是在幼龄林以后至森林成熟前，以调节林分密度、加速林木生长为主要目的的抚育间伐。通过系统生长伐以后，能有效地提高林分质量和木材总利用量，并能缩短培育期。

3）卫生伐

为改善林内卫生状况的抚育间伐，一般情况下不单独进行。只是当林分突然遭受自然灾害如风、雪、雾凇、病虫等危害，大量林木被损害时，才单独进行。一般地说，砍伐量应以全部伐除受害木而不使林分郁闭度下降到0.5～0.6以下为原则。若受害木太多，全部伐除会导致森林环境破坏，则应保留一些受害较轻的林木；若林分已失去进一步培育的价值，应考虑进行林分改造。

3. 抚育间伐的方法

1）透光抚育的方法

透光抚育的方法一般分为全面抚育法、团状抚育法和带状抚育法三种。

（1）全面抚育法。该方法是在全部林地上，普遍清除妨碍目的树种生长的非目的树种、灌木、草本以及藤本植物和某些干形不良林木的一种方法。其主要在目的树种占优势且分布均匀、交通方便、劳力充足、薪炭材有销路的条件下使用。

（2）团状抚育法。该方法也称块状抚育法，是只在稠密树丛中全部或部分清除非目的树种以及灌木、草本、藤本植物的方法。此方法主要在目的树种的幼树在林地上分布不均且数量不多、交通不方便、劳力来源少、小径材无销路的情况下使用。

（3）带状抚育法。带状抚育法是将天然林或人工幼龄林的林分划分为保留带和抚育带（通常是等带，也可采用不等带，带宽视立地条件而变动），只在抚育带清除应伐对象的方法。此方法适用于深远山区、交通不便、离居民点较远、劳力来源少、小径材和薪炭材无法运输及销售的情况。

2) 生长抚育的方法

(1)下层抚育法。下层抚育法是指伐除居于林冠下层生长落后、径级较小的被压木、频死木和枯死木的抚育方法。这种方法并未改变自然选择的总方法,只不过加快了自然稀疏的进程。使用克拉夫特分级法将林木分成五级,即优势木、亚优势木、中等木、被压木和频死木,根据实际情况,采伐后几级林木。本法适用于垂直郁闭简单的林分或向单层林方向发展的林分。

(2)上层疏伐法。上层疏伐法是指伐去经济价值低、与优良木相竞争的上层木的疏伐方法。施行上层疏伐时,将林木分成优良木、有益木和有害木三种,只采伐有害木,其他林木保留。对天然林连续施行上层疏伐,可使林分成为具有明显优点的复层林。

(3)综合疏伐法。综合疏伐法是指在各层次中都选择采伐木的疏伐方法。应用这种方法选择采伐木时,是以植生组(所谓植生组是指由自然形成的、关系密切的若干株树组成的树群)为单位进行的,以植生组为单位选木,分为优良木、有益木和有害木,然后施行疏伐。该法一般适用于天然阔叶林,尤其在混交林和耐阴树种占优势的复层异龄林中应用效果较好,不适用于喜光性针叶林。

(4)机械疏伐法。机械疏伐法是指按隔行或隔株的原则,机械地确定采伐木的疏伐方法。其中,间隔疏伐法在天然林中应用最为广泛,是依照预定的间隔距离选择被保留的林木,伐除抑制保留木生长的其他林木,通常施行于树高2~3m的极稠密的天然林。

4. 抚育间伐的技术指标

抚育间伐是一项比较复杂的经营技术措施,其效果优劣取决于各项技术指标拟订得是否有科学依据,实施是否合理。如果技术措施不当,不仅难以达到预定的目标,而且会造成相反的结果。

抚育间伐主要的技术指标有始伐期、间隔期和采伐强度三个方面。

1) 始伐期的确定

林分进行第一次抚育间伐的时间为始伐期。始伐期是否合适,对林分未来生长发育影响很大。始伐过迟,造成林木过于密集,植株间相互挤压,树冠与树根生长受到抑制,导致林木生长量下降;始伐过早,林木生长量与林木品质均会下降。确定始伐期常有以下几种方法:

(1)按树冠大小确定始伐期。树冠的大小可用树冠长度占全树高的百分比(称为冠高比)表示。一般冠高比大于1/3时,林分生长良好;在1/3或更低时林木长势下降。所以,当林分中优势木冠高比在1/3左右时,即应开始间伐。

(2)按林木株数的径阶分布确定始伐期。林木株数径节分布状况可反映出林分中林木分化程度以及彼此之间的竞争关系。一般密度过大,分化强烈,小径木(即林木直径与林分平均直径的比值在0.8以下)株数越多,林分生长越受抑制。当小径木占总株数的1/3时,可进行首次间伐。

(3)按林分直径离散度确定始伐期。林分直径离散度是指林分平均直径与最大、最小直径倍数之间的差距。离散度愈大,说明直径分化愈明显。

(4)按林分胸径、材积连年生长量确定始伐期。林分胸径、材积生长量的大小与林木营养空间大小相联系。胸径、材积连年生长量过早下降,说明林木间相互拥挤,生长受到抑制,应施行首次间伐。

2)间隔期的确定

间隔期又称重复期,是指相邻两次间伐所间隔的年数。间隔期长短主要决定于林分郁闭度增长的速度快慢。当林分间伐若干年后,林分中树冠重新郁闭时,即应再次间伐。因此,林木生长速度对间伐间隔期的长短影响很大。喜光和速生树种的林分应比耐阴和慢性树种林分的间隔期短;立地条件优越的林分应比低劣立地条件林分的间隔期短;年龄小的林分应比年龄大的林分的间隔期短。

间隔期与间伐强度关系密切。一般强度大,间隔期则长;强度小,则间隔期短。其计算公式为

$$N(\text{间隔年数}) = \frac{V(\text{采伐的材积})}{Z(\text{材积连年生长量})}$$

通常每次间伐量应略小于间伐期林木的生长量,不应超过这一时

期的林木总生长量。

3) 采伐强度的确定

(1) 抚育间伐强度表示方法。抚育间伐强度有株数法、蓄积法和断面积法三种表示法。

株数法以采伐木的株数($n$)占伐前林分总株数($N$)的百分比来表示间伐强度：

$$P_n = n/N \times 100\%$$

蓄积法又称材积法，以采伐木的材积($v$)占伐前林分总蓄积($V$)的百分比来表示间伐强度：

$$P_n = v/V \times 100\%$$

断面积法以采伐木的断面积($g$)占伐前林分总断面积($G$)的百分比来表示间伐强度：

$$P_n = g/G \times 100\%$$

抚育间伐强度通常可分为 4 级，不同表示方法其分级范围略有差异，见表 5-1。断面积法的分级范围与材积法接近。

**表 5-1　不同间伐强度分级范围**

| 强度等级 | 株数(%) | 材积(%) |
|---|---|---|
| 弱度 | 15～25 | 10～15 |
| 中度 | 26～35 | 16～25 |
| 强度 | 36～50 | 26～35 |
| 极强度 | 50 以上 | 35 以上 |

(2) 影响抚育间伐强度的因素。一个林分采取何种疏伐强度，取决于经营目的、运输能力、小径材销路等经济条件，同时还要考虑树种特性、林分密度、年龄、立地条件等生物因素。从林分特点来看，速生树种较慢生树种疏伐强度大，阳性树种比阴性树种疏伐强度大些，生长量大的时期要比生长量小的时期为大。从立地条件来看，立地条件好，林木生长旺盛，林分恢复郁闭也快，强度可以大些。陡坡和河流等条件恶劣地段的林分，尽量采伐量小些，以便尽快恢复郁闭，避免造成水土流失，相反在阴坡和缓坡采伐量可大些。

### （三）低产林改造技术

低产林分形成原因有多方面，有些是受环境条件所制约，有些是技术措施不当，如造林树种选择不当、配置不合理、幼抚不及时而形成的，有些是人为破坏所致。其改造技术应坚持"详细调查、掌握起因、认真分析、科学论证、全面考虑、彻底改造"的原则。

1. 更换树种，重新造林

此办法适用于造林树种选择不当而形成的低产林。改造时，首先应伐除全部林木，然后选择最适宜的树种，经细致整地后重新造林。当改造区面积过大、人力物力及优质苗木数量满足不了改造需要时，可将改造区划分成改造区和保留区，分期分批进行改造。

2. 隔行伐除，行内造林

该法主要用于防风固沙、护岸护堤、保持水土、涵养水源等用途的低产林分，该类林分一般不宜一次将林木全部伐除。通常是每隔一行（或若干行）伐除1～2行，然后在采伐行中栽植适宜的树种。待一定时间以后，新植幼树具有一定防护作用，能抗御不良环境因子时，再伐除保留行林木。

3. 进行补植，提高密度

当造林成活率较低或者因保护不善而造成保存率较低的低产林时，可应用此办法。此法的应用前提是造林树种与立地条件相适应，但是林分稀疏，残存林木生长较好，郁闭度较低。在改造时，可选用原树种，也可另选树种，在林中空地或林窗下栽植幼苗，达到提高林分密度的目的。

4. 引进树种，改善组成

对于造林与经营措施粗放、劳动条件较差或林分受各种灾害危害严重而形成的低价值人工纯林，或树种搭配不合理的混交林，可以采用此法进行改造。改造时，应首先对林分进行间伐，伐去生长不良、弯曲多杈或有其他缺陷的劣质林木，然后在林间隙地引进符合经营目的、适于当地立地条件生长的树种。另外，也可将林分改善成阴阳型、乔灌型、针阔混交型林分。

5. 封禁林地，提高地力

对于因人为过度放牧、过度整枝、樵采和其他不益于森林生长的活动而形成的低价值林分,可进行封山育林。林地封禁后,还应根据森林生长发育特点,采取一定育林措施,使其迅速成为林相齐、森林结构稳定、产量高、质量好、森林生态经济效益明显的优质林分。

**(四)人工林施肥与林地管理**

1. 生物自肥原理

林木每年从土壤中吸收大量的养分和水分,以促进林木生长,从而达到优质、高产、高效的目标。这些大量无机养分主要来源于土壤中储存的养分和每年树木凋落物(包括叶、根、枝、茎、皮、果等)。这些凋落物数量随着树木林龄增加而增加,但当到一定林龄时便趋稳定,以后还有下降的趋势。这些凋落物既是微生物能源,又是林木养分的来源,经过分解,不断进行无机化和有机化的合成作用,这两种作用使土壤中的养分正常循环,源源不断补充林地养分,这个过程就是生物自肥。

森林与农业、苗圃及经济林不同,森林具有持续生物自肥的基本条件,只要充分调控、转化,就能达到生物自肥的目的,使地力递增,维持长久不衰。然而农田、苗圃地等,由于每年收获物、苗木带走大量养分,使地力递减,与林地表现出显著不同的特点。因此,应运用森林自肥规律,促进分解转化,从而促进产量增大。

2. 林地施肥

虽然森林本身具有生物自肥的功能,但由于经营不当,特别对短轮伐期工业用材林培育来说,易导致地力下降。因此,商品林培育本着高投入、高产出的原则,开展林地施肥是极为重要的。

意大利在杨树人工林培育过程中,通过林地施肥(N、P、K 的比例为3:1:1)提高材积生长量15%。法国对林地施肥也极为重视,而且认为立地条件越好,施肥效果越明显。我国在林地施肥方面也开展了一定的工作,但总的来说,还处于初试阶段,对于施肥量和复合肥的配比等还有待于进一步研究。

## 三、人工珍贵用材树种培育技术

虽然天然林中的珍贵树种资源分布较广,但由于珍贵树种材质优良、用途特殊、需求量大,长期进行过量采伐和超负荷的开发利用,资源已消耗殆尽。随着经济发展,对这些珍贵树种需材量与日俱增。因此,只靠天然林生产珍贵木材难以满足市场需求,只有积极进行人工培育,加大投入,建设商品林基地,才会解决这一根本问题。

### (一)适生立地条件的选择

为做到适地适树,必须掌握珍贵树种的生物学特性,以及影响其成活的限制因子,这是造林成败的关键技术。要依据树种的生物学特性,包括形态特性、生长特性、解剖特性、生理特性,选择适宜立地条件,使地和树形成互为适应的统一体。不同的树种适宜不同的立地条件。

(1)银杏:适宜排水良好、土壤深厚的地带。

(2)水曲柳:适宜土壤深厚、湿润、排水良好、宽沟谷、逆温层地带。

(3)核桃楸:适宜土壤深厚、排水良好的宽谷地。

(4)水杉:适宜山地溪谷旁、山洼平缓地、斜缓坡,以及土层深厚、湿润、排水良好的地带。

(5)柳杉:适宜土层厚、湿润疏松、透水性强的酸性土壤,如山地黄棕壤、黄壤等,且风小雾多的地带。

(6)栓皮栎:适宜向阳山麓缓坡和山洼部位,土层深厚肥沃、排水良好的壤土和沙壤土。

(7)麻栎:适宜坡麓地形及沟谷湿润、肥沃、土层深厚和排水良好的中性至微酸性沙壤土。

(8)元宝枫:适宜阴坡和土层深厚、肥沃的湿润山谷。

### (二)合理密度的确定

密度系指单位面积上的株数或穴数。初植密度,也称栽植密度,指人工造林或人工更新时单位面积上最初栽植的株数或播种穴数。最大密度指单位面积上在不同阶段中林木株数达到的最大值,如果再增加即发生自然稀疏时的密度,也称为饱和密度。经营密度指间伐抚育保留的株数占最大密度的百分数或现实林分株数占最大密度的百分数。相对密度指在单位面积上一个种的密度占所有种的总密度的百分数。

#### 1. 合理密度的确定原则

(1)树种特性与造林密度。不同树种对确定合理密度有很大影响。喜光树种生长快,郁闭早,密度应稀一些;耐阴树种生长慢,郁闭晚,密度应大一些。

(2)从形态上分析,树冠小、干形好、整枝力强的树种,应稀一些;树冠大、干形差的树种,应密一些。

(3)立地条件与密度。不同立地条件栽植密度不同。立地分两种类型:一种为立地条件好,立地指数高,林木生长迅速,成林早、成材快,主伐期相对缩短,因此造林密度要稀一些;另一种为立地条件差,立地指数低,林木生长慢,因此栽植密度要大一些,以尽快形成森林环境。但在生产实践中,也要具体分析,因地制宜。

(4)经营目的与造林密度。不同的经营目的,造林的密度也不同。单板类、建筑类用材林,林分密度应稀一些;纤维林密度应大一些。

2. 造林密度的确定方法

(1)根据间伐收益确定初植密度的方法。以林分第一次间伐的林木达到最低工业用材的标准来确定造林密度。

(2)初植密度等于终伐密度的方法。一般生长快、培育周期短、间伐木价值较低的树种,初植密度等于终伐密度。

**(三)优化结构的确定**

1. 优化结构的特点

(1)充分利用土壤资源和气候资源,提高林分生产率,增加单位面积产量。其原因为:一是混交林能形成复层林或多层次结构林分,有良好的群落结构,单位空间叶面积指数大,能充分利用光能,提高单位面积产量;二是混交林的地下部分根系呈垂直分布,根系量多,能充分利用不同土层深度的养分和水分;三是为多树种生长和动植物生长创造良好的环境,动、植物资源丰富,混交林能形成良性营养循环系统,为多种类型、多种植物和动物提供丰富的养分。

(2)改善环境条件,维持地力。混交林结构能改善小气候条件,主要是温度、湿度、光照等条件,有利于林木生长,增加产量,还能提高木材质量,增加抗灾能力和防护效能。此外,混交林结构特别是针阔混交林,能形成良性的生物地球化学循环,保持地力递增,每年落下的凋落物,主要是阔叶树的凋落物分解较快,有利于提高地力。

2. 优化结构配置的基本理论

不同的树种适应的生态幅度不同。可以利用其重叠的生态幅度，选择合适的立地，营造不同结构的混交林。而其生态幅度的差异可以使环境中的资源得到充分利用。如利用树种需光性的不同，可以使透过主林层的光能被下层阴树种利用。

树种生物学特性的差异也为林分结构的优化提供了物质基础。不同根形的树种混交，可以使林地土壤各层次的养分得以充分的开发利用。针阔叶树种混交，使林地凋落物成分趋于合理，碳氮比值降低，分解速率加快，生物地球化学循环过程得到促进，从而使整个林分生产力得以维持和提高。

种间的生物物理作用，如树冠的相互遮阴，使目的树种的光环境得以优化，促进自然整枝，降低呼吸消耗，净光合积累增加，材质提高。

3. 不同结构的配置技术

(1)树种选择。根据树种特性、立地条件、经济需要、混交性能，选择优化结构配置树种。

(2)混交类型。即不同树种结构的类型，如乔木混交、主伴混交、乔灌混交、综合混交。

(3)混交方式。混交方式有株间混交、行间混交、带状混交、块状混交、多层次混交。

**(四)苗木定向培育**

(1)珍贵树种一般均在天然林中分布，将这些树种转化为人工培育是可行的，采取种子育苗和无性繁殖育苗，可解决种苗问题，为珍贵树种造林打下基础。

(2)为了提高育苗质量，必须按照珍贵树种的种子特性、生态特性，进行种子催芽，缩短发芽阶段，加强抚育，促进苗木健壮生长。

(3)不论采取何种方式育苗，均要进行抗性培育，增加根系量和抗性，以适应造林地生态环境。

**(五)施肥与林地管理**

(1)新栽植人工林必须进行土壤管理，进行适时松土，改善土壤生态环境，为幼林成活创造条件。

(2)在幼林阶段,要对幼林进行管理、修枝、去蘖,培育良好干形。

(3)在缺少养分的土壤上,有条件时,应进行施肥以补充养分。

## 第三节　管护经营

### 一、森林管护经营的概念

管护主要是对森林资源进行管理和保护,包括护林防火,病虫鼠害预测预报及防治,制止乱砍滥伐、偷砍盗伐、毁林开荒、破坏侵蚀林地、偷猎国家保护的野生动物等行为,保护其他珍贵野生物种资源。经营主要是对林地资源和林冠下各种自然资源在不破坏森林生长环境的前提下,由承包责任人在有偿使用的原则下,依法自主开发利用,在市场的指导下,以个体劳动者身份从事林副、林农等多种生产活动。

管护与经营是相辅相成、相互统一的,其中管护是第一位的。林农获得经济收益的途径不是破坏森林资源,而是要利用森林环境。不管是采集山野菜和种实,种植和移植药用植物,还是饲养野生动物,都必须依靠森林环境。可以说森林环境就是一种资源,没有森林环境,就没有林下的经营,也就没有经济效益。只强调管护,不进行经营,管护工作就失去原动力,必须把管护与经营结合起来,相互促进,相互推动,二者不可偏废。

从管护经营的内涵可以看出,实施管护经营以后,在保护培育好森林的前提下,林农获得了较大的经营自主权,从而调动了林农的生产积极性,较好地协调了国家、集体、个人三者之间的利益关系,极大地推动了林区生产力的发展。

### 二、森林资源管护经营责任制的基本理论

#### (一)森林资源管护经营责任制与可持续发展理论

森林资源是林业可持续发展的基础,实施森林可持续经营意味着在维护森林生态系统的前提下,兼顾当代人和后代人的需求与利益,促进林业的发展,这也是森林资源管护经营责任制追求的基本目标。实

施森林资源管护经营责任制，是使林区走向可持续发展道路的第一步，也是最重要而又最难迈出的一步。森林资源管护经营责任制的实施，将有利于林地生产力和林分生产力的维护与提高，保护和提高林分的健康与活力；有利于森林生物多样性的保护，能够保证森林资源整体功能特别是公益效益的发挥；有利于减少对水湿地的破坏或侵占。森林资源管护经营责任制追求林区资源、经济和社会的可持续发展，是国家可持续发展战略的一部分。

### （二）建立森林资源管护经营与指标评价体系

引入激励机制，将管护区内林木经营效果与管护者的经济收入挂钩，使责任与效益的制约关系真正地、全面地落到实处。研究制定与效益挂钩的管护经营效果指标评价体系，使管护者更加重视发挥林木长远效益的经营理念，避免管护承包人受利益的驱使，只盯住个人的效益，忽视了国家利益，抓住了眼前的效益，忽视了长远的利益，甚至容易滋生急功近利、竭泽而渔的错误思想。

### （三）森林资源管护经营责任制与天然林保护工程

现有的林业经营管理模式和森林资源经营体制已经不适应森林资源、林业经济和林区社会发展的形势。拯救林业必须从制度入手，调整生产关系，解放生产力，森林资源管护经营责任制正是顺应了这一历史要求。实施天然林保护工程必须在实施森林资源管护经营责任制的基础上进行。只有这样，天然林保护工程才能收到应有的效果，才能为森林分类经营、林业“三大体系”建设、实现可持续发展打下一个稳固的基础，建立一个制度的保证。

### （四）森林资源管护经营责任制与林业分类经营

以实现可持续发展为目的，以建设“三个体系”为目标，推进和深化林业分类经营工作是国家林业发展的总体思路。林业分类经营的内容包括三个层次，即森林资源、林业产业、林区社会。森林资源管护经营责任制必须按照森林分类经营的基本原则进行。森林分类经营的根本任务是在类型划分的基础上，依据所确定的森林经营主导目标，采取相应的组织形式、经营形式、技术措施体系，建立相应的森林经营管理模式。而可持续的森林分类经营技术体系的确定需要对现有技术进行合理组装，还要进行相应的技术创新。森林分类经营是涉及社会经济诸多因素的系统工程，它的最终落实还要有配套、科学、合理的符合市场经济基本原则和可持续发展思想的法律法规、经济政策、管理机制、利益合理分配机制、投入机制，以及政府行为、公众行为、市场行为的规范化做保障。这些问题也是落实森林资源管护经营责任制所要解决的。

**（五）森林资源管护经营责任制与林业创新体系**

林业创新体系不仅是科技创新，也包含制度创新问题，它涉及森林资源、林业经济和林区社会不同的层次。目前的中国林业距离满足优化生态环境、促进经济发展的要求还有一定差距。森林资源、林业经济和林区社会远没有达到协调、和谐、持续发展的状态。森林资源管护经营责任制是现行森林经营体制的重大创新，是林业经济体制改革的重大突破，是国有林区生产关系的重大变革。同时，森林资源管护经营责任制又是科技创新的重要载体。森林资源管护经营责任制有利于企业增强科技创新的意识。森林资源管护经营责任制的实施将引起林业管理体制一系列的重大变化，对中国林业发展具有十分深远的意义。

## 三、管护经营责任制

**（一）森林资源管护经营责任制的指导思想**

以实施森林分类经营、有效保护天然林为中心，以强化管理、落实责任制为内容，通过实行森林资源管护经营责任制的方式，充分调动广大职工和林农的积极性与责任感，切实培育好、保护好森林资源，综合开发利用好森林资源，大力发展林业经济，为职工转岗分流再就业，达到林兴、企活、民富开辟有效途径，实现生态、社会和经济的协调发展。

**（二）森林资源管护经营责任制的指导原则**

（1）坚持法制的原则，认真贯彻执行《中华人民共和国森林法》等有关法律法规和政策，实行依法治林，确保森林资源安全。

（2）坚持森林资源所有制不变的原则。森林的所有权与经营权适当分离。

（3）坚持林地使用性质不变的原则。提倡生态种植业、养殖业，在人工林中实行林农复合经营，套种粮、豆、薯、菜，但不能为了套种而有意加宽林木株行距，或以熟化土地为名，行毁林开荒之实；不得降低林分郁闭度，以致改变成疏林地。提倡林内养鸡、养蛙，在中龄林以上林分中可以放养牛羊，但不得破坏林地。总之，不得改变有林地性质。

(4)坚持科学经营森林的原则。严格执行森林分类经营方案、实施方案及各项技术规程，推广运用新技术，建立科技支撑体系，在适地适树、良种壮苗、防治病虫灾害，以及发展养殖、种植业等方面进行科学经营。

(5)坚持管护经营责任到人的原则。做到权、责、利明晰，公平公正，奖惩分明，违约、违法必究，论功奖励，兑现合同，确保森林资源增值，按森林分类经营方案设计，把所承包的各林种小班的林分结构调整到位。

(6)坚持公开、公正、公平的原则，做到自愿承包，群众监督。

**(三)管护类型划分**

(1)封山设卡：对交通不便、人员稀少的远山区实行封山设卡管护，建立精干的森林专业管护队伍。

(2)承包管护：对交通较为便利，人口稠密，林、农交错的近山区的集体林地，划分森林管护责任区，实行承包管护。其中：对原承包经营的林地仍由原承包者进行管护；对群众的自留山、责任山由村组组织护林员统一管护，林木所有权仍归个人所有。

**(四)管护经营合同签订**

1. 合同主要内容

合同的主要内容包括：

(1)明确责任人与责任区，签订合同的甲、乙双方责任单位和责任人，责任区要具体指明地块及(林班、小班)面积。

(2)明确承包期限。

(3)管护经营承包内容和指标。

(4)明确甲、乙双方的权利和义务及报酬。

(5)违约责任与争议解决。

2. 集体林管护合同样本

## 天然林资源保护工程区森林资源管护经营劳务合同

甲方：××县天然林资源保护工程领导小组办公室

乙方：　　　　　　身份证号：

为了保障天然林资源保护工程(以下简称“天保工程”)顺利实施，使工程区内集体所有的森林、林木和林地得到有效保护，依据国家有关法律法规政策，本着互惠互利的原则，经甲乙双方协商同意，订立此管护经营劳务合同。

一、管护经营范围

(一)位置及权属：管护责任区位于______乡(镇)______村，该森林资源属_____县_____乡(镇)____村集体所有。

(二)四至范围：东至____，南至____，西至_____，北至____。面积____亩。

二、合同期限

自____年____月____日起，至____年____月____日止。

三、管护报酬

甲方每月付给乙方劳务费　　元(其中：基数　　元，浮动　　元)，基数部分每月或每两个月付一次。浮动部分根据甲方对乙方的考核情况，每半年付一次。

四、甲方权利和义务

(一)权利

1. 按照公平、竞争、择优的原则，选拔森林资源管护人员。

2. 负责落实森林资源管护责任区面积、四至边界。

3. 定期对乙方管护情况进行检查、监督、考核，根据考核情况确定管护劳务费中的浮动部分。

4. 对乙方因玩忽职守，致使其责任区内发生毁坏森林、林木、林地和森林火灾等事件，视情节轻重，给予警告、扣发劳务费直至解除合同的处罚。

5. 合同期未满，当乙方因故不能履行约定职责时，有权利中止合同。

6. 合同到期后,经考核乙方不能胜任其职责,不再续签合同。

(二)义务

1. 每年对乙方进行两次有关天保工程的方针和政策以及护林员职责、林业法律和法规方面的教育和培训。

2. 及时处理乙方上报的破坏森林资源的事件。

3. 按时付给乙方应得报酬。

4. 定期对考核优秀的乙方进行奖励。

五、乙方权利和义务

(一)权利

1. 在甲方许可的前提下,可优先在本管护责任区开展不消耗林木蓄积和不破坏林草植被的采集、养殖以及林下资源开发利用的活动。

2. 有权要求甲方按时付给合同约定的报酬。

3. 在履约的前提下,有要求甲方下一年度优先选用的权利。

4. 在自身权益受到破坏森林资源的犯罪分子侵犯时,有权要求甲方提供法律保护。

5. 合同期间,甲方不得无故解除合同。

(二)义务

1. 认真贯彻执行国家有关天保工程的各项政策,提高自身政策水平和业务素质。积极宣传天保工程的重大意义,提高群众护林、爱林意识。

2. 按时巡护责任区,防火期内要做到每天一次,非防火期每月不少于25次,并按天记好管护日志。

3. 对责任区内发生的盗伐、滥伐林木,乱捕滥猎野生动物,乱采滥挖野生珍稀植物,剥皮,过度修枝,开荒,狩猎,无证采石、采沙,取土,牛羊践踏幼林等现象,要及时制止并上报甲方。

4. 负责对本责任区内车辆、行人的防火宣传及护林宣传,以及各类保护标志、设施的维护,管护区内的各类保护标志(各类标牌和标语)必须保持整洁,不得出现乱涂乱画或张贴、书写小广告现象。

5. 互通责任区之间的联防和监督管护信息,进行联防联护。

6. 积极配合甲方在本责任区内开展的造林绿化、资源清查和案件查处等工作。

六、违约责任

(一)有以下情况之一的,甲方负主要责任。

1. 甲方没有及时对乙方进行有关护林职责和法律、法规、方针、政策的传达、培训,而导致政策不清,造成工作上失误的。

2. 乙方对责任区内发现的森林病虫害、火情、盗伐、开荒、无证采石、取土、牛羊上山等情况,及时采取措施制止并报告甲方,但甲方不能及时予以处理,导致出现严重后果的。

3. 在乙方护林时合法权益受到侵犯,向甲方求助,甲方不能依据合同约定对乙方提供必要法律保护的。

4. 甲方无正当理由,不能及时付给乙方报酬的。

(二)有以下情况之一的,乙方除承担必要的法律责任外,甲方有权解除与乙方签订的合同,乙方还应承担由于下述原因而造成的经济损失或部分经济损失。

1. 由于乙方未尽到责任,致使责任区内发生森林火警火灾、滥伐林木、毁林开荒等事件的。

2. 与毁林人员相互勾结、收受钱财、徇私枉法、为毁林人员提供方便或故意隐瞒案情不报的。

3. 责任区内发生火警火灾,乙方不到现场扑救的。

4. 责任区森林发生较大病虫害,乙方不及时汇报的。

(三)有以下情况之一的,甲方有权扣除乙方当月部分劳务费或全部劳务费。

1. 1 个月内发生两起非本人汇报的一般性林业案件的。

2. 发生森林火情造成轻微损失的。

3. 发生森林病虫害不及时汇报,造成较小损失的。

4. 未按规定巡山管护的。

5. 未完全履行本合同第五条第二项义务的。

七、争议解决

本合同发生的争议,由双方当事人协商;协商不成的合同任意一方有权向××县人民法院提起诉讼。

八、其他事项

(一)本合同中所称护林员是指在不脱离农村、不耽误农业生产的情况下,为保护属于本村组集体所有的森林资源,而进行森林资源管护的人员,其农民身份不发生改变。

(二)不可抗力原因致使本合同不能继续履行或造成损失的,甲乙双方互不承担责任。

(三)因国家政策需要而终止本合同,甲乙双方互不承担责任。

(四)合同中未尽事宜,在合同生效后经双方协商,可作出补充规定,补充规定与本合同具有同等效力。

(五)本合同一式三份,双方签字(盖章)后生效。甲乙双方及乙方所在乡镇各执一份,具有同等法律效力。

甲方:　　　　　　　　(签章)

乙方:　　　　　　　　(签章)

年　月　日

## 四、栾川县森林资源管护经营模式

天保工程启动以来,栾川县严格按照"严管林,慎用钱,质为先"的原则,以衡量天保工程成败的6条标准为准绳,坚持用科学发展观、可持续发展的理念和以人为本的精神统领森林资源管护的各项工作,积极开展了一系列富有探索性和开创性的实践活动,逐步形成了以"政府主导,部门协同;护林员为主,全民参与;提高素质,严格考核;资源管护与后续产业开发同步发展"为主要内容的森林资源管护模式,走出了一条符合栾川实际的森林资源管护之路,取得了良好的成效。

### (一)基本情况

栾川县地处豫西伏牛山区,总面积2 477km$^2$,辖7镇7乡312个行政村,人口32.4万人。栾川是一个典型的深山区县,海拔在1 000m以上的面积占全县总面积的49.9%,最高海拔2 212.5m,最低海拔450m,境内有伊河、小河、淯河和明白河等4条较大河流。3条横贯东西的山脉将全县分为南北两大沟川，有“四河三山两道川，九山半水半分田”之称。

栾川地处北亚热带向暖温带过渡地区，属暖温带大陆性季风气候，年平均气温12.7℃，年平均降水量864mm，优越的自然条件造就了境内丰富多样的森林资源，使之成为镶嵌在中原大地上的一颗绿色明珠。

全县林业用地面积22万$hm^2$，占全县总土地面积的88.82%。其中：有林地19.07万$hm^2$，灌木林地0.21万$hm^2$，疏林地2.05万$hm^2$，未成林造林地0.36万$hm^2$，宜林荒山荒地0.31万$hm^2$。在有林地中，天然林13.07万$hm^2$，人工林6万$hm^2$。全县森林覆盖率76.96%，活立木蓄积量534万$m^3$。拥有维管植物2 100余种，其中木本植物87科270余种，各类中药材1 402种，是一个良好的天然种质基因库。

全县森林资源管护面积为19.63万$hm^2$，其中国有林1.02万$hm^2$，集体林18.61万$hm^2$。全县共划分422个管护责任区，其中国有林区28个，集体林区394个。设立护林防火检查站55个，共选拔护林员710人，其中聘用农民兼职护林员682人，国有林场聘用专职护林员28名。

**（二）主要做法**

1. 政府主导，统筹安排，建立高效协调的工作机制

天保工程的森林资源管护，涉及各方面的利益，是一项社会化的系统工程，必须加强统一领导和协调。栾川县委、县政府围绕森林资源管护，充分发挥主导作用，实现部门联动，共同奏响森林管护协奏曲。

1999年10月成立了由县长任组长、1名副书记和1名副县长为副组长，16个局（委）长（主任）为成员的县天然林保护工程领导小组，形成了天保工程全新的领导机制，增强了部门间的协调能力，保证了森林管护和后续产业开发的顺利进行。

2. 科学规划，合理配置，精心做好管护责任区区划

栾川境内群山连绵起伏，万峰竞立，海拔450～2 212.5m，地形地貌异常复杂，科学地进行森林管护责任区区划是做好管护工作的基础。为此，栾川县以国家规定的每人管护380$hm^2$为基准，按管护责任区内森林分布及地理条件等因素进行适当调整。将近山、人口稠密、人为活

动频繁地区以及重点林区、公路沿线、集镇附近、旅游景区等窗口地区作为管护重点，每个管护责任区面积控制在200hm$^2$左右；远山、人烟稀少、人为活动影响较小地区每个管护责任区面积控制在333hm$^2$左右。管护责任区界必须有明显地物，便于指认边界，界定管护责任。管护责任区以行政村为基本设置单位，一般不跨村设置。据此，全县共区划管护责任区422个，其中国有林区28个，集体林区394个。最终在全县形成了以县天保办公室、县森林公安分局、资源林政股为第一级，乡管护站、警务区为第二级，责任区和护林防火检查站为第三级的三级管护网络体系。实践证明，合理的管护责任区区划和完整的管护网络是森林资源管护工作的基础。

3. 广泛宣传，提高全民对森林资源管护重要性的认识

搞好森林资源管护工作，首先要解决人的认识问题，特别是县、乡主要领导的认识问题。在领导层面，一是利用汇报工作或县政府检查指导林业工作的机会与领导进行沟通，取得领导的理解与支持；二是充分利用参加县里召开的各种会议的机会宣传讲解天保工程政策，散发有关资料，回答相关问题，力争形成共识，合力推进森林管护工作；三是利用下乡检查工作的机会向在乡（镇）工作的人员介绍有关政策，力求相互配合，同心协力，做好森林管护工作。

在大众层面，首先充分利用广播、电视、报刊等大众媒体，广泛宣传天保工程政策、目的和意义，动员全社会力量，关心、支持、参与天保工程。其次，在宣传效果突出的地方建设永久性宣传标志牌，扩大宣传面，延长宣传时效，实现长期宣传的目的。在全县范围内共建成各类管护标识牌5 939个，其中县（区）标志牌3个，乡（镇、场）标志牌22个，警示性标志牌289个，管护区标志牌642个，封山育林管护责任标志牌160个，飞播造林管护责任标志牌10个，护林防火大型宣传牌54个，线杆标牌、标语4 759条。最后，要求护林员深入村组、农户宣传，实现了宣传范围的三个延伸，即向深山独居户延伸，向60岁以上老人延伸，向中小学生和学龄前儿童延伸，真正实现了宣传无盲区、无死角，达到了家喻户晓、人人皆知的宣传效果，有力地促进了森林管护目标的顺利实现。

4. 强化执法队伍建设,重拳出击,严厉打击乱砍滥伐等破坏森林资源行为

依法管护是森林管护的根本,而强大的执法力量是森林管护的根本保障。为此,天保工程实施后,在原4个林业公安派出所的基础上组建了栾川县森林公安分局,增加了干警力量,壮大了执法队伍。近年来,由森林公安、林政股、林政稽查队、林地办等四部门联合行动,依法开展了声势浩大的"天保1号行动"、"天保2号行动"、"春雷行动"、"候鸟行动"、"林政执法百日活动"、"林地治理专项整治活动"、"绿剑2号行动"等一系列专项执法行动,共查处各类林业案件867起。其中查处林业刑事案件28起,逮捕犯罪分子43人,取保候审5人;治安案件7起,治安处罚7人;林业行政案件832起,行政处罚355人次。专项执法行动起到了震慑犯罪、教育群众的目的,收到了良好效果。

5. 严格选拔,精心培训,锻造一支优秀的护林员队伍

护林员队伍建设的好坏,是森林管护的根本,直接关系到森林管护的成败。为搞好护林员队伍建设,该县从护林员选拔入手,按照省、市的有关要求,制定了详细的护林员选聘办法,规定了护林员任职条件及资格、护林员选拔程序等。护林员的任职条件包括思想道德、林业知识、身体状况、文化程度、群众基础、政策领悟能力、交通通信条件等在内的6条标准。在同等条件下,有护林经验或从事过林业工作的人员、转业军人、计划生育模范户、中共党员优先考虑。护林员选聘程序是:由县天保办公室根据各村森林资源面积核定护林员人数,以村为单位召开群众大会,按照自愿报名和村组推荐相结合的办法,经民主评议推荐,由乡政府审核,经县天保工程领导小组考核合格后,以乡镇为单位组织培训,由县天保办公室与护林员签订管护合同,对护林员依据管护合同进行动态管理。实行岗前培训,颁发护林员证,持证上岗。经过层层把关,全县选拔出的710名护林员,个个都能胜任森林管护工作。为了在群众中树立护林员的威信,增强护林员的自豪感和荣誉感,激发并使其永葆良好的精神状态,栾川县对全县护林员实行了准军事化管理,统一着装上岗,每年在农闲季节进行集中训练,举行业务技能大比武,收到了良好的效果,在群众中产生了极大反响。为了保障通信畅通,栾

川县除23个行政村没有通信线路外，其余各村护林员按照县天保办公室的要求都自觉购买或安装了固定电话、手机等通信工具。截至目前，护林员共安装固定电话641部，购手机375部。另外，还购置两轮摩托车412部，三轮摩托车35部。拥有各类摩托车的护林员总数已占全县护林员总数的63%，合峪、庙子、大清沟3乡（镇）拥有摩托车的护林员已占80%。

以使护林员成为优秀的林业法律法规和林业政策宣传员、林业技术指导员、天保工程管理员和农村脱贫致富的示范员为目标，县林业局制订了切实可行的培训方案，先后组织编写了《栾川县天保工程护林员培训教材》，印发了《栾川县天保工程护林员培训制度》和《栾川县天保工程护林员培训方案》。明确规定林业局正副局长、二级机构负责人和林业技术干部的培训任务、时间及要求，并将护林员培训列入技术干部年度目标考核指标体系，与专业技术职务晋升挂钩，从而实现了护林员培训工作的制度化、规范化和经常化。截至目前，全县共举办各种形式的护林员培训活动620场次，印发培训教材、天保工程政策汇编和其他各种学习材料4 700余份。通过全面系统的培训，护林员的整体素质有了较大提高。

为检验护林员的培训成效，县天保办公室要求文化程度较高的和年龄在50岁以下的护林员进行笔试，文化程度过低或年纪偏大的护林员进行口试。考试结果作为护林员综合考核的重要组成部分，与护林员补助费及护林员任职资格直接挂钩。为做好护林员考试工作，县天保办公室组织林业工程技术人员以护林员培训教材为依据出填空、选择、判断、简答、论述、分析等6种题型360多道考题，建立了涵盖林业法律法规、林业基本知识的栾川县护林员考试题库，每年针对森林管护及林业建设实践中出现的新问题、新观点、新技术、新方法对题库进行充实和更新。2001～2002年由县天保办公室命题，各乡（镇）组织考试，从2003年起实行全县集中统一考试。为组织好护林员培训考试工作，县天保办公室每年都要抽调森林公安、林政等执法人员组成考务组，负责监考和阅卷。为体现考试的严肃性、公正性，考场参照高考管理模式，考试期间主管副县长、县人大常委会副主任亲临考场巡视，县监察局局长亲自监考，并邀请县人大代表进行考场巡查。连续几年考试成绩显示绝大多数护林员都能够熟练掌握所需知识，规范地履行护林员职责，一个“学业务、比技能”的良好风尚已在全县护林员中蔚然成风。

为了提高巡山日志记录水平，在全县护林员中每年进行两次巡山日志评比活动，对优秀巡山日志进行表彰奖励，对日志记录差的护林员结合管护责任区管护业绩进行相应处罚。

为了掌握森林管护成效，参照全国营造林实绩综合核查、征占用林地核查以及森林采伐限额核查等核查细则和核查方法，定期对全县422个管护责任区的森林管护情况进行核查。几次核查结果表明，绝大多数护林员都能尽职尽责管护好责任区内的森林资源，仅有个别护林员（占护林员总数的2%）没有尽到自己的职责，管护责任区出现少量樵采行为。每次核查结束后根据管护绩效的好坏当即对护林员进行了奖惩。森林管护绩效核查，对护林员产生了极大震动，促使他们更加努力工作，更加珍惜来之不易的护林员工作岗位。

坚持以人为本的宗旨，从2004年起，县天保办公室为全体护林员每人购买了人身意外伤害保险，解除了护林员可能因巡山或扑救森林火灾等履行职责时所发生的意外伤害而形成的沉重负担，同时也使护林员增加了安全保障。自购买保险以来，保险公司已累计理赔10起，赔偿资金7万多元，理赔金额占医疗等费用总数的70%以上，极大地减轻了护林员家庭的经济负担，受到广大护林员的普遍欢迎。

6. 完善各项措施，确保森林资源安全

为明确和落实责任，保证森林资源安全，该县采取了12项措施：

（1）对护林员实行合同化动态管理。由县天保办公室与每位管护人员签订管护合同，明确护林员的责任、义务，全面落实森林资源管护责任制。把护林员的补助与管护成效挂钩，克服管好管坏一个样的弊端，以充分调动护林员的积极性。

（2）完善制度。先后制定了《栾川县天保工程护林员技术资格规范》、《栾川县天保工程护林防火检查站管理办法》、《栾川县天保工程护林防火检查站人员职责》、《栾川县天保工程资源管护人员责任目标及奖惩办法》、《栾川县天保工程护林员管理办法》、《栾川县天保工程护林员违章记分办法》等规章制度6件22项165条，实现了森林管护管理工作的制度化、规范化。

(3)构筑森林火灾五级扑救队伍，确保森林资源安全。五级扑救队伍是：与驻军结合，组建中国人民解放军军民联防扑火突击队；与县武装部结合，以民兵预备役部队为依托，组建民兵预备役扑火突击队；以国有林场为依托，组建专业森林消防队；以护林员为依托，组建森林防火巡逻纠察队；以各行政村两委班子成员、党员为依托，组建村级扑火突击队。切切实实地做到杜绝林火，消灭林火。

(4)坚持例会制。每月以乡镇为单位召开全体护林员例会，就前一阶段森林资源管护工作进行总结，安排部署下一阶段工作。同时为护林员们提供了相互交流的平台，通过护林员间的交流发现并形成了一些行之有效的管护办法，如分片集中巡山、定期不定期集中巡山、定期异地交换巡山等，这样既克服了护林员因亲戚朋友抹不开面子的现象，也可发现个别护林员的营私舞弊、监守自盗等行为，收到了理想的护林效果。

(5)建立护林员违章违规报告制度，加强护林员队伍建设。县天保办公室专门印制了《栾川县天保工程护林员违章违规报告处理签》，发至林业局各科室，在下乡执行公务过程中发现护林员有违规违章现象，立即填写处理签，提出处理意见，报县天保办处理。

(6)向社会公开林业局领导及有关职能股(站)电话号码，建立林区警示制度。在各管护责任区建立天保工程警示牌，公开管护责任区的四至边界、管护面积、管护责任人、电话号码等，为森林管护建立完善迅捷的信息网络。

(7)根据不同季节林业生产的特点，每年组织护林员开展各种主题活动，增强护林员的荣誉感和集体观念。先后于2001年组织由全县护林员参与的栽植“天保工程启动纪念林”活动，2002年组织庙子等5个乡(镇)护林员组成造林专业队栽植封山育林生物围栏，2003年组织护林员栽植通道绿化示范林，2004年和2005年在11个乡(镇)的护林员中开展“一人一个示范园”活动。

(8)在护林员中广泛持久地开展“爱岗敬业,奉献社会”的主题活动,使护林员的精神状态和面貌焕然一新。

(9)国有林区和集体林区联合管护。在国有林区和集体林区林地权属清晰的前提下,将国有林场部分距场部较远、较分散的管护责任区委托当地集体护林员管护,将与国有林区相毗邻的深山区集体林区委托国有林场护林员管护,在通往国有林区辖区通道设置的护林防火检查站由国有林场职工兼任检查员,从而降低了护林成本,提高了管护效益。

(10)规范护林员巡山日志和护林防火检查站日志。县天保办公室专门印制了《天保工程护林员日志》和《天保工程森林资源管护站日志》,规范了日志记录内容和方法,并将日志作为护林员考核的基本依据之一,进行严格考核,考核结果与护林补助费挂钩。

(11)实行护林员补助费浮动机制,激发护林员工作的积极性。根据当地的劳务费用水平,护林员(集体林区)护林补助费标准 150 ~600 元/月,护林补助费分固定和浮动两部分,分别占 2/3 和 1/3,固定部分当月发放,浮动部分与管护绩效挂钩,考核结束后,按照考核成绩按比例发放。国有林区护林员的管护报酬则按照国家规定的工资标准执行。集体林区护林员的护林补助费中的固定部分,按月由县天保办公室财务人员造册,交县农业银行营业部代为发放,护林员可持农业银行发放的存折到农业银行任一网点就近支取护林补助费。护林补助费中的浮动部分,待半年考核结束后,依据考核成绩从 60 分至 100 分依次每 10 分为 1 个档次,按照 70% ~100% 的比例发放。对于考核成绩在 60 分以下或者管护责任区发生一起森林火灾或三起森林火警、发生一起乱占林地的,除扣发其半年的护林补助费浮动部分外,还将取消其护林员任职资格,解除管护责任合同。

(12)加强考核,兑现奖惩。护林员队伍是一支松散型的群体,居住分散、管护责任区分散是其最大特征,也是管理的难点所在。为此,建立了以百分制考核为主,以护林员违章记分为辅的综合考核体系。采取定期考核与平时抽查相结合的考核办法,对护林员业绩进行综合评定。

定期考核由各乡镇天保工程管护站逐一对护林员进行考核,县天保办公室在各乡镇考核的基础上按10%的比例进行抽查。考核的具体办法是：一是通过查阅县、乡防火办公室值班日志和森林公安分局、林政股、林地办、稽查队办理案件报表及乡(镇)管护站值班日志，统计每个管护责任区的案件发生情况；二是通过到管护责任区实地查验或检查护林员日志，乡(镇)管护站护林员例会、集体活动签到册，走访群众，了解护林员平时工作表现等方法综合进行。各项考核指标的量化分值是：巡山日志25分，资源管护绩效30分，护林防火25分，天保工程宣传10分，培训考试10分。

结合培训内容每半年对护林员进行一次综合考试，考试成绩记入护林员档案，年底将考试成绩折合纳入综合考核指标。

平时发现护林员有违章行为的，乡(镇)天保工程管护站及县林业局工作人员都有权按照《栾川县天保工程护林员违章记分办法》对违章行为进行记分，记分情况报县天保办公室记入护林员个人档案，记分分值折合扣减百分制得分。

除按照考核方案进行护林员定期考核外，县天保办公室还将护林员通讯录印发给县、乡林业主管部门每位执法人员和其他干部职工，随时进行电话抽查或到管护责任区实地核查。月底、年底按考核结果兑现护林补助费。

根据综合考核成绩将护林员分为三类：第一类为模范护林员；第二类为合格护林员；第三类为不合格护林员。按照不同类别每半年对护林员进行一次奖罚，并在第一类护林员中评选出优秀护林员进行重奖。据统计，自护林员上岗以来全县已通过考核共更换不合格护林员214人。

7. 以科学发展观和可持续发展为原则，积极探索天保工程后续产业发展之路

实践证明，发展林区经济，提高林区群众的生活水平是保护森林资源的根本途径。森林资源不仅是生态资源，同时还是林区重要的经济资源。地方经济对森林资源具有较强的依赖性，以栾川为例，20世纪80年代后期，以森林资源为依托，形成了食(药)用菌产业，成为富民强县的支柱产业，是地方财政的骨干财源；此外，林区群众的大部分经济收入以及生产、生活用能也要依靠森林资源来解决。天保工程启动后，

天然林的商品性采伐被禁止，这样就对原有的经济结构、产业结构以及林区群众的生活观念和传统习惯产生了巨大冲击。为此县委、县政府把森林资源保护纳入县级国民经济与社会发展规划，把产业结构调整、天保工程后续产业开发放到县域经济发展的全局通盘考虑，同步实施。天保工程后续产业开发以扩大地方财源和增加农民收入为目标，以矿产品价格持续走高和国家实施农村沼气等五小能源工程建设为契机，以矿产品开发、旅游市场开发、农业产业化开发和劳务输出为重点，加大天保工程后续产业开发力度，增强天保工程区的经济活力和发展后劲，努力改善林区居民能源消费结构，提高林区群众的生活质量和生活水平。5 年来(2000 ~ 2005 年)全县完成社会固定资产投资 33 亿元，新建或扩建了 200 多个工业项目、60 余个农业项目和 25 个旅游项目。这些项目的实施，不仅培育了新的财政收入增长点，保证了地方财力的持续增长，同时扩大了就业，实现了劳动力就地转移，彻底摆脱了地方经济和林区群众对森林资源的过度依赖，为森林管护创造了一个宽松的外部环境。

作为林业行政主管部门和天保工程的具体实施单位，县林业局充分发挥行业优势，在条件适宜的地方积极扶持护林员进行经济林名特优新品种种植，鼓励并扶持护林员带头发展致富项目，要求护林员成为当地脱贫致富的带头人和示范户，并将评选出的模范护林员的奖励资金全部用于致富项目上。这样既增加了护林员的收入渠道，也起到了示范带动作用。2004 年以来县天保办公室选择庙子、合峪等 12 个乡(镇)，给每位模范护林员提供奖励资金 240 元，要求每人高标准发展板栗基地 0.13hm²，并指派林业技术人员长期定点进行技术指导，以此来带动群众脱贫致富。据统计，全县护林员共创办了 781 个致富项目，涉及养殖业、经济林和药用林种植、加工业、食(药)用菌业、旅游服务业和商业服务业等多种行业类别。在护林员中涌现出了一些造林大户和养殖大户，如合峪镇砭上村护林员苏某等承包四荒地 333 余 hm² 栽植杨树，庙子乡北凹村护林员宋某承包四荒地造林 66.67hm²，潭头镇重渡村护林员张某、余某等在重渡沟风景区经营家庭宾馆，年收均在 3 万元以上。此外，在政策许可的范围内，积极协调和处理政府其他职能部门和各相关产业部门的关系，做好各项服务工作，为森林资源的可持续发展以及合理利用创造宽松的外部环境，为发展县域经济作出了应有的贡献。农民人均纯收入从2000年的1 690元增加到2005年的2 399元，地方一般财政收入从2000年的5 518万元增加到2005年的5.8亿元，基本实现了强县富民的预期目标。

（三）管护效果评价

1. 森林资源总量增幅明显

在对现有森林资源进行严格管护的同时，栾川县加强封山育林、飞播造林和退耕还林力度，全面培育森林资源，工程实施以来森林资源数量和质量都已经呈现出了强劲的双增长态势。2003年全省一类森林资源连续清查结果显示，在一个间隔期内全县一般林分样地增加了39个，增幅达63.9%，年均递增12.78%；疏林样地减少了2个，减幅为28.6%；灌木林样地减少了2个，减幅为61.1%；宜林荒山荒地样地减少了12个，减幅为57.1%；采伐迹地、困难造林地和未利用地样地各减少1个，减幅为100%。检尺样木数增加了3 728株，增幅为81.6%。

2. 生态环境有所改善

全县森林覆盖率逐年增加，森林植物资源的固土保肥效益和涵养水源能力得到加强，水土流失得到基本遏制。境内4条主要河流的泥沙含量已经得到明显降低，一些干涸的山间小河开始出现水流。部分地区小气候得到改善，降水量和空气湿度明显增加，年均降水量比工程实施前增加了26mm，以前全年51%的降水主要集中在7～9月，现在则自然调整到了6～9月，减少了洪涝灾害的发生次数和强度。同时，动植物生长环境得到有效改善，生物物种不断恢复和增多，多年看不到的稀有植物在林区陆续被发现，红腹锦鸡、斑羚、麝、娃娃鱼等被列入国家保护动物名录的珍稀动物种群和数量不断扩大，生物多样性得到了有效的保护。丰富的森林资源，良好的生态环境，成为栾川县最具人气的形象名片，2006年栾川县被先后授予“国家级生态示范县”称号和“全国人居环境范例奖”。

3. 林区经济得到较快发展

通过充分利用林区丰富的自然资源，调整产业结构，林区经济逐步从以采伐和加工木材为主向发展森林旅游、制药、森林食品加工和养殖等方面转移,并呈现出良好的发展态势。通过这几年的调整,栾川县林业总产值中第一、二产业产值所占比例由 2000 年的 93.6% 下降到 2003 年的 71.6%。以森林旅游为龙头的第三产业得到长足发展,该县境内 15 家主要旅游景区中除鸡冠洞以外,其余都是以“生态旅游”为主题的旅游景区,在 3 个 4A 级景区中有 2 个是以“生态旅游”为主题的旅游景区。2005 年全年接待游客 269 万人次,门票收入 3 720 万元,旅游总收入 7.6 亿元,是 2000 年的 15 倍。林业职工人均年收入从 1999 年的 1 952 元增加到 2005 年的 6 096 元,增加了 2.12 倍。森林旅游等第三产业的发展,不仅解决了国有林业职工的就业问题,同时也带动了周边乡镇群众的脱贫致富。

5 年来,森林管护工作也为当地 668 个农民提供了就业岗位,每位管护人员每年得到劳动报酬 3 000 元以上,管护费中人员经费投入达 1 172万元。

实践充分验证,栾川所采取的县、乡、责任区三级森林资源管护模式,符合栾川当地实际,取得了明显的生态、经济效益和社会效益。

## 第四节　病虫害及其防治

### 一、病害发生原因

在天然林生态系统中各种因子相互制约,保持相对稳定状态。每个阶段所出现的生物群落相互间都已形成一个比较协调的生态环境。森林病原微生物作为这个生态系统的组成成分之一,通常不造成明显危害,且对生态因子的发展起到一定的协调作用。当这个稳定的生态系统受到某些破坏因子的影响,例如火灾、虫灾、灾害性气候和人为破坏等而失去平衡时,在天然林中本来无足轻重的病害可能发展成流行病,造成一定损失。

#### (一)天然林植物群落多样性对自然控制力的影响

在天然林生长发育及演替过程中,每个阶段所出现的植物群落,相互间已形成一个比较协调的生态环境。在这种协调的生态环境中，天然林植物群落多样性对病害具有较强的控制能力。在病菌与寄主群落生态中，相互间存在着一个动态平衡状态，大多数病菌处于低密度水平。调查发现，天然林病害种类虽多，但都不能流行成灾。随着天然林植物群落的演替和群落结构的改变，势必对病害自然控制力产生影响。一般在天然更新的条件下，病害都是在次生林期之后才出现的，天然林幼苗期立枯病、根腐病，天然林幼龄林期的锈病、溃疡病，天然林成、过熟林期的立木腐朽等都同时起到了破坏与调整的作用，从而在后续的植物群落迅速繁殖起来。到顶级群落阶段，顶级乔木往往遭受立木腐朽的破坏。

当天然林被砍伐并营造为人工林后，整个森林生态环境发生了变化。由于人工林树种单纯，立地条件不适，密度不合理，使一些病害在短期内大面积流行成灾。

**（二）环境因子对天然林病害发生的影响**

天然林病害的发生与流行除取决于天然林植物群落多样性对病害自然控制力的影响外，环境因子也起到重要作用。环境因子既是复杂的，又是相互制约的，且每时每刻都在发生变化。影响天然林病害发生的环境因子，首先是自然因素和人为因素，其次是林分状况。这些环境因子，不仅直接影响到天然林的生长发育，也影响病菌的繁殖和传播。当病害发生后，能否造成危害，也决定于环境因子。

1. 自然因素和人为因素

自然因素中除气象因子如温度、湿度、降水、风等对病害发生起着重要作用外，最常见的灾害性气候是造成病害危害的主要自然因素。例如，落叶松癌肿病、杨树冰核细菌溃疡病都是在霜冻条件下造成严重危害的，杨树溃疡病、烂皮病、枯枝病在春秋干旱的年份病情加剧。风倒风折现象不仅机械地碰伤周围林木，而且使林分造成天窗，给病菌、蛀干害虫的繁殖创造有利条件，并进而波及毗邻衰弱的活立木。发生过落叶松毛虫等灾害性害虫危害的林分，特别是遭受森林火灾、大气污染等危害的林分，林木生长衰退，常成为腐朽菌、蛀干害虫的侵染对象，并进而形成病虫害发源地。

在天然林中，植物多样性和病原菌在长期的协同发展中，相互之间具有相当的适应能力和控制能力，一般情况下不发生流行病。当在本地区引进新的感病树种，出现新的病原物，出现病原物新的侵袭性菌系时，或者出现了对病原物生长、繁殖、传播和侵染非常有利的气候条件时，可能导致病害的大范围流行。

人类的经营活动、不合理的过量采伐，以及采伐后造林和营林措施不当或失误，常导致流行病的发生。例如 20 世纪 60 ~70 年代，我国北方营造大面积的落叶松纯林，导致枯梢病普遍发生。幼林抚育不及时，林分密度过大，也常常是林木生长不良，导致病害发生的重要因素。

2. 林分状况

天然林病害与林龄、林木组成和结构、密度及立地条件有密切的关系。当这些条件改变后，病害的种类也随之变化，原有的病害也将随之变动。

1）林龄

林龄越小其抗逆性越差，因而越容易发生病害。但天然林更新的幼树多受天然林保护，对病害控制能力较强，一般不致造成大害。成林以后林分的植物群落间可以形成一个协调的生态环境，一般情况下不发生严重病害。到成、过熟林立木腐朽普遍发生，随着林龄的增长，对立木造成的损失也随着增加。

2）林分郁闭程度

林分郁闭度大小，直接影响树木的长势、病害种类和病情的轻重。未郁闭的林分，树小，透光量大，林地杂草灌木丛生，其中有许多锈菌的转主寄主，所以幼林极易发生各种锈病。随着林分郁闭，林地光量受到限制，林地杂草也自然淘汰，从而清除了转主寄主，于是锈病也就减少了。当林分郁闭过大时，松林林冠下侧枝腐生的铁锈薄盘菌能起到修枝作用，但有时也会引起烂皮病。林分自然稀疏后，病害也就停止蔓延。从一般情况看，林分密度过大时，林内出现的被压木常常是某些病菌的定居处所，易形成侵染中心威胁林分的健康。

3）林分组成和结构

天然林大都是由不同树种组成的混交林。在生长发育过程中，植物群落相互间形成了一个比较协调和相对稳定的生态环境。其中,虽然也能发生一些传染病,但由于树种间的隔离或障碍作用,病害难以流行成灾。

4)立地条件

生长在条件较差立地上的林分,病害与腐朽就多,且较重。处于低洼地带的落叶松就容易发生癌肿病。生长在山坡台地和山脚积水地段上的松林,容易发生由密环菌引起的根腐病。天然林中立木腐朽率常与林地地位级有密切关系。

## 二、虫害发生原因

森林虫害是人类森林经营中一直寻求解决的重要问题,它给人类带来的损失是巨大的,具有愈演愈烈之势。特别是人工纯林的大面积营造和人类不合理的经营,加剧了害虫爆发的危险性,而且由于环境污染和害虫抗药性等问题,一直用于控制害虫的农药难以再大规模使用。面对日益严重的虫害,人们逐渐认识到天然林自身对害虫的控制机能,这种机能和森林的组成、结构有关。天然林的生物多样性对害虫具有强大的自然控制力,但有时也会有害虫大发生。天然林害虫的发生主要是由于风、雪、水、火等自然因子和人类不合理的经营活动引起的。天然林害虫主要是干部害虫和食叶害虫。

## 三、病虫害防治的策略

### (一)加强现有天然林的健康维护

通过分类经营措施,对现有的天然林进行健康维护,保持和提高现已形成的森林植物群落多样性和微生物多样性,使林分具有比较协调而又相对稳定的生态环境,发挥自我调控保护的作用。对过熟林分根据分类经营的目的,合理利用和更新。通过择伐方式,尽快伐除病腐木,改善天然林生态环境,促进天然更新。立木和木材腐朽的病原物分布广泛,病害发生初期也不易发现,特别是地处边远的成、过熟林区,防治比较困难。大面积人工林和天然幼林迅速生长,将逐步取代原始森林,因此防治重点应以幼林为主,采取细致、合理的营林措施,创造林木生长的良好生态环境，增强林木的抗侵染力。不论任何树种和任何环境条件，腐朽株率和腐朽材积均随林龄的增高而增长，因此应根据不同的立地条件为每一树种确定一个合理的采伐年龄，以协调林木生长速率与腐朽增长率之间的矛盾，减少木材损失。加强抚育，保持林内卫生，除对林分进行抚育采伐外，还应进行卫生伐，伐去病腐木和生长衰弱的被压木，清除林中的病虫木、枯立木、倒木、风折木及大枝丫等。有计划地清除林木上引起腐朽的子实体，以减少侵染来源。若林分病腐率超过40%，应有计划地在近几年内采伐利用。在有条件的人工林中，可进行人工修枝，修枝高度要合理，修枝桩要平滑，切勿伤及皮干。珍贵树木修枝后，最好用保护药剂涂抹伤口，以免病菌侵染。采用合理的更新方法，尽量避免萌芽更新方法，如果采用萌芽更新方法，则伐根不能太大，以减少木腐菌侵染的机会。在次生林改造中，应清除那些容易感染的病树。

**（二）建立天然林病虫害预测预报和防治网络**

由于自然的和人为不合理的经营措施，常常使天然林的自然控制力减弱。因而，为了保护天然林免遭病虫害危害，需要建立病虫害监测网，及时、准确、全面地掌握天然林潜在病虫害的发生发展规律和种群动态信息资料。天然林病虫害监测网的建立应以各林业局森林病虫害防治检疫站的各级测报网站为基础，在充实人员、补充必要的仪器装备后，即可按照一定的技术规程和管理制度开展天然林病虫害监测，定期发布天然林病虫害的动态趋势预报。通过对主要森林病虫害的一般调查和系统观测，不断积累基础资料，建立健全森林病虫害预测预报档案和数据库，并采用高新技术和监测信息处理系统开展实时监测与预报工作。

**（三）检疫先行、封山育林、标本兼治**

必须广泛地、深入而科学地加强森林检疫工作。历史已证明，国外危险性病虫害一旦侵入，很难根治，如松材线虫病，已广泛流行于我国大江南北，造成了严重损失。同时也要加强国内检疫，防止国内病虫害疫区的扩大。在河南省的天然林中，绝大多数是次生林，与原始林相比，天然次生林的组成、结构趋于简单化，表现为对病虫害的自然控制力下降，而定期的封山育林能增加植物、病原物、昆虫和其他节肢动物的多样性，使各种有害生物的数量趋于平衡，改变寄主植物的营养状况，诱导寄主植物产生抗性效益，影响森林小气候，进而影响有害生物的生存、生长和发育。所以，定期封山育林可提高林分对病虫害的自然控制力。

**（四）天然林毗邻的人工林保健的技术措施**

人工林，特别是人工纯林，由于组成简单、结构简单，易于爆发病虫害，进而传播给邻近的天然林。因此，天然林病虫害的治理必须与毗邻的人工林保健结合起来。为提高毗邻天然林的人工林对有害生物的自然控制力，一般应采取如下的技术措施：

（1）选择或调节合适的乔木树种配置，也可考虑保留或引进原立地上合适的草本灌木种，如引进蜜源植物等以提高寄生天敌物种数量、种群数量及寄生率，增加系统中生物的多样性，但应避免引入生物的替代寄主。

（2）避免用遗传基础窄的品种营造大面积的人工纯林。

（3）提高生态系统水平的多样性，具有不同组成和生物多样性的小尺度生态系统可以调控大尺度的生态系统生物多样性，进而增强各小尺度生态系统对有害生物的自然控制力。当然，也应该注意毗邻生态系统的不利影响。

（4）通过适当的森林经营措施（如间伐），促进乡土植物种在人工林的下层定居，从而促进生物多样性的提高。如对地被物的管理，可减少地被物的破坏，从而提高和维持高的对有害生物的自然控制力。

## 四、主要病虫害防治

**（一）松瘤锈病**

### 1. 分布与危害

此病又名松栎锈病。该病在豫南大别山区和桐柏山区的马尾松、黄山松上发生普遍。病树生长缓慢，影响干形和材质；苗木和幼树受害后可造成枯枝或整枝枯死，还能危害油松、黑松、华山松等多种松树。病害多发生在海拔较高的阴凉潮湿松林内，马尾松林在海拔 400m 以上，黄山松林在500m以上海拔处发生较重。栎林以郁闭潮湿处发病较重。

2. 症状

病瘤发生在侧枝或主干上，大小不一，近圆形，直径5～60cm不等，多年生。每年2月间，从病瘤裂皮层缝处溢出黄色蜜状性孢子。至4月间在皮下产生黄色疱状锈孢子器，散出黄粉状锈孢子。至5月间，锈孢子随风传播，侵染转主栎属树木，在栎叶背面，产生黄色小点状夏孢子堆，并重复侵染至7月，在夏孢子堆处产生毛发状褐色冬孢子柱，延续到9月间，可使栎叶变黄枯状。

3. 防治措施

发病松林在春季锈孢子未成熟前，铲除病瘤，以减少传播；或用松焦油原液、柴油原液、松焦油与柴油混合液（1∶3）或70%百菌清乳剂300倍液，多次涂抹树干病瘤，杀死锈孢子。在适宜发病的海拔处不营造松栎混交林，在距松林1km内不栽植转主栎类树木，可栽植枫香、化香等阔叶树。

（二）松材线虫病

1. 分布与危害

松材线虫病是松树的毁灭性病害，无论是幼龄树，或是数十年生的大树都能被其侵害。病情蔓延迅速，危害严重，松树一旦被松材线虫侵害，1～3个月内即可全株枯死，造成重大经济损失。河南省现有近30万$hm^2$松林，大部在其适发环境范围内。

2. 症状

松树感染松材线虫病初期，植株外观尚无明显病变时，树体内部已经发生一系列病变，其中包括木质部内髓射线薄壁组织细胞受到破坏，管胞形成受到抑制，水分输导受阻，呼吸作用加强，树脂分泌减少至最后停止。蒸腾作用减弱后不久，针叶即行枯萎。

病株外部症状的明显特征是针叶变为红褐色，而后整株迅速枯萎死亡。针叶可长时间内不脱落。多数情况下，松树感病后，于当年夏秋即整株枯死。但由于感病时间、环境条件、寄主抗病性等因素的影响，也有的病株越年枯死，或1～2年内不枯死，仅有少量枝条枯死的现象。

3. 防治措施

(1)松材线虫病木用每立方米 50～90g 溴甲烷熏蒸 24～72h，或用 45～65℃热水浸泡病木 24h，或将病木置于水中浸泡 100d 以上。

(2)在新病区，可发现一株，清除一株，彻底铲除新疫点；也可采用 16%线虫清乳油 100～200 倍液喷干或注干防治。

(3)在一般病区或距疫区较近的松类林分，一定要做好松材线虫的防治工作。在松材线虫成虫期，可喷洒 30% 杀铃、辛乳油 1 500～3 000倍液或 30% 高效氯氰菊酯触破式胶囊剂 300 倍液。

(4)注意保护松林内天敌昆虫，释放管氏肿腿蜂或白僵菌等。

**(三)油松芽枯病**

1. 分布与危害

此病主要分布在豫南大别山区和桐柏山区，主要危害油松、黑松、湿地松。发病率较高，发病后树木停止高生长，枝梢流脂，呈丛枝状并枯死。此病又称流脂病、丛枝病等。

2. 症状

病株症状因发病程度、树种各异而不同，可分为 3 种类型：①芽枯型。油松、黑松发病初期，顶芽由绿变褐，并常有松脂溢出，最后内部组织全部变褐僵化，芽鳞呈灰褐色或棕褐色。②丛枝型。油松主梢及轮生枝的顶芽坏死后，基侧芽在次年春天尚能抽出短枝，以后短枝上的顶芽枯死，侧芽又抽出短枝，2～3 年后，在主梢及轮生枝的顶端，形成丛枝状。③梢枯型。黑松主梢及轮生枝梢顶芽坏死后，侧芽大多丧失萌发力，病梢上针叶由深绿色变灰绿色，最后变为褐色，干枯脱落。病株在 2～3 年内由上而下枯死。

3. 防治措施

对于发病区，在 5、6 月，叶面喷 5‰硼砂水溶液或者根施硼砂，每株 20～25g，施后灌水，有防病效果，对病区进行松土、透光伐及合理修枝，也可减轻病情。在缺硼地区，应栽植耐瘠薄、耐干旱的马尾松。

**(四)松针锈病**

1. 分布与危害

松针锈病分布于河南省的信阳、驻马店、南阳、洛阳、三门峡等市。

危害树种有马尾松、油松、华山松、黑松、湿地松、火炬松等28种松树的松针,严重时可造成幼林大量松针脱落,影响松树生长。

2. 症状

病害多发生在2~3年生的马尾松针叶上,发病初期,在针叶感病处出现黄色段斑,其上生有初为黄色后呈褐色的小点,即性孢子器。3月底至4月初在病斑上长出橙黄色扁平舌状的锈孢子器,位于针叶两面,散生或数个排列成行。随着时间的推移,锈孢子器从侧面或顶端开裂,散出黄色粉末状的锈孢子。锈孢子散尽残留白色包被。后期被害叶在病斑以上变黄枯死。

3. 防治措施

幼林抚育时,4、5月间除掉松针锈病的转主植物即林内杂草,破坏松针锈病的发育循环,使之不能发生,也可喷杀灭性除草剂。

重视苗木来源,严格检疫,防止该病传入新发展松林基地。

4月用0.30度石硫合剂,45%代森铵水剂100倍液或65%代森锌400~600倍液向转主杂草上喷药1~2次。8、9月间,对树冠喷雾,以松针滴水为度,防止侵染松针。

## (五)油松毛虫

1. 分布与危害

油松毛虫分布于河南省林州市、卢氏县、南召县等地。危害油松,幼虫取食针叶,危害严重时叶丛被吃光。

2. 防治措施

加强营林技术措施,营造针阔叶混交林,改造油松纯林为混交林,做好封山育林,防止强度修枝,提高自控能力。

在成虫羽化时期,按4hm$^2$设置一黑光灯诱杀成虫,将成虫消灭在产卵之前,可达到预防和除治目的。

卵期每1hm$^2$可释放赤眼蜂9万~15万头进行防治,寄生率达80%以上。

幼虫期可用松毛虫杆菌、苏云金杆菌、“7216”芽孢杆菌,含菌量为1亿孢子/mL进行喷雾防治,效果达90%以上;白僵菌菌粉含量50亿孢子/g,每1hm$^2$量15kg进行喷粉防治,效果达85%以上;松毛虫质型多角体病毒，每 $1hm^2$ 用 2 250 亿病毒含量，加水喷雾防治，都能达到理想效果。

幼虫期用 2% 安得利粉剂，11.25 ~ $15kg/hm^2$ 进行喷粉防治，效果达 95% 以上；或用 25% 灭幼脲防治，每 $1hm^2$ 用有效成分 90g。飞机超低量喷洒 675 ~ $750mL/hm^2$，防治效果达 90% 以上，并致存活蛹、成虫发育畸形，不能正常交尾产卵。

**（六）马尾松毛虫**

1. 分布与危害

马尾松毛虫分布在豫南大别山区和桐柏山区，危害马尾松、油松。河南省每 4 ~5 年周期性爆发成灾，虫口密度大，常将松针食光，呈火烧状，如此反复两年，可造成林木枯死。

2. 防治措施

加强营林技术措施，营造针阔叶混交林，改造马尾松纯林为混交林，做好封山育林，防止强度修枝，提高林木自控能力。

建立马尾松毛虫的综合治理专门组织，坚持虫情监测，掌握虫情动态，安排、部署综合防治措施。

生物防治：一是释放赤眼蜂。对虫口密度 1 ~3 头/株，有虫株率 30%，发生面积 600 ~7 $000hm^2$ 林地，在害虫卵期，应以 70 ~450 头/$hm^2$ 释放赤眼蜂。二是施放菌药。在幼虫期，对虫口密度 1 ~3 头/株，有虫株率 50%，发生面积 7 $000hm^2$ 以上林地应施松毛虫杆菌、苏云金杆菌、“7216”芽孢杆菌含菌量 5 亿孢子/mL（$15kg/hm^2$），或施白僵菌粉剂 $15kg/hm^2$ 进行喷洒防治。

**（七）中华松针蚧**

1. 分布与危害

该虫害分布于三门峡市的卢氏、灵宝，南阳市的南召，信阳市的商城等地。寄主为油松、马尾松、黑松等松属植物。该虫用口针刺入松针组织吸取液汁，致使针叶枯黄。在豫西地区主要危害油松，三门峡每年发生 6 $667hm^2$，被害株率达 90% 以上，平均虫口密度 2 ~6 头/束针叶。越冬若虫死亡率 10% ~70%，成灾年份油松林 80% 松针枯死，林相似火烧一般，严重影响林木生长，连年危害可造成树木死亡。

2. 防治措施

(1)加强检疫。中华松针蚧是河南省补充检疫性林业有害生物，严禁疫区苗木、原木等材料向非疫区调运。

(2)营林措施。及时修枝间伐，促进林木生长，提高林分抗虫能力。

(3)保护利用天敌。保护或引进释放松蚧瘿蚊、异色瓢虫、红缘瓢虫、红点唇瓢虫、大草蛉等天敌，对抑制中华松针蚧种群可起到一定作用。

(4)药物防治。在距水源近的林区，可采用具有内吸作用的37%巨无敌乳油1 500～3 000倍液喷雾防治；在缺水的高山林区可采用林丹或敌马烟剂以15kg/hm$^2$进行熏蒸防治，可起到良好的防治效果。

**(八)侧柏毒蛾**

1. 分布与危害

侧柏毒蛾分布于河南省的洛阳、郑州、新乡、安阳等地。寄主为侧柏、桧柏和扁柏。林木被害后，叶片尖端被食，基部光秃，随后逐渐变黄，枯萎脱落，严重影响林木生长。

2. 防治措施

(1)灯光诱杀成虫。

(2)喷洒50%敌百虫乳油500～800倍液，苏特灵、Bt800～1 200倍液。

(3)在侧柏成片林内悬挂佳多频振式杀虫灯，可取得良好的防治效果。

**(九)栎实僵干病**

1. 分布与危害

栎实僵干病发生在栎属林木比较集中的林内，河南省西部山区栎类林内有分布。该病害对栎类的天然更新和种子利用有严重影响。

2. 症状

初病期，坚果果壳表面产生变色斑，后变灰褐色，病斑周围铅黑色，剥开种壳可见子叶上出现橙色小点，周围有暗色晕斑。后期子叶变暗黑色，皱缩，并包上一层浅色菌膜。菌膜可以剥离。子叶被菌丝充满，组成假菌核。被害子叶后期缺水，迅速干缩，其体积比健康者小一半。到来年生长季节后，假菌核吸水膨胀，种壳裂开，有时在假菌核上生出几个小喇叭状子囊盘。

3. 防治措施

(1)精选健康坚果。在无病林区采集坚果作为种源。对采集的种子,还要通过精选除去虫果、伤果等劣质果。

(2)收集的坚果应摊放在通风良好的库内阴干,使坚果含水率降至30%～40%再混沙储藏。储存坚果的库内温度控制在5～10℃,并且要干燥通风。

(3)定期检查。对储存的坚果要定期检查,对变灰绿色或灰黑色的坚果一定要捡除,集中处理。

**(十)栎粉舟蛾**

1. 分布与危害

栎粉舟蛾主要分布于南阳、许昌、洛阳、三门峡、平顶山等地。寄主主要有麻栎、栓皮栎、槲栎、蒙古栎等。以幼虫蚕食树叶为主,大发生时,常将栎叶全部吃光,使树木生长衰弱,枝条干枯,导致大幅度减产甚至绝收,严重影响柞蚕养殖收成,降低蚕丝质量。

2. 防治措施

(1)叶面喷药。对栗园、疏林地,采用叶面喷洒2.5%敌杀死2 500倍液(或快杀灵)防治栎粉舟蛾幼虫,防治效果可达90%以上。

(2)施放烟剂。对郁闭度0.6以上的林分,采用林丹烟剂(或敌马烟剂)防治,每1hm$^2$用药15kg,于无风的早晨或傍晚放烟,防治幼虫效果可达80%以上,但要注意预防火灾发生。

(3)灯光诱杀。于7～8月成虫发生期,用400W黑光灯或200W水银灯诱杀成虫,每晚可捕杀千头以上,多者上万头。

(4)人工防治。幼虫期组织人力,利用幼虫遇震动后而坠地的特点,震动树干,收集捕杀。

(5)生物及仿生制剂防治。注意保护利用天敌资源,如捕食性天敌鸟类、步甲、螳螂,以及各种寄生蜂、黑卵蜂、舟蛾赤眼蜂等。在幼虫期喷洒仿生制剂、病毒等,如25%灭幼脲Ⅲ号1 000倍液、苏云金杆菌(Bt)1 000倍液,进行防治,也可取得满意效果。

### (十一)舞毒蛾

1. 分布与危害

舞毒蛾分布于南阳、三门峡、洛阳、信阳等地。寄主有500多种,主要危害栎类、松树、杨柳、蔷薇科植物。常将栎叶吃光,影响树木生长。

2. 防治措施

(1)人工刮除卵块防治。

(2)灯光诱杀,用黑光灯诱杀成虫。

(3)幼虫期喷洒25%灭幼脲Ⅲ号1 000倍液,或2.5%溴氰菊酯5 000~8 000倍液,或20%杀灭菊酯2 000倍液,或Bt乳剂1 000倍液。

### (十二)旋木柄天牛

1. 分布与危害

旋木柄天牛分布于南阳、三门峡、洛阳等地。主要危害栓皮栎、麻栎、青冈栎、僵子栎。幼虫在边材凿成1条或多条螺旋形坑道,多危害栎类幼树主干,使树木遇风即折。

2. 防治措施

(1)加强营森措施。适地适树,选择适宜当地气候、土壤等条件的树种进行造林,营造混交林,避免单纯树种形成大面积人工林。

(2)保护、利用天敌。保护和招引啄木鸟,在天牛幼虫期可在林间释放姬蜂。

(3)药剂防治:①用化学药剂喷涂树干,常用药剂有37%巨无敌乳油;②用磷化铝毒丸堵填排粪孔,利用泥封口,也可用毒签插入排粪孔内;③打孔注药,可用25%蛾蚜灵可湿性粉剂2倍水溶液在树干基部用打孔机打孔注药。

(4)生物防治。在成虫羽化前向树干树枝喷施"绿色微雷"200~300倍液,药效良好。

## 五、鼠害及其防治

### (一)天然林害鼠及其危害

鼠类作为森林生态系统中的一员,与森林中的其他生物形成了相互依赖、相互协调的关系，共同维持着森林生态系统的平衡。一方面鼠类采食林木果实和种子，啃咬林木的嫩枝和嫩芽，影响林木的更新和增长；另一方面，鼠类又可携带、传播种子，扩大植物的分布，作为其他猛禽和兽类的食物，对丰富物种多样性和基因多样性具有积极意义。

河南省天然林害鼠主要有大林姬鼠、社鼠、岩松鼠、花鼠等。

鼠类的危害方式有三种：一是啃食树苗、枝叶；二是啃剥树皮，形成带状或环形剥脱；三是采食林木种实。5 年生以下的幼树受害最为严重，轻者生长量减少，重者枯死。鼠害还会使木材形成各种缺陷，如内生树皮、边材缺损和根裂等，造成木材质量下降，另外还会传播树木的霉菌病。

**（二）天然林害鼠的发生发展规律及与环境的关系**

林木鼠害的发生呈波浪式发展。通常，鼠害大发生后，第二年春季种群数量大幅度下降，以后害鼠的种群数量又逐年回升，再次达到高峰，这种循环通常以 3 年为 1 个周期。在一年中，春季鼠类数量最低，秋季达到一年中的最高峰，春季鼠的繁殖率越高，秋季鼠的数量越多。

另外，害鼠种群数量的年间变化还与食物有密切关系。林木种子丰年，鼠的皮下脂肪增多，由于鼠体强壮，提高了鼠的越冬存活率，造成次年鼠害大发生。害鼠种群数量也与鼠类的天敌有关，一般来说，鼠类越多的年份，天敌的种群数量增加也越明显。因此，鼠类食物条件的周期性变化，可使鼠类的种群数量发生从高到低周而复始的增减，而鼠类种群数量的增加又导致天敌数量的增加，反过来又起着抑制鼠类种群发展的作用。害鼠种群数量也与林分郁闭度、地势以及森林类型有关。郁闭度大的林地各季节鼠类的数量变动较平稳，采伐迹地的鼠类数量高于有林地。在相同郁闭条件下，鼠类数量同地势高低成反比，陡坡较少，缓坡居中，平坦地最高。

**（三）天然林害鼠的预测预报**

评定动物的益害，不能离开其数量。鼠类很少是构不成危害的，所以控制鼠害的基本原则就是控制鼠类种群数量，降低其种群密度。控制鼠类种群密度的最经济有效时期是繁殖前期或开始繁殖期，此时是种群的年数量变动周期中数量最低的时期。要达到有效地控制鼠类，必须大面积同步进行，一次灭杀率必须在80%以上。小面积灭鼠，灭杀率低，则起不到控制鼠害的作用。同时，还应深入研究鼠类的生活习性，对种群数量的消长进行预测预报，监测鼠情变化，并制定综合防治措施，常年不懈、持之以恒，才能获得满意的效果。

鼠类数量调查分为绝对数量调查和相对数量调查。绝对数量调查表示某地区某种鼠的全部个体数量或近似值。这种调查目前是比较困难的，而相对数量调查则比较容易，因此符合实用的要求。相对数量是指在一定地区、一定时间内鼠类数量的相对值。通常采用铗日法，即100个铗日的捕鼠数。

1. 测报防治等级

0级：害鼠铗日捕获率4%以下，称为低年，可以不防。

Ⅰ级：害鼠铗日捕获率4%～10%，称鼠害平年，在历年易发生鼠害的林地采取保护措施。

Ⅱ级：害鼠铗日捕获率10%～20%，称鼠害中年，需采取重点或全面防治。

Ⅲ级：害鼠铗日捕获率20%以上，称鼠害大年，林木鼠害大发生，要及时采取全面防治措施。

2. 测报方法

在林木鼠害发生前2～3周，选能代表鼠情的地段，按铗日法调查害鼠数量，调查铗日不得少于1 000个。根据调查结果，按上述标准确定等级。

另外，可以根据冬季害鼠数量测报冬季鼠害发生程度；也可以根据春季害鼠数量推测秋季鼠害的有无；还可以根据两个高峰年间隔两年的规律进行鼠害长期预报。

**（四）鼠害的综合防治**

灭鼠的方法既要经济、有效，还要保证对人畜的安全。鼠类性情狡猾，连续使用一种方法或一种毒饵，灭鼠效果则较差，所以应多种方法交替使用。

1. 营林防鼠措施

在天然林采伐迹地和与天然林毗邻地造林时，应合理密植，这既可促进早期郁闭成林，又能预防鼠害。另外，在鼠害发生之前，将修剪、清林下来的枝条堆铺在林内，作为饵木，供害鼠啃食，减少活立木受害。

2. 天敌控制措施

根据自然界各种生物之间的食物关系，对鼠类天敌要大力进行保护利用，这对控制害鼠数量增长和防止鼠害的发生具有积极的作用。

(1)林区内要保持良好的森林生态环境，实行封山育林，严格实行禁猎、禁捕等措施，保护鼠类的一切天敌动物，最大限度地减少人类对自然生态环境的干扰和破坏，创造有利于鼠类天敌栖息、繁衍的生活条件。

(2)在人工林内堆积石头堆或枯枝、草堆，以招引鼬科动物；在人工林林缘或林中空地，可以保留较大的阔叶树或悬挂招杆及安放带有天然树洞的木段，以利于食鼠鸟类的栖息、繁衍。

(3)有条件的地区可以人工饲养和释放黄鼬、伶鼬、白鼬及蛇类等鼠类天敌。

3. 物理防治措施

对于害鼠种群密度比较低、不适宜进行大规模灭鼠的林地，可以使用鼠铗、地箭、弓形铗等物理器械，开展群众性的人工灭鼠；也可以采取挖防鼠隔离沟，在树干基部捆扎塑料、金属等防护材料的方式保护树林。

4. 化学灭鼠

对于害鼠种群密度比较大、造成一定危害的治理区，应使用化学灭鼠剂防治。急性杀鼠剂(如磷化锌类)严重危害其他动物，破坏生态平衡，对人畜不安全，在生产防治中禁止使用。慢性杀鼠剂中的第一代抗凝血剂(如敌鼠钠盐、杀鼠醚类)需多次投药，易产生耐药性，在防治中不提倡使用；第二代新型抗凝血剂(如溴敌隆类)对其他动物比较安全，二次中毒现象较少，不易产生耐药性，在生产防治中可以大量使用此类药剂，但应适当采取一些保护性措施(如添加保护色、小塑料袋包装)。

5. 生物药剂防治

生物药剂防治属于基础性技术措施，要与其他防治方法相配套，并需长期大面积施用，才能达到对森林害鼠的自然可持续控制作用。

(1)C－型肉毒素：是一种嗜神经性麻痹毒素，为高分子蛋白质，对鼠类具有较强的专一性，杀灭效果好，在生产防治中可以推广使用，建议使用量 1～2mL/hm$^2$。C－型肉毒素在使用中要切忌高温和阳光暴晒，并注意小型鸟类中毒。

(2)林木保护剂：现有的林木保护剂包括防啃剂、拒避剂、多效抗旱驱鼠剂等，使用方法包括树干涂抹、树根浸蘸及拌种、浇灌、喷施。由于该类型药剂不伤害天敌，对生态环境安全，可以在生产中推广应用。

(3)抗生育药剂：是指能够引起动物两性或一性终生或暂时绝育，或是能够通过其他生理机制减少后代数量或改变后代生殖能力的化合物，包括不育剂等药剂。该类药剂在推广使用时，要先进行区域性试验，待取得经验后，再进行大面积的推广和应用。

# 第五节　森林防火

## 一、森林火灾的种类

了解林火种类对正确判断火灾的危害和可能引起的后果，组织扑火力量，采取扑救技术，选择扑火工具以及合理利用火烧迹地等具有重要意义。根据火烧部位、火的蔓延速度、树木受害程度等，一般将森林火灾分为地表火、树冠火和地下火三类。

### (一)地表火

火沿地表蔓延，烧毁地被物、幼树、灌木，烧伤乔木干基和裸露的树根。地表火影响林木生长，破坏林地生态环境，易引起大量的森林病虫害，有时造成大面积林木枯死。依据火的蔓延速度和危害性质又分为以下两种：

(1)急进地表火。通常每小时可达几百米或 1km 以上。这种火往往燃烧不均匀，危害较轻。

(2)稳进地表火。一般每小时几十米，火持续时间长，温度高，燃烧彻底，能烧毁所有地被物，对森林危害较重，严重影响林木生长。

### (二)树冠火

由地表火或雷击火引起树冠燃烧，并沿树冠蔓延和扩展，上部能烧毁树叶,烧焦树枝和树干,下部能烧毁地被物、幼林和下木。这种火破坏性大,不易扑救。树冠火多发生在长期干旱的针叶幼、中龄林或针叶异龄林。依据其蔓延情况又可分为以下两种:

(1)急进树冠火。火焰在树冠上跳跃前进,蔓延速度快,顺风每小时可达8~25km或更大。

(2)稳进树冠火。火的蔓延速度较慢,顺风每小时达5~8km,燃烧彻底,温度高,火强度大,能将树叶、树枝和枯立木等烧尽,是危害森林最重的火灾。

**(三)地下火**

在林地腐殖质或泥炭层中燃烧的火称为地下火。这种火在地表不见火焰,只有烟,可一直烧到矿物层和地下水层的上部。地下火蔓延速度缓慢,每小时仅4~5km,温度高,破坏力强,持续时间长,不易扑救。

上述三种火灾以地表火分布最多,大约占90%以上,其次为树冠火,最少为地下火。河南省的森林火灾主要为地表火,针叶林有时发生树冠火,无地下火。

## 二、森林火灾的预防

我国森林防火的方针是"预防为主,积极消灭",森林火灾的预防工作是防止森林火灾发生的先决条件,是一项群众性和科学技术性很强的工作。

**(一)群众性护林防火**

1. 建立健全各类护林防火组织

乡级以上人民政府建立护林防火指挥部,设立办公室,配备专职人员,负责日常工作。国有林场和林区内的厂矿企业单位建立护林防火组织机构,有专人负责,划定责任区。在各类行政交界区建立不同类型的区域性联防组织,定期召开会议、交流经验,互通情况,互相支援。

2. 抓好护林防火宣传教育

利用各种会议、标语、广播、电视、宣传车及送户主通知书等多种形式,深入宣传国家有关法律、政策和森林防火知识等,做到家喻户晓、深入人心。

3. 严格控制火源

按照《中华人民共和国森林防火条例》及当地政府的有关规定，严格履行入山检查和林区生产用火审批手续，在林区生产用火或行驶机动车辆必须按规定采取防范措施，对违章弄火者，要依情节轻重给予严厉制裁和惩处。

**（二）森林火灾预测预报**

森林火灾的预测预报，是贯彻“预防为主，积极消灭”方针的重要措施，也是进行营林用火、火源控制、森林火灾监测和扑救的依据。

林火预测预报一般可分三种，即火险天气预报、林火发生预报和林火行为预报。

火险天气预报只预报天气的干湿程度、容易着火的天气条件。

林火发生预报通过综合考虑天气条件的变化、可燃物的干湿程度变化以及火源出现的危险等来预报火灾发生的可能性。火灾发生预报包括雷击火发生预报和人为火发生预报。对于雷击火发生预报，可根据其发生规律绘制雷击火集中发生分布图。雷击火的发生具有一定的天气条件，不是所有的雷击都能起火，只有降水不超过 1mm 的干雷暴才可能发生火灾。雷暴的经过地区也有一定路线，只要掌握这些发生规律，雷击火是可以控制的，也是可以预报的。对于人为火发生预报，可以通过研究历史资料，掌握人为火发生的时间、分布地点、各种类的比例以及与气象因素间的关系，也可以进行控制和预报。

林火行为预报是在发生火灾性预报的基础上，充分考虑可燃物类型、地形等来预报火灾发生后林火蔓延的速度、能量释放、火强度等火行为指标。火行为预报主要有两个方面，即蔓延指标和能量释放。蔓延指标可根据可燃物类型、坡度和风速等因素来制定；能量释放可根据有效可燃物的质量、含水率和发热量来计算。可燃物类型应由可燃物的数量、结构、分布格局、理化性质等来决定。根据上述掌握的大量资料，就可研制林火蔓延模型和火行为模型。

**（三）森林火灾监测**

火灾监测包括及时发现火情，准确监测起火地点、迅速报警，做到早发现、早扑救，实现“打早、打小、打了”的目标。林火监测系统包括瞭望、巡护、报警等方面。

(1)瞭望台(哨)监测。主要利用瞭望台登高望远来观测火情，确定火场位置，增强森林火灾报警能力。

(2)地面巡护。一般由护林员等专业人员负责。主要任务：一是检查入山人员是否携带火源、是否有入山证；二是及时发现火情，并迅速报告及组织群众积极进行扑救；三是检查野外生产和生活用火等各种火源情况，制止违反用火管理制度和其他的不法行为。

(3)卫星和遥感监测。通过资源探测卫星发回的信息，来判断起火地点和过火面积。它巡护面积大、速度快、能准确确定大面积火场的界限，并根据连续图像来确定火的蔓延速度和火场形状。

## 三、森林防火技术措施

### (一)营造防火林带

防火林带，就是在防火线上营造防火树种，形成林带，利用树木及其所组成的林分(带)自身的难燃性和抗火性来阻挡树冠火与地表火的蔓延。

### (二)修建防火道路

要充分利用林区生产道路和其他道路多的特点，有计划地进行整修和布局，使其既有利于输送灭火人员和灭火器材，又可以起到阻隔林火蔓延的作用。修整林区道路，应尽可能与林区的长远发展建设相结合，并尽可能减少水土流失。

### (三)建立防火检查站

在火险等级高的地区，林区交通要道口在防火期内应设立防火检查站，设有固定房屋，有专人负责，有道路栏杆。其任务主要是做好入山人员管理，严格控制火源。

## 四、森林火灾扑救

### (一)森林火灾扑救原理

根据扑火的三要素：隔离可燃物，隔绝空气或使空气中氧的浓度低于14%～18%，使可燃混合物的燃烧温度降低到自燃点以下，森木火灾扑救原理即隔离、窒息、冷却。

**（二）森林火灾扑救原则**

森林火灾的扑救原则是："打早、打小、打了"。打早指及时扑火；打小指扑打刚刚发生的小火；打了指灭火的彻底性，既要扑打明火，又要清理暗火及一切余火。三者相互联系、相互影响，打早是灭火的前提，打小是灭火的关键，打了是灭火的核心。

**（三）林火扑救主要程序**

根据林火发生的规律和扑火特点，扑救森林火灾必须遵循"先控制，后消灭，再巩固"的程序，分阶段地进行。一是控制火势阶段。这是扑火的最紧迫阶段，主要是封锁火头，控制火势，把林火限制在一定的范围内燃烧。二是稳定火势阶段。这是扑火最关键的阶段，在封锁火头、控制火势后，必须采取更有效的措施扑打火翼，防止火向两侧扩展蔓延。三是清理余火阶段。火场控制后，以大量的火场清理工作为主；火被扑灭后，必须在火烧迹地上进行巡逻，发现余火要立即扑灭，对扑火的火线要进行全面清理，彻底消灭火场内正在燃烧的明火、木炭火、树根火、倒木火和隐燃火。四是看守火场阶段。这是扑火的最后阶段，主要任务是留守人员坚守火场巡逻 2 ~3 个晴天后，方可考虑撤离，目的是防止余火复燃。

**（四）林火扑救方法**

（1）扑打法。它是最简单、最原始、最常用的方法，适用于扑灭弱度、中度的地表火。一般用树枝、铁锹、扫帚等直接扑打。

（2）用土灭火法。此方法多用于枯枝落叶层较厚且林地土壤较疏松的地方。可以用铁锹、镐及机械等覆土灭火。

（3）用水灭火法。如果火场附近有水源，就可采用这种方法。用水灭火的机具主要有背负式灭火器、机动水泵、消防水车等，也可用人工降雨协助灭火。

（4）风力灭火法。利用风力灭火机的强风把燃烧放出的热量吹走，使温度降到燃点以下。风力灭火机适宜于扑灭强度为中等、弱度的地表火。

（5）以火灭火法。在发生强烈火灾时，当已有的天然障碍物和人工防火线都不能阻挡而又来不及在火头前方开设较宽的防火线时，在火头前方迎着火头点火，逆风蔓延，两个火头相遇时火势即逐渐变小、熄灭。这种方法灭火效率高，不需要特殊设备，但必须由有丰富经验的人来掌握，否则易造成更大的火灾。

(6)化学灭火法。即用化学药液或药粉进行灭火或阻滞火的蔓延。可用喷雾机具和飞机喷撒化学药剂灭火，特别是在人烟稀少、交通不便的林区，利用飞机直接喷洒化学药剂进行灭火或阻火，效果很好。

# 第六章　天然林的保护性开发利用

天然林资源保护工程实施的主要任务是:通过森林分类经营,减少天然林资源的采伐利用,加强生态公益林的建设与管护和商品林后备资源的培育,落实后续转产项目,做好减产富余人员的安置,最终实现建立完善的林业生态体系、建立发达的林业产业体系和繁荣的生态文化体系的长远奋斗目标。目前,我国林业正处在由传统林业向现代林业转变的时期。林业资源及其配置状况是现代林业发展的基础和前提,生态环境建设是现代林业发展的首要任务,而林业产业的发展则是现代林业的发展动力。森林作为一种重要的自然资源,要为经济建设和人民生活提供生态环境、生活环境及木材和各种林产品等。发展林业对于优化国民经济结构、促进农业增产和农民增收、保证区域经济协调发展、推动扶贫攻坚、增加劳动就业机会、加速山区现代化进程具有十分重要的意义。任何把林业生态建设和产业发展割裂开来、对立起来的看法和认识都是错误的、片面的。只有既包括生态建设又包括产业发展的林业,才是完整的林业、有机的林业。林业资源、环境和产业既是相互制约的,又是相辅相成、相互促进的。不抓生态建设,林业就没有地位,工作就没有抓住重点;不抓产业发展,林业就没有后劲,也同样没有地位,而且社会用材和群众的生产生活问题不解决,森林资源也很难保护得住,生态环境建设就无法搞好。

实施天然林资源保护工程,大幅度调减天然林资源采伐量,甚至全面停止采伐,企业的主营方向必须改变。只有切实做好企业转产工作,才能使企业的经济效益稳步增长,才能够顺利实现职工的分流和富余人员的安置,保证林区社会稳定,使天然林资源保护工程顺利实施,达到预期目的。

# 第一节　非木材林业资源利用与加工技术

林区后续转产项目十分广泛，但首要的是根据地域特点，开发本地的非木材林业资源，利用高科技技术提高木材资源利用率。

## 一、林区非木材林业资源及利用现状

林区非木材林业资源主要包括野生或人工培育的动植物与微生物资源，是我国林业三大产业的重要组成部分，既包括了第一、二产业中的物质形态上的产品，也包括了第三产业的森林服务业。按照《林业、森工统计报表制度》(2006 年统计年报和 2007 年定期报表，国家林业局，2006 年 10 月)，非木材林业资源主要对象包括干鲜果品、油料、饮料、调料、森林食品、工业原料、药材、花卉、藤、棕、苇、林产化学产品等。自古以来，它们是人类社会经济和文化发展的基础，其合理开发与利用，对林区经济和社会发展具有重要意义。

### (一)非木材林业资源的类型

河南省的非木材林业资源十分丰富，但目前已经开发利用的非木材林业资源种类仅占总数的 10% 左右，而大部分的非木材林业资源还处于自生自灭的状态，其开发利用潜力极大。根据《林业、森工统计报表制度》，非木材林业资源大体划分为七类。

1. 经济林产品

经济林是以生产果品、食用油料、饮料、调料、工业原料和药材等为主要目的的林木，是我国五大林种之一。经济林产品包括果实、种子、花、叶、皮、根、树脂和虫胶等。

(1)水果：如苹果、柑橘、梨、葡萄、柿子等。

(2)干果：如枣类、山杏、板栗等。

(3)油料：指能生产油脂的各种木本油料植物产品，包括食用和非食用木本油料产品，如油茶籽、核桃等。

(4)林产饮料：包括毛茶、可可豆、咖啡等。

(5)林产调料：包括林产香料叶、香料籽、香料花、香料皮等调味产品，如花椒、八角、桂皮等。

(6)森林食品：包括食用菌、竹笋、香椿、山野菜和湿地中的莲藕、茭白等。

(7)林产工业原料：包括橡胶、松脂、天然树脂、虫胶、栲胶原料、生漆、油桐籽、乌桕籽等。

(8)木本饲料：指用做动物饲料的木本植物活体或其叶、根、茎、花、果等。

2. 花卉产品

花卉产品包括各种鲜花、鲜花蓓蕾、园林绿化用观赏苗木、盆栽观赏花木、工艺盆景和装饰用的草皮、草坪（不包括城市草坪）、苔藓和地衣等，不包括药用花卉。

3. 陆生野生动物产品

陆生野生动物产品指通过狩猎、捕捉和饲养获得的各种陆生野生动物及其产品，不包括药用类型产品。

(1)陆生野生动物狩猎和捕捉产品：指为获取生活消费品、科研材料、商业经营、维持生态平衡、动物园和供观赏等目的捕获的各种动物及动物产品，如食品、毛皮。

(2)陆生野生动物饲养产品：指为满足试验、观赏、旅游及其他经济用途，通过饲养而获得的陆生野生动物及其产品，如饲养的鸟类，鹿、貂、狐狸等珍贵动物，蜜蜂、蚕等虫类，土中软体动物，蛇、林蛙等两栖爬行类动物。

4. 藤、棕、苇产品

(1)藤、棕、苇制品：指以藤、棕、苇等植物为原料的产品。

藤制品：包括藤包、藤提篮、藤安全帽等日用品和包装用品，以及藤制农具。

棕制品：包括棕席、棕蓑衣、棕座垫等棕制日用品。

柳（荆）条制品：用柳条、荆条等灌木枝条编结的帽、筐、篮、篓、箱等编结制品。

苇制品：苇席、苇箔等苇制日用品和包装用品。

不包括藤、棕家具和藤、棕、苇工艺品。

（2）藤、棕家具：指以滕、棕为材料加工制作的，具有坐卧、凭倚、储藏、间隔等功能，可用于住宅、旅馆、办公室、学校、餐馆、医院、剧场、公园、船舰、飞机、机动车等任何场所的各种家具。包括各种床、桌、椅、凳、柜、箱、架、沙发、屏风等，常见的有棕床垫、棕椅垫。

5. 林产化学产品

林产化学产品指以林产品为原料，经过化学和物理加工方法生产的产品。包括松香、松节油、栲胶、樟脑、冰片（龙脑）、紫胶、五倍子单宁产品、林产动植物香料香精、天然橡胶制品、陆生野生动物胶、其他林化产品等。

6. 林产工艺品和文教体育用品

以藤、棕、苇、野生动物产品为原料生产的工艺品和文教体育用品。

（1）林产动植物雕塑工艺品：指以陆生野生动物牙、角、骨等硬质材料，椰壳等天然植物为原料，经雕刻、琢、磨等艺术加工制成的各种供欣赏和使用的工艺品。

（2）林产花画工艺品：指以树皮、树叶、羽毛、芦苇、花卉等为原料，经造型设计、模压、剪贴、干燥等工艺精制而成的花、果、叶等人造花类工艺品，以画面出现、可以挂或摆的具有欣赏性、装饰性的画类工艺品。包括干花及干花工艺品、羽毛花，以羽毛、芦苇、树皮等材料制成的各种立体、半立体并配以框架的画等。

（3）林产编织工艺品：指以藤、棕、苇、柳等天然植物为原料，经编织或镶嵌而成的具有造型艺术或图案花纹，以欣赏为主的工艺陈列品以及工艺实用品。包括藤编工艺品、棕编工艺品、苇编工艺品、柳编工艺品等。

（4）文教体育用品：以野生动植物为原料制作的文教体育用品。包括野生动物标本、以野生动物为材料制作的中西乐器。

7. 林药

林药主要指林地、沙地、湿地上生长的用于医药配制以及成药加工的动植物（部分或全部）和微生物。

## （二）林区非木材林业资源开发利用现状

1. 地区与种类开发利用水平不一

从地域上看，开发利用在豫西、豫南地区好于豫北地区。如豫西的水果、干果、油料和森林食品、林药等，豫南的干果、油料、林产饮料、森林食品等，这些产品的开发利用均收到较好的经济效益。相比之下，豫北地区开发利用整体效益较差，开发利用的品种较少。

目前，芳香植物和林区木本饲料资源的开发利用尚处于停滞状态，大量的油脂、花灌木、纤维植物、纺织植物、工艺资源尚未得到充分认识和利用，偏远山区尤为明显。

2. 资源开发盲目性大

由于长期以来受以木材生产为中心的传统思想影响，非木材林业资源在林区被视为无主资源，只要有人收购便争相采集。哪里收购价高，哪里便形成掠夺式采集之势，只管采，不管护，只管用，不管养，致使一些资源陆续趋向枯竭，即使开发不久的品种，也出现资源危机。

盲目采集也危及商品质量，因哄抢而提前采集，如坚果类掠青采摘，易采处连年采，资源得不到休养生息，一些幼小植株也不能幸免，出现越采越少、越采越差的趋势。一种动植物资源，一经开发，很快便资源枯竭，只好走向“野生变家养”的道路。此问题若不解决，搞多种经营、立体开发，实际上是促成人类在砍光森林的乔木层之后，又转而伸向它的灌木层、草本层。

无政府状态的开发利用，也体现在各部门之间的关系上。凡看好的非木材林业资源产品，由于外汇的诱使，农业、供销、林业、乡镇企业及个体商贩都竞相经销，产品少时彼此抬价收购，产品多时相互降价出售，导致粗制滥造、质量低劣，严重影响商品信誉。

3. 资源利用率低，经济效益不高

目前林区非木材林业资源的一些品种虽已开发，但利用率并不高，不仅很多有用品种未能开发，即使已开发的也多采近不采远，采易不采难。其中山野菜因受市场限制资源利用率则更低，且由于精细加工水平低，故生产高附加值名牌产品少，经济效益上不去。可以说，河南省林区非木材林业资源的开发还处于原始采集阶段，多数以出售初级原始产品为主。

4. 市场预测和应变能力弱

在非木材林业资源生产上，由于对市场预测不准，计划不足，对市场应变能力准备不充分，因此一些产品长期存在着大起大落，轮番交替出现的怪现象。这些都反映了种植、采收与需求之间的严重脱节和偏离。脱销—提价—积压—降价—再脱销—再提价—再积压—再降价的变化规律在种植业、养殖业及木本林药上表现非常突出。

另外，非木材林业资源的一些品种受自然因素影响很大，天然存在着大、小年现象，丰、歉年产量差异很大。丰年因限于设备能力，大量可采资源只好烂在山上；歉年又不够用，给加工规模和布局设计带来一定难度。

**（三）发展非木材林业资源的主要措施**

林区非木材林业资源得天独厚，并有着广阔的开发利用前景。为使此事业开展得更好，在非木材林业资源发展方面要采取以下措施。

1. 合理规划，克服短期行为

目前在开发利用中比较普遍存在着盲目性和短期行为，反映出各地对本地资源家底不清，发展重点不突出，缺少长期计划和通盘考虑。为此，各地要做好非木材林业资源、物种所处生态环境以及开发利用后的经济效益、社会效益的评价，在进行充分市场调查的基础上，确定何时开发、如何开发。只有这样，才能为科学地开发利用非木材林业资源提供依据。

2. 增强政策扶持力度，保证非木材林业产业长期稳定发展

建立完备的投融资体系，形成多元化投资格局。首先要加大政府资金投入，优化投资结构，创新投入机制，建立非木材林业产业发展专项基金。其次要充分发挥政府财政资金的引导功能，鼓励企业资金、民间资金和外资等社会资金流向林业产业开发项目，形成多元化投资格局，全面推进非木材林业产业快速发展。

3. 深化林业经济体制改革与运行机制创新

推进运行机制创新，扶持龙头企业。扶持引导非木材林业产业大户发展，培植龙头企业。充分发挥龙头企业的辐射作用和规模效益，带

动资源培育的定向化、集约化,促进独立分散的非木材经营向“公司+基地+农户”的方向发展,实现非木材资源培育、非木材产品加工和服务业发展一体化,不断增强市场竞争能力,提高非木材林业产业经营水平。

4. 强化科技支撑,促进非木材林业产业可持续发展

依靠林业科学技术,积极推广良种、壮苗和造林、营林实用技术,把科技成果转化为林业生产力。

坚持经济建设依靠科学技术,科学技术工作面向经济建设的方针。改革现有林业科技体制,建立符合社会主义市场经济体制和林业发展要求的林业科技创新机制。加大企业科技创新力度,积极发展林产品精加工、深加工,延长产业链,实现多次增值。努力做大做强林业产业骨干企业,锻造一批优秀名牌产品。

5. 加强产品的绿色认证及原产地域保护认证申报工作

在非木材林业资源发展中,要加强对各种优势产品的绿色产品认证及产品的原产地域保护认证的申报工作,并争取获得“绿色通道”和贸易中的优惠政策,为产业化和市场开发打下坚实基础。

## 二、非木材林业资源开发利用技术

### (一)木本粮、油、菜及特用经济树种的良种选育

1. 育种目标

(1)油料、淀粉、栲胶、染料类经济树种,必须选育开花结实早、产量大、含量高、抗逆性强的类型,单株在果实种子及其他产品产量上要超群。

(2)肉质果类树种,必须选育结实早、产量高、肉质肥厚、汁液营养元素丰富、抗逆性强的类型,单株在果实种子及其他产品产量上要超群。

(3)山野菜类,要选育在鲜嫩期生物量大、采摘期长、纤维含量少、口感好、抗逆性强的类型,单株超群。

2. 选育技术

(1)因地制宜地选择适宜本地区的木本粮、油、菜及特用经济树

种，充分利用乡土树种。在引种试验的基础上，采用外来种或利用以往科研成果提供的品种。

(2)选择育种目标所需要性状和特性的种源。

(3)在适宜的种源区域，选择优良群体，通过留优去劣手段，建立母树林。

(4)在适宜的种源区域，选择优良的单株，在优株上采集种条，建立无性系种子园。这些无性系经过后代测定淘汰其中遗传品质差的无性系成为改建的无性系种子园。另外，也可在优株上采种，结合单亲本测定建立实生种子园。

(5)通过双亲本子测定，利用一般配合力高、特殊配合力高的子代建设第二代种子园。

(6)容易进行无性繁殖的品种，尤其是山野菜，通过根蘖、根状茎等繁殖，经无性系测定，选出优良无性系，通过优良单株的无性系扩繁培育成生产单位可直接利用的品种。

对于上述的良种选育，各地可根据本地的具体条件循序渐进，这样无论进行到哪一步，均可获得不同程度的遗传效果。

**(二)高产、优质、高效栽培技术**

(1)开展林区非木材林业资源(人工、天然)综合指标(结构、密度、产量、品质、抗逆性、经济等)调查，确定各品种主产区，进行立地类型划分，建立立体开发模式(如经济林下种植经济植物；林间空地种植经济植物)，使得该模式达到适应性最强，绿色植被最大，生物产量最高，光合作用最合理，经济、生态效益最好，动态平衡最佳的目标。

(2)以生产果实为主的经济树种，对水、肥、光反应敏感，水、肥、光质量的好坏直接影响其产量的多少、质量的优劣。为此，除有条件的地方，选择水、肥、光条件好的地段营造经济林，满足其对水、肥、光的需要外，可通过抗逆性育种，选择生物自肥力强、适应性强、高产高价的经济植物群体。通过创造较好的生态环境，获得输出与输入的高比值，来补充环境条件的不足。

(3)木本粮、油经济林密度与树体管理。众所周知，林分密度大小直接影响树冠大小，而林木果实结实在当年的短枝上，也就是说，树冠越宽阔，当年短枝越多，那么开花结实的概率也就越大。为此，对这类经济林初始栽植密度不宜过大。初期林间空地可实行林农、林药间作，树体大小以相邻树体枝条不搭上为度。

(4)充分利用各类林间空地，依据经济植物生态位，通过人工改造（去除非目的植物，种植目的经济植物）使其成为面积不等、走向为南北向的效应带或效应岛，以形成光能反射腔，增加光能利用率，充分发挥边缘效应的作用。这样就形成了不同生态位、不同生态梯度的实体模式。

(5)木本粮、油特用经济林低产林综合配套改造技术。对此种林分改造的目的是调整结构、增加产量、提高效益。林分改造的对象是外侵非目的干扰树种、产量极低的老龄林、遭受病虫及火灾危害的林分。

林分改造时，要依据密度与树体的关系，用通过良种选育培育出的苗木，合理地进行全面改造或补植，并尽量创造边缘效应。

**（三）非木材林业资源产品的加工与保藏技术**

充分合理地利用非木材林业资源，有利于发展商品生产、繁荣国民经济，满足国民经济各部门及广大人民群众生活的需要，缓解人口的日益膨胀与资源的相对短缺间的矛盾。同时，又有利于逐步改变我国林区以原木生产为中心的林业经济结构，使林区林业生产与林产品加工和销售成为密切联系的林业联合经济体制，实现“种植、加工、销售”一条龙的产业实体。

食用非木材林业资源的保藏方法分为两类：一类是鲜藏。它是在维持原料正常的生命活动条件下进行的保藏，但因脱离植株，不再有养料供给，因此生命活动越旺盛，植物组织结构也越易瓦解，越不能久藏。常用方法有低温冷藏、气调储藏、辐射保鲜、涂膜保鲜等。另一类是针对原料的败坏原因采取相应措施，控制引起败坏的原因，将原料制成各种制品，以达到长期保藏的目的，即加工保藏。

1. 引起食用非木材林业资源产品败坏的因素

1)微生物因素

有害微生物的生长发育是导致食用非木材林业资源采收后败坏的主要原因。微生物广泛存在于一切环境中，许多食用非木材林业资源含有丰富的营养物质及较多的水分，适合微生物生长繁殖，导致了产品的腐败变质。常常表现为生霉、酸败、发酵、软化、腐烂、产气、变色、浑浊等。引起非木材林业资源败坏的微生物主要有细菌、霉菌及酵母菌等。

2）化学因素

造成食用非木材林业资源采收加工后败坏的另一重要原因是加工和成品保藏过程中发生的各种不良的化学变化，如氧化、还原、分解、合成、溶解等。这类变化往往是由于加工品内部化学物质的变化或与氧气接触发生反应，以及与加工设备、包装容器等接触发生反应造成的。如酶褐变、叶绿素和花色素在不良的处理条件下变色或褪色、维生素 C 的受热分解，以及金属离子与食品中的化学成分发生的化学反应等。化学败坏常表现为成品的变色、变味、软烂，以及维生素的损失等。

3）物理反应

物理因素也能引起食用非木材林业资源败坏，主要有光线、温度、机械伤害以及其他环境因素的影响。

2. 食用非木材林业资源的加工保藏技术

食用非木材林业资源的加工保藏措施很多，总的要求是：减少或避免物理的或化学的影响；消灭微生物或营造不适合微生物生长的环境；制成品与外界环境隔绝，不再与水分、空气和微生物接触。目前常使用的加工保藏技术有以下几种。

1）干制

干制的目的在于减少原料中的水分，从而降低原料的水分活度，并将可溶性物质的浓度提高到微生物不能利用的程度，使微生物由于缺少水分及营养物质无法生长发育，生命活动受到抑制；同时，原料本身所含酶的活性也受到抑制，产品能够长期保存。常用的干制方法有加热干燥、真空冷冻干燥、微波干燥、远红外干燥等。其中，真空冷冻干燥是将水分冻结成固态，放置在真空中，使其中水分直接从固态升华成气态从而除去水分的方法，属于非热源干燥，使用该干制法可使制品保持原料原有色泽、物理性状具有易于复水的多空性结构。一般干制果品含水量在 20% 以下，干制蔬菜含水量低于 5%。干制品需储存在低温干燥、通风良好的环境中，避免受潮。

2）利用高渗透物质溶液保藏

利用高渗透物质溶液保藏就是利用能产生高渗透压的物质溶液进行长期保藏的过程。微生物是单细胞生物，它所需要的营养物质及代谢物的排泄，均以渗透的方式进行。细菌细胞液的渗透压一般为355～1 692kPa，当细菌处于10%～18%的食盐或60%～70%的蔗糖高渗透压溶液中时，细胞不能从外界环境摄取必要的水分和营养物质，相反细胞内的水分还会向细胞外渗透，引起细胞原生质收缩，从而抑制微生物的生命活动。果脯蜜饯、果酱类以及咸菜类等制品都是利用此法保存的。

利用高渗透物质溶液保藏制品的关键工艺在于腌制，即盐液及糖液的渗透过程。良好的腌制产品应保证高浓度盐液及糖液均匀充分地渗入原料中，并尽量保持原有的色泽、风味及营养价值。腌制品对原料的要求一般不高，可以充分利用原料的各部分组织及残次品，甚至可将不宜生食的原料制成风味良好的产品。

3）真空与密封保藏

在进行加工操作和加工品的保藏时，应用真空技术意义重大。真空处理不仅可以防止因氧化而引起的品质劣变，抑制好氧微生物的生长繁殖，还可在干制、糖制及加热浓缩时缩短加工时间，降低加热温度，以减少高温对加工品品质的不良影响。近年来，低温真空油炸果蔬脆片以其独特的魅力风靡市场，这也是由于采用真空技术处理而降低了油脂的沸点，对果蔬中维生素、香气成分、色泽及其他营养成分的破坏小，最大程度地保持了新鲜原料的质量、颜色及气味；另外，这种技术也能有效地防止油脂在高温环境中因氧化产生的劣化变质，提高油的反复利用率。

密封使加工品与外界环境隔绝，防止有害微生物的再侵染而引起的内容物的腐败，是罐藏制品、饮料制品等得以长期保藏的关键工序，密封效果对产品的质量极为重要。20世纪50～60年代开始将无菌条件应用于密封操作中，作为浆状半成品、浓缩产品、罐制品的加工保藏措施，它是将经过杀菌的原料在无菌条件下灌入预先杀菌的密闭容器中进行密封的技术,即无菌包装。无菌包装包括产品的杀菌和无菌充填密封两部分,为了保证充填和密封时的无菌效果,还须进行机器、充填室等的杀菌和空气的无菌处理。

4)杀菌

杀菌是加工的重要环节。生产中主要采用热力杀菌。由于不同的微生物有不同的生长最适合温度,高温可以使微生物的细胞原生质凝固,使酶失活。按杀菌条件可分为如下3种:①常压杀菌,是在101.325kPa下,温度为100℃,杀菌15~30min,多用于pH值低于4.5的加工品,如果类罐头等。②巴氏杀菌,温度为60~90℃,常用于果汁果酒的杀菌。③高压杀菌,在增加大气压的条件下进行,温度高于水的沸点,通常为105~121℃,适用于pH值4.6以上的产品。

## 第二节　森林旅游资源开发

森林旅游资源开发首先要对自然和人文景观资源进行调查与评价,确定开发价值,否则,盲目开发,就会造成资源和经济上的浪费。

### 一、森林旅游资源开发的原则和条件

#### (一)森林旅游资源开发的原则

森林旅游资源开发就是吸引旅游者并满足旅游者的需求。因此,开发过程中应掌握以下原则。

1. 主题性

这是森林旅游资源开发中最重要的原则,通过开发使森林旅游景观得以充分的体现,形成一个旅游区的主题。如九寨沟国家森林公园就是以奇、幽、秀等童话般的自然景色为主题吸引旅游者的。

2. 多样性

任何一个森林公园都有主要景观和次要景观,主要景观突出主题特色,次要景观起衬托主景的作用,各景观要素之间合理配置,相互补充、相互衬托,才具有特殊的吸引力和感染力。多样性和主题性是对立统一的两个方面,开发得好,多样性不仅不会冲淡主题,反而更能使主

题突出。

3. 协调性

森林旅游区的开发、建设与游览涉及方面很多,哪个环节出现问题都会影响游客数量,因而整体协调性是十分重要的。如旅游区服务质量就间接影响着旅游者的数量,即使旅游区风光秀丽,低劣的服务质量也会使旅游者高兴而来、扫兴而归。

4. 适应性

森林旅游区不是与外界隔绝的,它与外界有着千丝万缕的联系,其表现主要在经济上和社会影响上,适当的开发,会促进当地经济的繁荣;反之,超规模的开发,就会破坏当地经济结构,影响经济的发展。

**(二)森林旅游资源开发条件与项目**

1. 地理位置和交通条件

这是开发利用森林旅游资源的重要条件之一,即"进得去、出得来、散得开"。有些著名的风景旅游地发展迅速,除有引人入胜的景观之外,地理位置和交通条件也起到非常重要的作用。若交通不便利,即使景观十分诱人,也可能由于旅途花费时间长,经费支出大,难以吸引游客,使旅游者只能望景兴叹。

2. 自然条件

自然条件主要指土地条件和气候条件。土地条件主要考虑的是负载能力。土地上的不同景观对旅游者的吸引程度不同,旅游者滞留时间也不同。超过一定的容量,就会使环境退化。所以,确定"最佳容量"是旅游开发中要解决的首要问题。

气候条件主要考虑的是季节性,如果开发后旅游旺季很短,其余大部分时间是雨季或冬季,那么对旅游就会有较大的限制,开发效果也差。

3. 原有基础

原有基础是指当地的水电、排废、道路等设施。利用原有基础,可以减少投资,降低成本,在较短时间内达到接待旅游者的目的。

4. 开发项目

森林旅游开发项目主要包括森林浴与森林保健、野营与野餐、森林狩猎、森林观鸟、水上游憩等。

## 二、森林旅游区的规划

### （一）规划的依据和原则

规划的主要依据是《中华人民共和国森林法》、《中华人民共和国环境保护法》、《森林公园管理办法》等有关法规。此外，还有许多专业法规，如《中华人民共和国水法》、《中华人民共和国自然保护区条例》、《中华人民共和国森林防火条例》等也是规划依据。具体规划过程中应按照林业行业标准《森林公园总体设计规范》及条文说明的要求和规定进行。

森林旅游区建设中首先要以保护为前提，遵循开发与保护相结合的原则，在开展森林旅游的同时，重点保护好森林生态环境。其次，森林旅游区的建设应以森林旅游资源为基础，以资源市场为导向，其建设规模必须与游客规模相适应。应充分利用原有设施，进行适度开发建设，切实注重实效。再次，森林旅游区应突出自然野趣和保健等多种功能，因地制宜，发挥自身优势，形成独特风格和地方特色。最后，要统一布局，统筹安排建设项目，做好宏观控制。建设项目的具体实施应突出重点，先易后难，分步实施。

### （二）总体布局

森林旅游区的功能分区可分为游览区、游乐区、狩猎区、野营区、休养疗养区、接待服务区及生态保护区。

景区划分应具有完整性，景点相对集中；景区主题鲜明，具有特色；景区划分应有利于游览线路组织，便于游览和管理。

### （三）测算环境容量

环境容量是指在保证旅游资源质量不下降和生态环境不退化的条件下，在一定空间和时间范围内，可容纳游客的极限数量。环境容量的测算方法有三种，即面积法、卡口法及游路法。卡口法适用于溶洞类及通往景区、景点必经并对游客量具有限制因素的卡口要道。游路法适用于游人只能沿山路步行游览观赏风景的地段。除卡口法和游路法适用条件外，游人可进入游览的面积空间均可采用面积法。

### （四）景点与游览线路设计

在景点设计方面包括景点设计内容、组景、景点布局及景点命名。景点设计内容包括景点的平面布置，景点主题和特色的确定，景点内各种建筑设施及其占地面积、题量、风格、色彩、材料及建筑标准。

游览线路设计方面包括游览线路设计内容、游览方式的选择、游览线路的组织。游览线路设计内容包括选择游览方式、组织游览线路及确定游览内容。

### （五）植物景观工程设计

植物景观设计的内容包括景观平面布置、面积、植被及其景观特色，采取的技术措施，种苗与花卉需要量及其来源。

### （六）保护工程

植物资源保护必须贯彻“保护、培育、合理开发利用”的方针，做好森林防火和森林病虫害的防治。野生动物资源保护必须贯彻“加强保护，积极驯养繁殖，合理开发利用”的方针。保护工程还包括景观资源保护工程、生态环境保护工程、安全卫生工程。

### （七）旅游服务设施规划设计

旅游服务设施规划设计包括餐饮、住宿、娱乐、购物、医疗、导游标志等内容。

### （八）基础设施规划设计

基础设施规划设计包括道路交通、给排水、供电、供热、通信、广播电视等方面的规划设计。

## 三、森林旅游市场的营销

大力开拓森林旅游资源市场，必须选择具有相对获利性的市场营销策略，采取务实的市场开拓措施，这样才能掌握市场营销的主动权，保持市场竞争的优势。在森林旅游市场营销的实践中，首先要更新观念，这是搞好市场营销的前提；其次要搞好市场调查与目标市场的选择；再次是增加旅游产品的数量，提高旅游产品的质量；同时大力开展培训工作，不断提高森林旅游从业人员的素质。

## (一)直接营销

目前,大多数森林旅游企业基本上是依靠广告、销售促进和人员推销等策略,进行市场营销的。即用广告来创造知名度,激发旅游者的兴趣,用销售促进来刺激旅游者的选择,用人员推销来达成旅游者的实地经历。尽管直接营销是市场微型化的反映,但是通过直接营销,旅游企业还是能够迅速获得销售的增长。事实证明,我国森林旅游企业采取直接营销的策略相当有效。在实际市场营销活动中,直接营销主要有两种表现形式:直接沟通营销和主题活动营销。

### 1. 直接沟通营销

直接沟通营销根据不同的角度,可以划分为多种类型,并采用相应的具体方法。但任何直接营销的核心都是减少中间环节,达到与潜在客源的直接沟通。一般采取的直接营销工具有:

(1)节目单营销。森林旅游企业将休闲娱乐项目制作成印刷精美的节目单,直接邮寄给预先选定的旅行社、酒店、机关、团体和企事业单位,或者将节目单放置在车站、机场、超市等人员流动量大的公共场所,随人拿取。

(2)直接邮寄。主要是发出单独的邮寄品,如信件、传单、折页以及其他新型载体。直接邮寄具有较高的目标市场选择性,富有人情味,灵活性好,能进行早期预测和效果衡量等。

(3)电话营销。随着越来越多电信新业务的开通,利用电话所具有的功能进行市场营销的机会和空间越来越大。

(4)电视营销。与中央电视台、省电视台、市电视台、县电视台合作,举办各种文化娱乐、青少年活动等,宣传森林旅游企业,可以获得良好的市场营销效果。

(5)媒体营销。森林旅游企业经常使用杂志、报纸及广播等"直接反应广告媒体"来进行市场营销,从中去了解和影响旅游者,并逐步建立长期的关系。

### 2. 主题活动营销

主题活动营销具有渲染娱乐气氛、增强营销震撼效果、形成市场冲击力、营造商业卖点等优越性,所以森林旅游企业常常采用主题活动营销的方式,进行市场开发和市场培育,建立市场操作平台。

(1)趣味活动。通过一些具有某种趣味的活动来实现营销目的,这些趣味活动可分为3大类:一是竞赛活动;二是游戏活动;三是抽奖活动。每一大类又有许多具体的表现形式,只要紧密结合企业实际情况,趣味活动的主题内容和外在形式似乎永远也用不完。

(2)节庆活动。中国具有5 000年的悠久历史和56个民族的灿烂文化,传统节庆活动丰富多彩,为森林旅游企业开展节庆活动积淀了丰富的资源。根据传统节庆活动,组织节庆营销活动,应成为森林旅游企业经常性的营销策略。

(3)庆典活动。加强与媒体合作,在中秋、元旦、春节期间,举办一系列新颖别致、多姿多彩、游客参与多的庆典游园活动,增强游客的参与意识,将会取得较好的营销效果。

**(二)合作营销**

合作营销是指两个或两个以上的业主,基于相互利益的考虑,共同进行营销活动。合作营销有两个方面的含义:一是森林旅游企业之间的合作营销,如森林旅游企业间实行的连锁－套票制度;二是森林旅游企业与旅行社、酒店等业务流程中的上游企业或下游企业进行的合作营销。

森林旅游企业为了有效地开展合作营销,就必须做好以下配套工作:一是确立"扬长避短、形式多样、互惠互利"的合作原则;二是完善合作协议制度,为合作营销提供法律保障;三是架构市场反应机制,及时调整合作营销策略;四是建立健全信息系统,广泛地开展信息交流;五是积极推进产品创新。

**(三)网上营销**

中国互联网的迅速发展,为电子商务的发展提供了大容量、规模化的操作平台,推动了以网络为基础的新经济格局的建立和发展。中国旅游企业对利用国际互联网参与国际市场竞争也有比较积极的认同和接受,不少企业开始在网络上尝试寻找市场机会。旅游企业网络应用涉及范围较广,不同行业都有一些企业根据自己的产品和服务利用互联网进行宣传,这无疑给森林旅游企业提供了一个很好的范例,也为森林旅游企业的网上促销提供了一个可行的思路和途径。

做好网上营销活动，森林旅游企业必须做好两项主要的基础性工作：一是以建立企业内部局域网为核心，促使企业内部的信息、办公、业务与管理等事务实现数字化和网络化；二是建立起与旅游者进行快速沟通的机制，这种机制一定是方便的、快速的、高效的，应该不受时间、地点、设备等条件的限制。

1. 森林旅游企业网的主要内容和功能

(1)基本模块：包括新闻报道、景区景点、旅游线路、风光摄影、地方专栏、招商引资、旅游商品、结伴同游、政策法规、公园论坛、动物世界、植物王国、森林文学、网上书店、人物写真、旅游知识、虚拟旅游等。

(2)景点检索系统：分别按省市名、资源类型、海拔、公园名称进行检索。

(3)森林旅游信息统计系统：可以自动汇总全国、分省森林旅游区信息，显示统计结果。

2. 森林旅游企业网的主要特点

(1)反映最新动态：充分发挥网络快速、便捷的优势，以最快速度反映森林公园建设和发展的最新动态。如行业动态、大众新闻、巡回展示、热门景点等栏目。

(2)提供基础资料：充分发挥网络大容量、低成本的优势，可以提供已登录网站各部门、各森林公园的基础资料，做到丰富翔实、题材广泛。如景区景点、旅游线路、政策法律等栏目。

(3)生态文化多彩：充分发挥网络画面丰富多彩的优势，设置风光摄影、森林文学、人物写真、动物世界、植物王国等栏目。

(4)实时互动交流：充分发挥网络的互动功能，开展专家论坛、精品旅游线路选择、结伴旅游、小调查和大家谈等活动。如公园论坛、结伴同游等栏目。

(5)友情链接与服务：充分发挥网络的链接与开放功能，提供旅游知识、虚拟旅游等栏目。

# 参考文献

1. 陈嵘. 中国森林史料[M]. 北京:中国林业出版社,1983.
2. 董智勇,等. 中国森林史资料汇编[R]. 北京:中国林学会林业史学会,1993.
3. 《河南森林》编委会. 河南森林[M]. 北京: 中国林业出版社, 2000.
4. 河南省地方志编纂委员会. 河南省志·林业志、畜牧志[M]. 郑州:河南人民出版社,1994.
5. 熊大桐,等. 中国近代林业史[M]. 北京: 中国林业出版社,1994.
6. 赵体顺,等. 当代林业技术[M]. 郑州: 黄河水利出版社,1995.
7. 张守印. 河南林业50年[J]. 河南林业,1999(增刊).
8. 李树人. 森林与环境保护[M]. 北京:中国林业出版社,1985.
9. 中国可持续发展林业战略研究项目组. 中国可持续发展林业战略研究·总论[M]. 北京: 中国林业出版社, 2002.
10. 中国可持续发展林业战略研究项目组. 中国可持续发展林业战略研究·战略卷[M]. 北京:中国林业出版社,2002.
11. 中国可持续发展林业战略研究项目组. 中国可持续发展林业战略研究·保障卷[M]. 北京:中国林业出版社,2002.
12. 中国可持续发展林业战略研究项目组. 中国可持续发展林业战略研究·森林问题卷[M]. 北京:中国林业出版社,2002.
13. 徐化成. 森林生态与生态系统经营[M]. 北京:化学工业出版社,2004.
14. 吴增志,等. 森林植被防灾学[M]. 北京:科学出版社,2004.
15. 李景文. 森林生态学[M]. 北京:中国林业出版社,1994.
16. 李洪远,鞠美庭. 生态恢复的原理与实践[M]. 北京:化学工业出版社,2005.
17. 张敬增. 河南林业生态效益评价[M]. 郑州:黄河水利出版社,2006.
18. 董广平. 日本的天然林管理和天然林更新[J]. 世界林业研究,2001(4):57-64.
19. 陶建平. 我国天然林资源保护及其研究概况[J]. 世界林业研究,2002(6):61-68.
20. 吴中伦,等. 中国森林[M]. 北京:中国林业出版社,1997.
21. 陈大柯,周晓峰,等. 天然次生林结构、功能和动态[M]. 哈尔滨: 东北林业大学出版社,1994.
22. 亢新刚. 森林资源经营管理[M]. 北京:中国林业出版社,2001.

23. 吴榜华,等. 吉林次生林经营[M]. 延吉: 延边大学出版社, 1991.
24. 马忠良,等. 中国森林的变迁[M]. 北京:中国林业出版社,1997.
25. 陶炎. 中国森林的历史变迁[M]. 北京:中国林业出版社,1994.

**图书在版编目(CIP)数据**

河南天然林保护/王慈民,邓建钦主编.—郑州:黄河水利出版社,2009.6

ISBN 978-7-80734-669-2

Ⅰ.河… Ⅱ.①王… ②邓… Ⅲ.天然林-森林资源-资源保护-河南省 Ⅳ.S76

中国版本图书馆 CIP 数据核字(2009)第 103694 号

组稿编辑:韩美琴 电话:0371-66024331 E-mail:hanmq93@163.com

出 版 社:黄河水利出版社

地址:河南省郑州市顺河路黄委会综合楼 14 层 邮政编码:450003

发行单位:黄河水利出版社

发行部电话:0371-66026940、66020550、66028024、66022620(传真)

E-mail:hhslcbs@126.com

承印单位:黄委会设计院印刷厂

开本:890 mm×1 240 mm 1/32

印张:8.625 插页:4

字数:250 千字 印数:1—2 000

版次:2009 年 6 月第 1 版 印次:2009 年 6 月第 1 次印刷

定价:25.00 元